河南理工大学青年创新探索性基金项目(NSFRF240302)资助
河南理工大学博士基金项目(760207/043)资助
河南理工大学博士后项目(712108/415)资助
河南省自然科学基金项目(222300420170)资助

特厚煤层多口协同放煤规律及放煤工艺优选方法研究

李红斌 著

中国矿业大学出版社
·徐州·

内 容 提 要

本书系统介绍了特厚煤层顶煤破碎机理、顶煤破坏结构、智能放煤控制方法关键技术。针对特厚煤层顶煤破碎特征的多口协同放煤理论、放煤规律、控制方法及关键技术尚未成熟，全书以特厚煤层顶煤高质量回收及放煤智能控制为研究目标，采用理论分析、室内试验、数值模拟、相似模拟及工业性试验等手段，开展了顶煤采动应力场演化规律及破碎机理、多口协同放煤规律及放煤工艺优选和智能放煤控制方法等方面的研究，为实现特厚煤层智能化放煤和顶煤高质量回收提供理论支撑。

本书可供煤炭井工开采、智能采矿装备研发等研究领域的工程技术人员、科技工作者及普通高等学校相关专业的师生参考。

图书在版编目(CIP)数据

特厚煤层多口协同放煤规律及放煤工艺优选方法研究 / 李红斌著.— 徐州 ：中国矿业大学出版社，2024. 11.

ISBN 978 - 7 - 5646 - 6447 - 3

Ⅰ. TD823.4

中国国家版本馆 CIP 数据核字第 2024TU0291 号

书　　名　特厚煤层多口协同放煤规律及放煤工艺优选方法研究

著　　者　李红斌

责任编辑　李　敬

出版发行　中国矿业大学出版社有限责任公司

（江苏省徐州市解放南路　邮编 221008）

营销热线　(0516)83885370　83884103

出版服务　(0516)83995789　83884920

网　　址　http://www.cumtp.com　**E-mail**:cumtpvip@cumtp.com

印　　刷　徐州中矿大印发科技有限公司

开　　本　787 mm×1092 mm　1/16　**印张** 12.5　**字数** 245 千字

版次印次　2024 年 11 月第 1 版　2024 年 11 月第 1 次印刷

定　　价　50.00 元

前 言

随着人工智能、工业5G、大数据以及云计算等技术在综放开采中的应用，为多种高效的多口协同放煤工艺的实现提供了基础，但基于特厚煤层顶煤破碎特征的多口协同放煤理论、放煤规律、控制方法及关键技术尚未成熟，因此，在掌握特厚煤层综放开采顶煤破碎特征的基础上，研究多口协同放煤规律及控制技术是实现特厚煤层智能放煤的关键环节。本书以特厚煤层顶煤高质量回收及放煤智能控制为研究目标，采用理论分析、室内试验、数值模拟、相似模拟及工业性试验等手段，开展了顶煤采动应力场演化规律及破碎机理、多口协同放煤规律及放煤工艺优选和智能放煤控制方法等方面的研究，为实现特厚煤层智能化放煤和顶煤高质量回收提供理论支撑。本书的主要研究内容有：① 研究了特厚煤层综放开采不同层位顶煤应力演化规律，建立了特厚煤层顶煤破碎结构模型。② 基于Bergmark-Roos放矿理论，分析了散体顶煤单口、群组多口、多轮多口放煤时倾向方向和走向方向的顶煤运移规律及残煤成因，研究了后部刮板输送机运载能力、矿山压力、瓦斯浓度、粉尘浓度等影响放煤口数量的主控因素。③ 揭示了特厚煤层多口协同放煤放出特征，为高效放煤工艺的选择提供了理论基础。④ 提出了放煤工艺优选方法，为规划放煤策略提供参考；采用模糊数学理论，建立了基于顶煤回收率、含矸率、放煤时间指数、后部刮板输送机过载频率、瓦斯浓度、粉尘浓度等综合指标的放煤工艺综合评价模型，对单轮单口、群组两口、群组三口、群组三口过量、两轮两口、三轮三口等不同放煤工艺进行综合评价，根据评价结果对放煤工艺进行优选。⑤ 提出了以时间控制为主、人工干预为辅的多口协同放煤控制方法，以及支架是否移架到位和放煤口大小自适应的逻辑模型，开发了特厚煤层智能放煤决策系统，通过仿真平台进行了测试，并在现场进行了多口协同放煤工业性试验，实现了增产、减人、智能化控制放煤的目标。

本书共7章。第1章介绍了本书的研究背景、意义和国内外研究现状；第2章介绍了特厚煤层不同层位顶煤采动应力场演化规律；第3章介绍了特厚煤层综放开采顶煤破碎机理、顶煤破坏结构特征；第4章介绍了多口协同放煤含义、顶煤放出体特征、多口协同放煤规律；第5章介绍了多口协同放煤工艺优选方法、多口协同放煤控制方法；第6章介绍了多口协同放煤工业性试验技术条件、测试过程及应用效果；第7章对本书所做的工作进行了总结，并对下一步研究进行了展望。

为了更好地反映相关研究成果的先进性，本书是在笔者近几年研究成果的基础上，结合国内外最新研究进展和相关文献资料成稿的。同时，本书的出版得到了河南理工大学青年创新探索性基金项目(NSFRF240302)、河南理工大学博士基金项目(760207/043)、河南理工大学博士后项目(712108/415)和河南省自然科学基金项目(222300420170)等的资助。在本书的编写过程中，得到了李东印教授、张盛教授、王伸副教授、王浩讲师、李振峰讲师和许小凯讲师的指导，在此一并感谢。

由于作者水平有限，书中难免存在不妥之处，恳请读者批评指正。

著　者

2024年3月

目　录

1　绪论 …… 1
1.1　研究背景及意义 …… 1
1.2　国内外研究现状 …… 3
1.3　研究内容 …… 16
1.4　研究方法及技术路线 …… 16

2　特厚煤层顶煤采动应力场演化规律 …… 18
2.1　顶煤应力状态及数值模型建立 …… 18
2.2　特厚煤层不同层位顶煤主应力场演化规律 …… 27
2.3　不同层位顶煤主应力演化路径 …… 32
2.4　本章小结 …… 37

3　特厚煤层综放开采顶煤破碎机理及破坏结构特征 …… 38
3.1　煤体破坏真三轴加卸载试验 …… 38
3.2　特厚煤层顶煤破碎机理 …… 48
3.3　液压支架控顶区顶煤再破碎过程 …… 51
3.4　特厚煤层顶煤破坏结构模型 …… 55
3.5　本章小结 …… 56

4　特厚煤层多口协同放煤规律研究 …… 58
4.1　多口协同放煤含义 …… 58
4.2　基于B-R方程的顶煤放出体特征 …… 59
4.3　放煤口数量影响因素分析 …… 75
4.4　多口协同放煤数值模型建立 …… 82
4.5　数值模型可靠性研究 …… 86
4.6　多口协同放煤顶煤放出规律 …… 111
4.7　走向方向不同放煤步距放煤特征 …… 124

4.8 本章小结 …… 129

5 多口协同放煤工艺优选及控制方法 …… 130
5.1 多口协同放煤工艺优选方法 …… 130
5.2 多口协同放煤控制方法 …… 145
5.3 本章小结 …… 160

6 多口协同放煤工业性试验 …… 162
6.1 工作面生产技术条件 …… 162
6.2 多口协同放煤控制系统 …… 164
6.3 工业性试验 …… 170
6.4 本章小结 …… 175

7 结论与展望 …… 176
7.1 主要结论 …… 176
7.2 主要创新点 …… 178
7.3 展望 …… 178

参考文献 …… 180

1 绪　论

1.1 研究背景及意义

煤炭在我国基础能源结构中占主体地位，是我国能源安全的“压舱石”[1-3]。从国家能源局发布的数据来看，2022 年国内煤炭总产量约 44.5 亿 t，同比增长 8%，2023 年煤炭产量进一步增加，继续发挥煤炭的兜底保障作用。厚煤层及特厚煤层在我国煤炭储量中约占 45%[4-5]，其产量占原煤产量的 50%左右[6-7]。随着我国自动化、智能化技术在矿井生产中的不断应用，优质厚煤层资源优先开发利用，厚煤层产量所占比例将会不断升高。根据定义，煤层的单层煤厚超过 3.5 m、8 m 时分别被称为厚煤层和特厚煤层。目前厚煤层的开采方法主要有 3 种，即分层开采法、大采高综采技术和综采放顶煤技术，如图 1-1 所示。

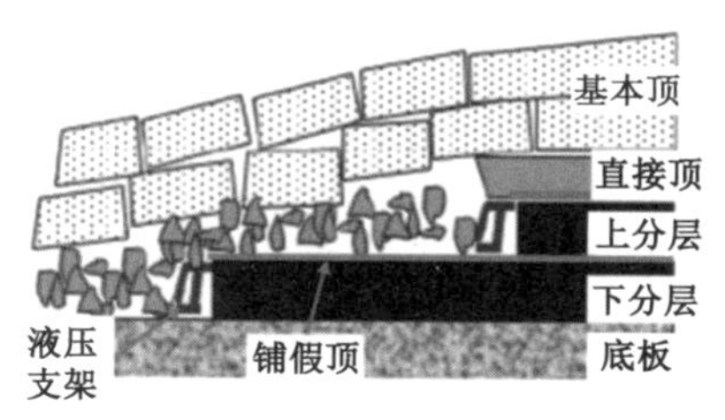

(a) 分层开采

(b) 大采高综采

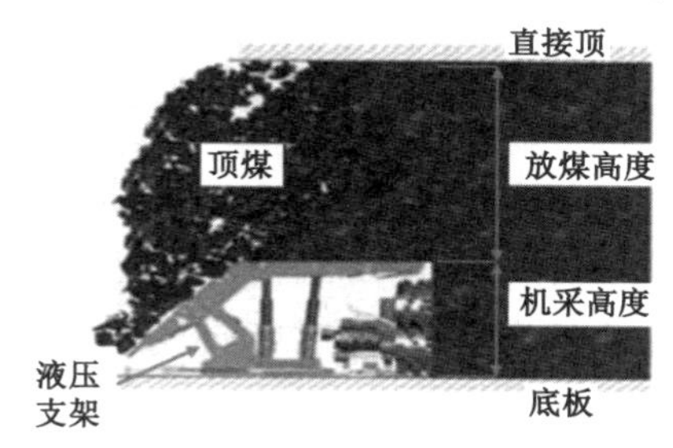

(c) 综采放顶煤

图 1-1 厚煤层开采方法

分层开采法是20世纪80年代前开采厚煤层的主要方法。该方法将厚煤层人为地分为多个平行于煤层面的中厚煤层，自上而下或自下而上依次开采。该方法的优点在于设备要求较低、一次采高小、地表下沉缓慢、瓦斯治理难度较低等，但缺点也非常突出，如回采周期长、顶板支护难度大、产量低、易引起采空区自燃等[8-10]。

大采高综采技术是采煤机割煤高度不低于3.5 m的综合机械化开采技术。该技术于1978年引入我国，经过40多年的发展，大采高高度由4 m已提高至8 m以上，如在埋深较浅的兖矿集团金鸡滩煤矿完成了8.2 m超大采高综采成套技术和装备的测试，在坚硬厚煤层的神东煤炭集团补连塔煤矿研制了8.8 m超大采高液压支架等，推动了我国厚煤层开采技术的发展[11-13]。

综采放顶煤技术自1982年正式引入我国，经过40多年的发展，因其单产产量效益高、回采周期短等优势，逐渐取代了分层开采法，成为厚煤层及特厚煤层开采的主流方法[5]。阳煤集团、潞安集团、兖矿集团分别在阳泉、长治和兖州矿区采用综采放顶煤技术，部分矿井单个综放工作面产量在1 000万t以上；晋能控股集团在大同、内蒙古、朔南、轩岗地区建设了同忻、塔山、东周窑、梵王寺、白家沟、麻家梁、潘家窑、金庄、铁峰、北辛窑、色连一号等11个以综放开采为主的千万吨级大型矿井。自我国“十二五”以来，河南、鲁西、神东、晋中、陕北、晋北、晋东、云贵、蒙东、两淮、冀中、黄陇、宁东、新疆等以综放开采为主的集群化大型煤炭基地陆续建设完成。

综放开采技术已经成为我国安全高效、集约化开采厚煤层的核心技术。随着通信技术、工业以太网、大数据以及人工智能等技术在煤矿的应用，基于有感知能力、记忆能力、学习能力及决策能力的硬件和软件的开发，使原有传统综放设备逐步开始相互配合、自动协调，为综放工作面传统未有的或难以人工实现的放煤工艺如群组放煤、多轮多口放煤等的实现提供了可能性。不同放煤工艺顶煤运移规律有所不同，对应的顶煤回收率、含矸率、后部刮板输送机过载频率、瓦斯涌出、粉尘浓度等均存在差异。由于传统的放煤工艺缺乏自动、智能放煤硬件和软件的辅助，研究重点在人工便于操作的单放煤口或者间隔放煤的放煤规律以及走向放煤步距上。随着各种自动、智能放煤技术逐步发展应用，新型放煤工艺在倾向方向上的煤岩运移规律、放出体特征以及顶煤损失特征等研究不够深入，同时自动化、智能化放煤控制过程中关键的决策模型，如放煤前支架是否满足放煤条件的判别、后部刮板输送机运输能力与放煤口大小协调控制、多轮放煤时如何控制等问题需进一步深入研究，以为自动化、智能化多口协同放煤的实施提供有力保障。

晋能控股煤业集团大同矿区主采煤层为石炭纪3#～5#合并煤层，煤层厚度为12.63～29.21 m，煤层倾角为1°～3°，煤层中间含多层夹矸，经过20多年的技术攻关，从初期的上分层综采铺网、下分层综放以及一次采全高高位和中位放煤开采，到现在的下分层低位放顶煤开采，探索出了大同矿区石炭纪特厚煤层开采专有技术，实现了特厚煤层的安全、集约和高效开采。但是，由于煤层厚度较大，赋存情况复杂，经验式人工放煤方式仍为主要开采方式，这种放煤方式随意性强，放煤效率不稳定，顶煤回收率最低时仅为60%，故以自动化、智能化硬件和软件为依托，高质量放煤的新工艺、新技术等亟须进一步研究。

由此，本书以大同矿区塔山煤矿特厚煤层综放开采为研究背景，以综放开采过程中顶煤应力场演化规律为切入点，揭示顶煤破碎机理和破坏结构特征，阐明多口协同放煤方法，研究多口协同放煤在走向、倾向方向上顶煤运移规律及残煤成因，提出基于多因素指标综合评价的放煤工艺优选方法，为规划放煤策略提供依据，同时提出智能放煤控制方法及关键判别模型，保障多口协同放煤研究成果的可实施性。本书的研究内容可为促进今后的智能化煤矿建设，实现煤炭资源的智能、安全、高效开采提供相应的技术支撑。

1.2 国内外研究现状

1.2.1 综放开采技术研究现状

1.2.1.1 国外研究现状

综放开采起源于国外，早在18世纪初欧洲手工采煤时就有所应用，虽放顶煤相关技术不够成熟，支架设备简单，以单体支柱支护为主，放煤效果一般，但放顶煤开采思想引起世界各国的关注。综放开采发展活跃期在20世纪五六十年代：1954年，英国装备了世界上第一个综合机械化长壁工作面并成功应用；1957年，苏联针对煤厚9～12 m、倾角5°～18°的煤层条件，率先使用KTy型两柱掩护式液压支架开展了世界上首次预采顶分层工业应用，取得了一定的成功[14]；1964年，法国进一步优化放顶煤支架，在布朗齐矿区的达尔西D矿成功进行了世界上最早的一次采全高综放开采，取得了平均月产4.96万t、人员工效33.6 t/工的良好经济效益[15]。之后10年综放开采技术一直在苏联、罗马尼亚、南斯拉夫、匈牙利等国家推广应用，液压支架也得到进一步优化，最具有代表性的为匈牙利VHP型综放支架，该支架在苏联KTy型支架基础上更改了放煤口位置，即将放煤口位置由顶梁前部改在顶煤后部，并增加了控制放煤口开启和关闭的装置。随后英国、法国、西班牙等国家在法国香蕉型综放支架的基础上，开发了以英国道梯公司400 t掩护型中位、低位支架等为代表的综放支架，并在多个矿区成功应用。

1980年之后，受政治经济体制的变化及煤炭行业萎缩影响，国外综放技术发展步伐受到严重阻碍，部分国家综放技术发展甚至停滞不前[16]，至20世纪末，仅俄罗斯、法国等少数国家仍在推广、使用，综放开采在欧洲逐渐退出。近年来，由于我国综放开采技术取得了巨大成就并输出到土耳其等欧洲国家，土耳其等国家又开始发展、研究综放开采技术[17]。尽管国外综放开采应用不够广泛，但由于部分国家（如德国和澳大利亚）自动化、智能化技术比较先进，以LASC（Longwall Automation Steering Committee）和ExScan（防爆激光扫描雷达）为代表的技术在智能化综放开采中得以应用，取得了一定的成果[18-20]。

1.2.1.2 国内研究现状

1982年，综放开采技术首次引入我国，至今历经40多年发展，已取得了重大科技创新以及一系列丰硕成果，成为我国乃至全世界厚及特厚煤层标志性开采技术[21]。在几十年的发展过程中，我国综放技术从初期引进、探索、推广阶段发展至革新、输出阶段，从初期只适用于简单松软地质条件发展到后期可用于“三软”“两硬”等各种复杂地质条件，从初期单体炮采放顶煤、普采放顶煤、轻型支架放顶煤发展到后期大型化、重型化液压支架放顶煤，近年来开始发展智能化无人、少人放煤，这些成果的取得标志着我国综放开采技术水平已步入世界领先行列。

20世纪80年代初，樊运策研究团队首次引进放顶煤支架及技术开始探索研究[22]。1984年6月，沈阳矿务局蒲河煤矿第一次在煤厚为12～14 m、倾角为5°～14°的地质条件下开展了综放开采工业试验，设计的放顶煤支架型号为FY4000-14/28型插板式低位放煤支架，但由于缺乏经验、支架受力不合理、推进速度缓慢、采空区自然发火等问题，试验未取得成功，但积累了大量的宝贵经验，包括合理架型和结构参数的重要性以及正规采放循环作业和专业技术队伍的必要性，为后期综放支架优化及工业实践奠定了良好基础。1986年4月，由煤炭科学研究总院北京开采所与甘肃窑街矿务局共同设计的FY2800-14/28型支撑掩护插板式低位放煤支架，在窑街二矿四号井进行了急倾斜厚煤层水平分段综放开采工业试验，取得了月产1.9万t、采出率85.9%的良好经济效益[21]。随后阳泉、平顶山、鹤岗、乌鲁木齐等矿区大力推广应用综放开采技术，均取得良好的经济和社会效益[23]。这一时期属于我国综放开采技术由零到一探索阶段，为我国后来的综放开采技术的发展奠定了良好的基础。

1995—2005年，我国综放开采技术逐步进入成熟阶段。在“九五”计划期间，煤炭工业部颁发的《“九五”时期煤炭工业改革与发展纲要》中指出“在综采放顶煤技术上取得新突破，力求在所有适用放顶煤的厚煤层都推广这一新工艺”。工作的重点、难点主要集中在大倾角（鹤壁矿区）、“两硬”煤层（大同矿区）、“三软”煤层（郑州矿区）。历经10年的发展，综放开采在复杂地质条件下取得重大进展，在综放开采与岩层控制、支架与围岩控制、瓦斯及自然发火防治、顶煤冒放性、合理放煤工艺等方面有了深入研究，形成了综放开采技术百家争鸣的局面[24-25]。于雷等[26]采用理论分析、相似模拟，分析了综放开采时矿山压力与顶板结构的内在联系。为解决“两硬”厚煤层综放开采难点，大同矿务局、煤科院太原分院、太原理工大学及中国矿业大学（北京）联合研制新型ZFS6000型低位放煤支架，提出顶板步距式爆破放顶方法，在忻州窑矿8911工作面成功应用[27]。黄庆享等[28]针对王村矿“三软”煤层支架选型等问题，根据支架围岩相互作用原理，确定了支架合理的工作阻力范围。林忠明等[29]分析了大倾角支架稳定性影响因素，提出了保证支架稳定性措施，并在王家山煤矿成功应用。在“十五”期间，以兖州矿区“600万t综放工作面设备配套与技术研究”项目为代表，标志着我国综放开采技术步入新的台阶，达到了国际先进水平[21]。

2006年至今，随着我国综放技术自动化、智能化程度提高，综放成套装备外输至澳大利亚、土耳其等国家，标志着我国综放技术已进入革新、智能阶段。2008年，在国家“十一五”科技项目支撑下，以ZF15000/28/52型四柱式放顶煤液压支架为代表的大采高综放液压支架及成套设备在大同矿区塔山煤矿8105工作面进行工业应用，工作面年产可达1 085万t[30-32]。2018年，在国家“十三五”科技项目支持下，新型ZF21000/27.5/42D型四柱式大阻力支架在大同矿区塔山煤矿进行成果应用，综放设备进行了智能化初级研究与改造。2019年，在山东能源集团陕北金鸡滩煤矿开展了7 m超大采高综放开采技术试验，装备了新型ZY21000/38/70D型两柱式液压支架，工作面同时配备主动感知、自动分析处理、协同配合等初级智能化技术，实现了最高日产7.17万t[33]。2022年，国家能源集团印发的《国家能源集团煤矿智能化建设指南（2022版）》等文件明确提出在2022年末智能化技术100%覆盖，实现基于透明开采的“采-支-识-放-运”各环节智能感知和自适应[34]。同时我国综放技术和装备发展迅速，陆续输出至澳大利亚、土耳其等国家，实现了由技术输入到技术输出的华丽转身。

我国综放开采技术已迈入自动化高级、智能化初级阶段，这是国内诸多学者对放顶煤开采技术长期研究、不断探索的结果。

我国综放智能化理论和技术是在智能化综采的基础上发展而来的。王国法等[35-37]构建了以“感知、传输、决策、运维、监管”为基本框架的智能化开采思想，提出了无人智能化开采控制理论，通过机械化采放设备、传感器、通信设备以及智能算法等综合联动，实现工作面开采自动感知、自主学习和自主决策，最终实现工作面设备智能控制为主、人工干预控制为辅的无人或少人的良好局面。综采自动化及智能化在黄陵一矿已经有实践案例，而自动化、智能化综放开采仍处于初期阶段，尤其是放煤的智能控制以及多种新型放煤工艺条件下顶煤运移规律、放出体特征等问题研究不够深入。

马英[38-39]基于工业以太网通信技术，将光纤环网通过有线或无线的方式控制采煤机、液压支架、转载机、破碎机，智能控制通信平台系统布置如图 1-2[38]所示，基本实现工作面设备的智能控制，同时安装液压支架姿态传感器、放煤机构姿态控制装置等，通过工作面主动信号检测、传输、匹配，按照设定程序实现工作面的自动化放煤；同时，为了实现液压支架姿态的自动调整，建立了以覆岩、煤层、支架为支撑体系的支架围岩力学系统模型，分析了支架放煤耦合姿态，通过布置压力传感器和倾角传感器来实现支架与围岩的智能耦合。

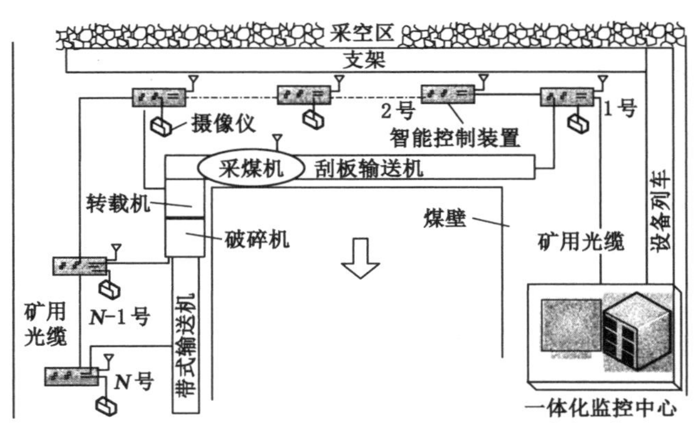

图 1-2　工作面智能控制通信平台系统布置

刘清等[40]分析了液压支架姿态与放煤的关系，以灵活性和准确性为原则提出了液压支架放煤姿态记忆控制方法，该方法包括学习、分析和记忆控制 3 个阶段，在大量学习人工操作放煤动作的基础上，通过支架的姿态记忆实现液压支架的尾梁和插板动作控制。牛剑锋、崔志芳等[41-42]基于自动放煤控制系统原理，分析了放煤过程的相关因素，通过在支架上布置声波传感器、振动传感器以及灰分传感器来实时监测放煤过程中振动、声音感知信号及其特征信号，与采集的人工示范操作感知信号进行对比，以相似度和含矸率作为控制标准，实现放煤的自动化控制。宋庆军等[43-44]在原有综放设备的基础上，增加防爆计算机、声波传感器、数据采集卡和总线转换模块,建立了放煤自动控制系统,利用声波传感器获得放煤时离散时间序列,通过离散的 Hilbert 变换,与试验数据相对比,实现煤矸混合比例识别和卡煤监测,结合 LabVIEW 软件实现放煤自动化控制。

王国法等[45]基于大采高综放支架与围岩相互作用关系,构建了顶板岩层结构失稳模型和坚硬顶煤冒放"悬臂梁"模型,提出了确定大采高综放支架合理工作阻力及机采高度的方法,首次将三级高效强扰动放煤结构使用在液压支架上,并开发了支架与围岩智能耦合的控制系统,实时监测支架受力状态及倾斜角度,基于多轮多口自动放煤逻辑关系,开发了放煤自动化装置,实现了在特厚坚硬煤层条件下大采高综放的安全、高效、智能化开采。

李化敏、郭金刚等[46-47]明确了智能化综放技术关键在于以"互联互通"的智能化成套综放设备为基础,以人工智能技术、云技术、现代通信、物联网等作为技术手段,通过自主智能感知、快速传输、智能分析决策、实时反馈,实现具有人工智能特征的自动化综放过程,并提出了基于"人-装备-环境"多源信息数据的特厚煤层智能开采方法,建立了精准控制支架尾梁动作的智能算法以及预测后部刮板输送机负载的计算模型,为实现智能放煤控制提供了理论基础。智能放顶煤控制系统如图 1-3 所示。

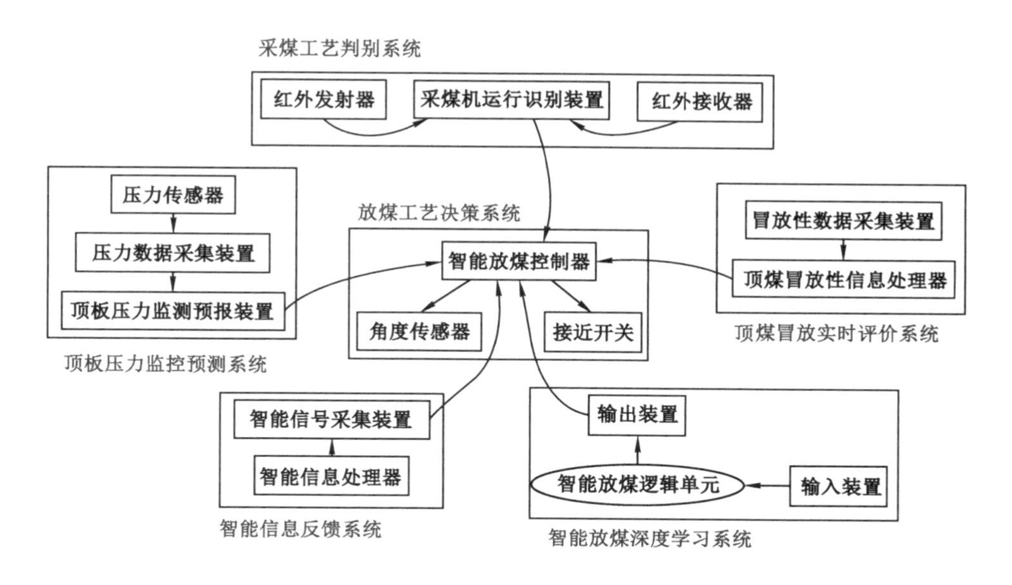

图 1-3 智能放顶煤控制系统

综上所述,综放开采技术在我国不断发展和广泛应用,已迈入高级自动化、初级智能化阶段,综放开采技术及理论又遇到新问题、新难点,仍需要不断创新、发展和完善,特别是自动化、智能化条件下顶煤放出可靠性问题,以及多种放煤工艺条件下顶煤回收率、含矸率以及后部刮板输送机运输安全性等综合性问题需要进一步探索和研究,以实现提高煤炭生产效率、降低矿工劳动强度的目标。

1.2.2 顶煤煤体内应力演化及破碎机理研究现状

厚及特厚煤层综放开采时,顶煤破碎的内在驱动是人工扰动形成的采动应力场,故顶煤煤体内应力演化规律研究是综放开采较基础的问题[48],也是顶煤破碎、运移规律研究的前提。由于煤体力学性质、采场环境的复杂性[49-50],综放开采顶煤应力演化规律研究相对滞后,主要集中在 8 m 以下厚煤层超前支承压力的研究上,国内外一些学者运用理论分析、数值模拟和相似模拟对顶煤煤体内应力演化过程及破碎机理进行了研究。

张开智等[51-53]综合运用机械模拟、理论分析、相似模拟和数值模拟对综放开采覆岩运动及支承压力分布进行了大量研究,对比了综放开采与分层开采顶煤煤体内以及直接顶应力分布规律,提出了是否适用综放开采的判别方法。李化敏等[54]研究了耿村矿 1301 工作面综放开采时顶煤的受力环境及变形特征,对比了“松弛-加压”和“带压”两种移架方式下支架对顶煤破碎的影响,发现前者移架方式有利于顶煤破碎,后者移架方式有利于煤壁和端面冒顶的控制。

靳钟铭等[55-56]经过理论分析得出综放开采超前支承压力分布表达式,采用相似模拟验证了公式的可靠性,分析了放顶煤开采特点及影响因素。王庆康等[57]综合运用理论分析、现场实测、相似模拟和有限元电算模拟,对顶煤煤体内应力分布、位移变化以及顶煤破坏过程进行了研究,根据破坏特征对顶煤进行了分区。张顶立等[58]以三河尖煤矿 7131 综放工作面为工程背景,建立了综放开采覆岩结构运动模型,一定程度上解释了综放开采过程中的某些矿压现象,并用于顶板活动预测预报。Zhang 等[31]研究了顶煤屈服和冒落的内在关系系数,根据莫尔-库仑准则以及应变软化原理,建立了顶煤屈服准则。

陈忠辉等[59]根据综放开采煤壁前方支承压力分布特征,构建了岩石三维损伤本构关系,研究了给定变形条件下支承压力分布规律,并通过试验验证了理论的可靠性。谢和平等[60]研究了综放开采时前方煤体支承压力大小及位置的采动力学特征,根据顶煤力学环境开展实验室试验,得出了 3 种开采条件下煤体破坏时支承压力、水平应力以及变形存在差异。Nan 等[61-62]以千秋矿 21121 综放工作面为研究背景，运用现场实测、理论分析等方法，根据应力分布规律将厚煤层沿水平方向和竖直方向分区，并建立了顶煤破碎力学模型。

Yasitli 等[63]针对土耳其某矿综放开采，采用有限元数值模拟方法研究了顶煤应力分布规律，得出工作面前方 7 m 处为超前支承压力峰值区，液压支架上方顶煤不同层位破碎程度不同，距支架 1.5 m 处顶煤破碎充分，距支架 3.5 m之外顶煤破碎程度较低，顶煤块度较大。Basarir 等[64]运用 $FLAC^{3D}$软件建立了三维数值模型，研究了综放开采和综采条件下围岩主应力值大小、方向的差异性。高明中[65]采用数值模拟研究了新集煤矿 13 号煤层放顶煤开采时支架阻力和采高对顶煤应力分布、变形的影响，发现采高对顶煤体内应力分布影响不大，但增加了顶煤中、下层位位移，支架反复支撑使得顶煤下位 2～3 m 更加破碎。

曹胜根等[66]采用自动动态增量非线性分析（ADINA）有限元程序，研究了抚顺龙凤矿 7201 综放工作面采场应力分布规律，发现顶煤不同层位塑性区存在差异，煤体位移垂直方向整体下沉、水平方向呈非整体性的特点，给出了放顶煤开采时回采巷道的有利布置形式。Yu 等[67]模拟研究了不同煤厚综放开采时应力演化规律及分布特征，给出了开采 7 m 和 11 m 煤厚时应注意监测的顶煤危险区域。Wang 等[68]采用数值模拟研究发现长壁综放开采顶煤渐进破坏与采动应力密切相关，分析了顶煤煤体内主应力分布规律以及偏转特性，同时研究了基本顶断裂对主应力分布的影响。

张顶立等[69]在煤岩物理力学试验基础上，分析了含夹矸顶煤破碎特点，建立了煤矸组合系统力学模型，根据材料力学推出了夹矸层极限厚度，提出了一系列提高顶煤冒放性的技术措施，并成功应用于兖州煤业股份有限公司东滩煤矿。闫少宏等[70]基于大量综放面实测的顶煤运移和裂隙发育数据，结合放顶煤开采顶煤运移的基本理论，得出顶煤运移过程与损失力学原理相符，并建立了在工作面推进方向和煤厚竖直方向的顶煤损失力学方程。宋选民[71]实测了 3 个综放工作面构造裂隙发育程度与工作面巷道布置的关系，研究了构造弱面分布特征、支承压力以及煤壁裂隙演化关系对顶煤放出的影响，给出了有利于顶煤放出的顶煤裂隙组数、方位及发育程度和工作面布置形式。

靳钟铭、魏锦平等[72-73]通过制作 300 mm×300 mm×300 mm 大尺寸的软煤、中硬煤和硬煤试样，根据模拟支承压力开展真三轴压裂试验，得出了不同煤样压裂变形特征和裂隙演化规律，建立了顶煤压裂本构方程，得出了顶煤裂隙分维与支承压力存在多项式形式的定量关系，支承压力峰后压裂决定了顶煤破碎程度，即顶煤破碎块度。赵伏军等[74]针对急倾斜厚煤层开采，利用断裂理论，在现场实测的基础上建立了断裂力学模型，分析了断裂应力强度因子与煤层厚度、倾角、埋深的关系，得出了理想急倾斜煤层综放开采条件以及顶煤体内裂隙发育具有延迟失稳的特点。康鑫等[75]以赵固二矿为工程背景，研究了综放开采顶煤破碎机理，得出顶煤裂隙发育是采动应力集中与覆岩压力共同作用的结果，根据实验室开展的不同剪切角的剪切试验，分析了各种裂隙发育特征，得出了裂隙形式由单裂隙到双裂隙再到 X 裂隙，其抗压强度呈增加趋势。

王家臣[76]根据损伤力学分析顶煤裂隙发育、破碎的实质是由于煤体内微裂隙发育至一定程度贯通后的外在表现，微裂隙发育则是因为外力载荷不断作用，外力大小不同，裂隙发育程度不同。王卫军等[77]应用弹塑性力学及矿压理论，对急倾斜厚煤层建立顶煤力学模型，研究了顶煤破碎与矿山压力之间的内在联系，分析了顶煤可放性的主要影响因素，得出了顶煤应力极限平衡区的范围，其与现场实测结果一致。

陈忠辉等[78-79]根据损伤力学基本原理，建立了顶煤损伤变量的力学模型，分析了顶煤损伤的影响参数，研究了顶煤冒放性与采动作用下顶煤损伤演化的内在联系，利用 FLAC^{3D}软件数值模拟研究了忻州窑矿 8911 综放面顶煤三维模型应力应变、单元破坏的特征，指出了顶煤始动点的具体位置。祝凌甫等[32]利用数值模拟研究了大采高综放工作面在不同采高、不同支架支护强度条件下顶煤应力演化的差异性，发现增大采高使顶煤始动点前移且位移量增大，增大支架支护阻力顶煤下层位煤体破碎。

上述国内外学者主要集中对厚煤层综放开采顶煤煤体内支承压力分布规律及顶煤破碎特征进行研究，对特厚煤层不同层位的应力演化规律及差异性研究较少，且在以往的研究中常常将顶煤煤体内应力简化，以垂直方向应力为最大主应力、水平方向中间主应力和最小主应力相等来研究，未能充分考虑中间主应力对顶煤破碎的影响。

1.2.3 顶煤放出规律及放煤工艺研究现状

顶煤煤体内应力演化、破碎是顶煤放出的前提，而顶煤放出规律及放煤工艺优选是实现综放开采高产高效的核心问题。合理的放煤工艺选择是实现综放开采高产高效的重要环节，顶煤放出规律研究是合理放煤工艺选择的基础，特别是近年来自动化、智能化技术在煤矿开采的应用，使放煤工艺的选择更为宽泛，也使综放开采更加高产、高效成为可能。自综放开采技术引入我国，顶煤运移规律、煤岩分界线演化及放出体特征、放煤工艺选择一直是放顶煤理论研究的重点与热点，国内外学者采用理论分析、相似模拟和数值模拟等手段进行了大量研究。

在放顶煤开采理论研究的初期阶段，吴健等[80-81]根据金属放矿椭球体理论对比了高位放顶煤特点，提出了放煤椭球体理论，通过大量的现场实测和相似模拟，得出顶煤放出体是不完整且存在一定偏角的椭球体，理论推出了放顶煤数学模型，同时对放煤参数和放煤方式选择、提高顶煤回收率、放煤支架适应性、顶煤运动与矿压显现关系等进行了研究。李荣福[82-85]根据大量的松散物料放出试验和散体力学理论，得出放出体为类椭球体，克服了椭球体理论的缺陷和不足，建立了类椭球体放矿理论理想方程和实际方程，并提出了检验类椭球体放矿理论正确性的充分和必要条件，分析了该理论在放出体形状、移动边界和速度场等方面存在的不足。以上学者以金属放矿理论为基础，忽略了放煤支架对放出椭球体的影响，尤其是在低位放煤时支架对放出椭球体影响较大。

随着放顶煤理论和放煤支架的发展，许多学者对低位放顶煤放出体特征进行了研究。于斌等[86]、陶干强等[87]、Zhu 等[88]和朱忠华等[89]提出了随机介质放矿理论。该理论简化了崩落矿岩受力过程，将崩落的散体近似为仅受重力作用的连续流动介质，建立直角坐标系，根据随机概率分布分析散体流动过程及规律；基于该理论，在大量相似模拟试验的基础上，优化了试验中标志点的制作与放置方法，提出了使用放出体方程求解散体流动参数的方法，在充分考虑液压支架影响的基础上，建立了顶煤放出体与煤矸分界线方程，指出了支架尾梁限定作用以及放煤口对放出椭球体的影响，其中工作面倾向方向上放出椭球体近似为标准椭球体，工作面走向方向上放出椭球体为被支架尾梁切割的偏转椭球体，随着放煤高度的增加，这种偏转角度逐渐减小。

王家臣及其团队对低位顶煤放出规律、放出体特征及放煤工艺优化等做了大量研究。王家臣等[90]分析了放顶煤开采时放煤过程与椭球体放矿理论的差异性，提出了顶煤运移的散体介质流理论，在相似模拟研究中采用标志点铺设等试验方法，研究了低位放煤过程中顶煤及散落矸石的移动和放出规律，得出了顶煤移动速度场和位移场的计算公式，利用离散元模拟软件研究了单轮顺序、单轮间隔以及不同放煤步距煤岩运动规律和顶煤采出率，为现场放煤工艺选择提供指导意见。王家臣等[91]通过大量的相似模拟试验，系统地研究了不同放煤步距（一刀一放、两刀一放和三刀一放）、采放比（1∶1、1∶2 和 1∶3）和煤岩粒径之比等条件下的顶煤运移规律，拟合了初始放煤、推进过程中放煤时煤岩分界线二次曲线方程，预测了可放出顶煤的量，并在现场应用中取得了良好效果。王家臣等[92]研制了顶煤运移跟踪仪，应用于现场实测了顶煤放出率，与实验室模拟结果相比偏小；室内试验采用铺设标志点的方法研究了不同层位顶煤颗粒运移轨迹和放出率，发现顶煤下层位受支架影响采出率较低，顶煤上部由于移动过程中煤矸互层情况严重，采出率比较低；将顶煤运移、放出分为先沿二次曲线移动、然后垂直下降、最后沿二次或三次曲线轨迹移动3个阶段，并运用回归分析拟合了不同阶段的曲线方程。王家臣等[93]利用离散元三维颗粒流程序，建立了综放开采三维数值模型，研究了不同放煤步距、采放比时顶煤放出体形态和运移规律，得出顶煤放出初始阶段形成了稳定的速度场和二次松散区域，松散区域内的煤体颗粒均指向放煤口近似直线运动，被放出的煤体为被支架限定的类偏转椭球体，偏转角度随着放煤时间的增加而逐渐减小，煤岩分界线呈三维漏斗曲面，中心轴偏向采空区，在不同放煤步距和采放比条件下，顶煤采出率呈典型的渐进稳定效应。王家臣、张锦旺等[94-95]在大量的相似模拟和数值模拟的基础上，基于顶煤放出发育过程、煤岩分界面形态、顶煤采出率和含矸率等因素综合考虑提出了BBR研究体系，该理论核心思想是在每个放煤循环中的起始放煤、终止放煤阶段，综合考虑各个因素相互作用影响并进行统一研究，得出放出体经历了发育不完整、基本成熟和成熟3个阶段，受支架影响放出体为切割变异椭球体，提出了扩大放出体与煤岩分界面相切范围的方法来提高顶煤采出率，BBR研究体系及空间关系如图1-4所示。王家臣等[96]基于散体介质力学Bergmark-Roos模型（B-R模型），分析了散体顶煤接触的3种类型，优化了受支架影响的B-R模型，在充分考虑颗粒间的侧向压力及嵌合作用后修正了重力加速度，根据数值模拟和相似模拟计算得出了修正系数K，并在现场应用中验证了其正确性。王家臣、张锦旺等[97-98]自主开发了相似比为1∶30的双层丝杠螺母控制式放煤试验平台，研究了不同块度级配条件下初始放煤、颗粒运移过程及煤岩分界面演化特征，得出颗粒平均块度越大初始放煤量越大、小块度颗粒占比越大大块度颗粒越容易被放出、大块度颗粒占比越大放煤口附近越容易成拱从而影响顶煤顺利放出等结论，并基于散体介质力学理论得出了煤岩分界面动态演化方程，给出了由于块度存在差异的修正系数计算方法。

澳大利亚学者Ghosh等[99]综合分析了综放开采顶煤冒放性的影响因素即顶煤厚度、超前支承压力和煤体无侧限抗压强度的影响，得出提高顶煤采出率应从合理的放煤步距和采放比入手；针对现场顶煤放出率等问题，提出了预先爆破顶煤增加顶煤破碎程度和流动性，以及采用新的震动技术避免或减少放煤口附近成拱现象，从而达到提高顶煤采出率的目的。Khanal等[100]利用有限元软件COSFLOW模拟了长壁综放工作面综放开采时顶煤破坏行为、支架收缩特性、顶板断裂与支承压力及垂直应力的关系等，分析了顶煤放出效果与上述因素的内在联系。土耳其学者Simsir等[101]利用现场实测和ARENA软件数值模拟的方法，研究了不同放煤方式顶煤采出率情况，得出在8.5 m煤厚的条件下两刀一放顶煤回收率最优，并提出了采用

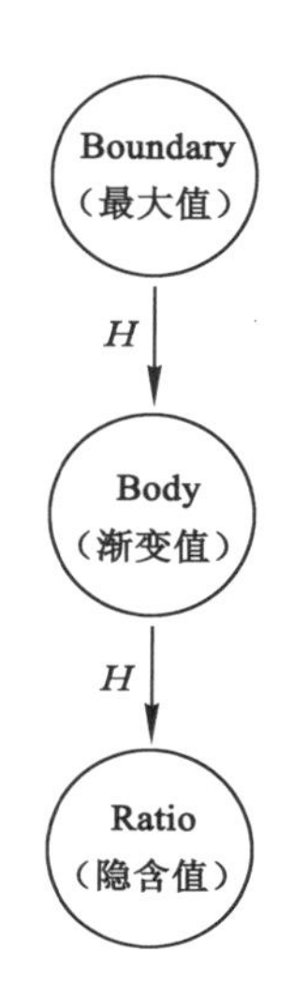

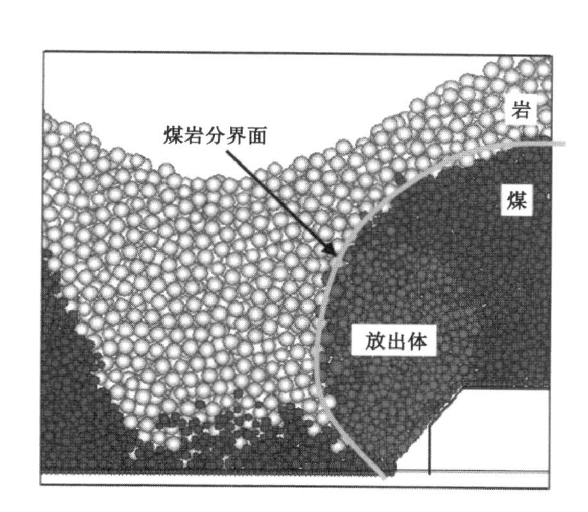

图 1-4 BBR 研究体系及空间关系

顶煤注水等方法提高顶煤回收率、减少混矸率,且降低放煤口附近成拱的概率。Özfirat 等[102]自主研制了高位放顶煤支架模型和顶煤放出试验平台,通过大量的模拟试验得出了合理的放煤工艺,并与现场效果对比,验证了研究的准确性。俄罗斯学者 Klishin 等[103-106]针对库兹涅茨克煤田 12 m 厚急倾斜煤层,提出了水平分段放顶煤开采技术,利用离散元模拟软件研究了最佳放煤工艺,得出在放煤口上方顶煤流动区存在"松散-压实"交替现象,并且研制了急倾斜煤层放煤物理模拟平台,得出了比 BMV-10 型支架更有利于顶煤放出的 KPV-1 型放煤支架。

樊运策[107]分析得出顶煤密度、碎胀系数、顶煤孔隙率、湿度、块度是影响顶煤冒落的重要因素,研究了顶煤垮落的几种典型几何形态,给出了顶煤放出的目标和准则,提出了顶煤放出控制、放煤口大小控制、多轮放煤时间、放出量和煤流扰动控制方法。黄炳香等[108]针对大采高综放开采关键问题展开研究,利用理论分析和相似模拟研究了大采高不同采放比、放煤口参数、放煤步距以及放煤工序对煤矸流场的影响,得出与普通采高放顶煤相比,大采高放煤时,由于支架掩护梁倾角增大、放煤口位置增高,使煤矸流速变快,煤岩分界线斜率变大,在相同放煤步距下煤矸分界线与顶梁末段距离存在差异,指出大采高综放合理放煤工艺需由支架架型、放煤口尺寸、顶煤块度和采放比共同确定。白庆升等[109]分析了顶煤破碎、移动特性和运动准则,利用离散元数值模拟方法研究了顶煤运移过程,从接触力场演化规律和散体运动特性两个角度揭示了放煤口上方成拱机理，基于接触力场演化规律角度认为散体顶煤运移时散体之间接触力小于块体之间挤压形成的摩擦力时容易成拱，堵塞放煤口，基于散体运动特性角度认为放煤口附近散体顶煤运动速度较小时容易产生“淤积”，从而为支架尾梁破拱设计提供参考依据。

孙利辉等[110]针对大倾角综放工作面放煤工艺选择等问题，采用理论分析、相似模拟等方法，研究了不同放煤步距、放煤方式、放煤顺序、煤层倾角等15种模型下顶煤采出率和煤矸运移规律，得出在大倾角综放开采中由下向上单轮顺序、一刀一放顶煤回收率最高，煤岩分界面受煤层倾角影响为非对称圆锥形，由下向上放煤时为正圆锥，反之为倒圆锥。Liu等[111]利用数值模拟研究了不同煤层厚度沿推进方向在不同放煤步距条件下顶煤运移规律，得出顶煤在采空区遗留的形态为锯齿状，随着顶煤厚度和放煤步距的增加，单次放煤量增加，放煤步距为0.8 m时一刀一放顶煤回收率最佳。蒋金泉等[112]采用数值模拟的方法研究了不同放煤步距、不同采高、不同支护强度下顶煤运移和回收率情况。谢耀社等[113]建立了二维颗粒流模型，通过16个正交试验，研究了顶煤垮落角、放煤步距、顶煤厚度、支架尾梁摆角对顶煤回收的影响，通过对数据的线性回归，得出了顶煤垮落角对顶煤回收率影响最大，支架尾梁摆角和顶煤厚度影响次之，放煤步距影响最弱。

以上研究均是在单放煤口条件下对顶煤运移、放出体形态以及煤岩分界面特征等进行的研究，在自动化、智能化技术逐步发展的过程中，更多放煤工艺如群组放煤、多轮多口同时放煤等逐渐被关注，但这些放煤工艺条件下顶煤放出体特征、煤岩分界面演化过程以及采空区遗煤等问题研究较少。与此同时，随着综放开采自动化、智能化程度的提高，工作面生产环境如后部刮板输送机过载频率、瓦斯浓度、粉尘浓度等也会受到相应的影响，基于顶煤回收率、含矸率和生产环境等的放煤工艺优选方法也需要进一步完善。

近几年，国内少数学者逐步对多口放煤条件下的放煤规律展开了研究。王家臣等[114]基于放出体、煤岩分界面和顶煤采出率研究体系，综合运用数值模拟、相似模拟的方法，研究了多口同时放煤时顶煤放出规律，得出多口同时放煤与单口放煤相比提高了顶煤回收率，主要是因为多口同时放煤增加了中、高位顶煤的回收，提出了可提高下端头顶煤回收的分段逆序放煤方法。刘闯等[115]定义了多放煤口协同放煤的概念，在理论分析和数值模拟的基础上，提出了“多放煤口同时开启逆次关闭”的放煤方法，详细研究了起始放煤、中间放煤和末段放煤煤岩分界面演化过程，建立了多口协同放煤起始放煤时间控制的计算模型，通过工作面倾向方向数值模拟，研究了单口放煤和多口协同放煤的顶煤回收情况，得出多口放煤效率明显高于单口放煤效率。杜龙飞等[116]为提高顶煤回收率，降低含矸率，优化放煤工艺，运用 GDEM 离散元模拟软件研究了散体顶煤多口放煤放出体形态、顶煤运移轨迹、煤矸分界面演化过程、顶煤放出松动范围以及顶煤放出时空场耦合关系，得出多口放煤时增加放煤口尺寸，可使放煤椭球体由竖向椭圆形发展至类圆形，最后发展为横向椭圆形，多口放出体宽度与放煤口尺寸呈三次函数关系。王伸等[117]采用离散元软件研究了间隔放煤时顶煤放出体形态、煤岩分界面以及采出率等问题，研究表明在顶煤厚度为 12 m 时采用“大中小微”放煤方式可使顶煤回收率超过 80%，含矸率为 4%。

综上所述，随着自动化、智能化技术的逐步成熟，顶煤放出工艺由单口放煤逐步发展为多口放煤，多口放煤以群组放煤为主。群组放煤由于成倍增加了放煤口尺寸，单位时间放煤量更大，同时由于顶煤放出通道的增加有利于大块顶煤的放出，减小了成拱的概率，提高了放煤效率。随着放煤自动化、智能化技术的进一步提高，更为复杂的放煤工艺可靠性逐渐提高，如多轮多口同时自动放煤，该放煤工艺的顶煤运移规律、煤岩分界面演化过程、顶煤回收率、含矸率等需要进一步研究。同时，由于不同的放煤工艺均有自身的优缺点，在相同煤层地质条件下，放煤工艺等如何选择，需要建立基于顶煤回收率、含矸率、生产环境等综合考虑的评价方法，为最终的最优放煤工艺选择提供指导。

1.2.4 目前研究存在的问题

（1）特厚煤层综放开采顶煤应力演化规律及破碎特征研究较少。当前顶煤应力演化规律及破碎特征研究主要集中在厚度为 8.0 m 及以下的煤层，对于特厚煤层应力演化规律以及不同层位应力演化差异性研究较少，且研究顶煤破碎特征时往往进行简化，以垂直应力为最大主应力、水平方向中间主应力和最小主应力相等来研究，忽略了中间主应力对顶煤破碎的影响。因此，针对特厚煤层厚度的特殊性，不同层位应力演化规律和顶煤破碎机理及特征需要进一步研究。

（2）多口协同放煤规律和优选方法等关键问题研究不够全面。随着自动化、智能化技术的不断应用，放煤工艺由单口放煤逐步向多口协同放煤发展，而多口协同放煤规律理论目前研究较少。同时，与单口放煤相比，多口放煤时对生产环境的影响更为复杂，如后部刮板输送机过载频率、瓦斯浓度、煤尘浓度等，简单地用顶煤回收率、含矸率来评价及选择放煤工艺不够全面。因此，需要对多口放煤工艺进行综合评价及优选，为规划放煤策略提供基础。

1.3 研究内容

本书在前人研究的基础上，综合采用现场调研、理论分析、数值模拟、室内试验、相似模拟及工业性试验等研究方法，对特厚煤层顶煤不同层位应力演化规律、顶煤破碎机理、多口协同放煤规律及放煤工艺优选方法、智能放煤控制系统等进行研究，主要研究内容包括：

(1) 特厚煤层综放开采顶煤不同层位采动应力场演化规律。揭示特厚煤层顶煤不同层位煤体内应力场演化规律，基于主应力演化规律在水平方向对顶煤进行分区，在不同分区选取特征点，得到不同层位顶煤由原岩到破碎的应力驱动路径，为后续顶煤真三轴加卸载破碎试验提供理论基础。

(2) 特厚煤层综放开采顶煤破碎机理及顶煤破坏结构特征。基于特厚煤层不同层位顶煤应力演化路径，开展真三轴试验，综合考虑最大主应力、中间主应力和最小主应力对顶煤破碎的影响，运用畸变能密度理论，揭示特厚煤层顶煤破碎机理，现场对顶煤破碎块度进行实测，构建特厚煤层顶煤破坏结构模型，为后续顶煤运移规律研究提供基础数据。

(3) 特厚煤层综放开采多口协同放煤规律研究。基于 Bergmark-Roos 放矿理论，研究单口、多口放煤顶煤运移规律及放出特征，分析影响放煤口数量的主控因素，建立特厚煤层放煤规律研究数值模型，通过相似模拟、理论分析验证数值模型可靠性，研究多种多口放煤工艺顶煤运移及放出规律。

(4) 特厚煤层综放开采多口协同放煤工艺优选方法。基于顶煤回收率、含矸率、放煤时间指数、后部刮板输送机过载频率、工作面瓦斯浓度及煤尘浓度等综合指标提出放煤工艺优选方法，对不同放煤工艺进行量化比较，为规划放煤策略提供参考。

(5) 多口协同放煤控制方法及工业性试验。建立以时间控制为主、人工干预为辅的放煤控制方法，提出支架是否到位判别模型以及放煤口大小自适应的控制方法，开发多口协同放煤决策系统，并在塔山煤矿 8222 综放工作面现场应用，验证放煤工艺的合理性及智能放煤系统的可靠性。

1.4 研究方法及技术路线

本书主要采用数值模拟、理论分析、实验室试验、相似模拟和工业性试验等方法对上述内容进行研究。首先结合矿井地质资料和 $FLAC^{3D}$ 数值模拟，研究特厚煤层不同层位顶煤应力场演化规律，利用真三轴试验和第四强度理论揭示特厚煤层顶煤破碎特征；然后基于 Bergmark-Roos 放矿理论，得出单口放煤、群组放煤、多轮多口放煤煤岩运移规律及放出特征，分析影响放煤口数量的主控因素，利用 CDEM 模拟软件，构建多口放煤数值模型，采用相似模拟验证 CDEM 模型的可靠性，研究多种多口协同放煤规律，基于顶煤回收率、含矸率、放煤时间指数、后部刮板输送机过载频率、工作面瓦斯浓度及煤尘浓度等综合指标提出放煤工艺优选方法，对不同放煤工艺进行量化比较，同时提出多口协同放煤控制方法及关键判别模型，开发智能放煤控制系统，对多口协同放煤工艺进行工业性试验。本书技术路线如图 1-5 所示。

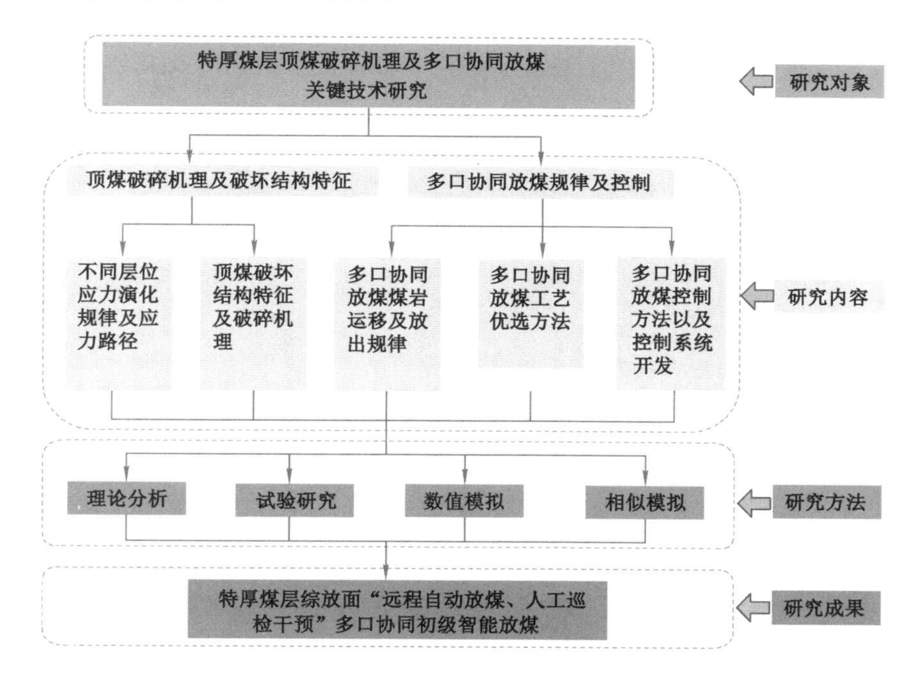

图 1-5 技术路线图

2 特厚煤层顶煤采动应力场演化规律

特厚煤层综放开采顶煤采动应力场演化直接影响顶煤的破裂特征，继而影响顶煤的放出。本章围绕特厚煤层综放开采过程中不同层位顶煤煤体内采动应力场，在考虑液压支架对顶煤应力演化影响的前提下，采用有限差分数值手段对特厚煤层不同层位顶煤应力演化特征进行深入研究，揭示不同层位顶煤主应力的演化规律，分析同一竖直方向不同层位主应力差异性，根据主应力变化特性对顶煤进行分区，在各分区提取应力特征点，为后续顶煤破碎规律研究试验提供加卸载应力路径。

2.1 顶煤应力状态及数值模型建立

2.1.1 顶煤煤体内应力状态

研究顶煤煤体内应力问题，可将顶煤简化为无数个点，选择特定的点组成特殊的线，通过分析特殊线上不同点的应力变化，可得到开采过程中顶煤应力状态变化过程[118]。如图 2-1 所示，顶煤中任意一个点的应力状态在三维空间直角坐标系中可用 9 个应力分量进行表示：

$$\boldsymbol{S}=\boldsymbol{\sigma}_{ij}=\begin{bmatrix}\sigma_x & \tau_{xy} & \tau_{xz}\\ \tau_{yx} & \sigma_y & \tau_{yz}\\ \tau_{zx} & \tau_{zy} & \sigma_z\end{bmatrix} \tag{2-1}$$

图 2-1 顶煤任意点应力状态

该点受力一定的情况下，在不同的坐标空间其应力分量大小不同，但存在$\tau_{xy}=\tau_{yx}$，$\tau_{yz}=\tau_{zy}$，$\tau_{zx}=\tau_{xz}$关系。在分析点的应力状态时，可在该点取出无限小的四面体，其中3个面分别与三维坐标系3个轴相互垂直，另外1个任意倾斜面与坐标轴相交，该斜面的法线为N，其方向余弦为l、m、n。

在斜面上任意一点的应力矢量$\boldsymbol{P}_N$沿坐标轴方向可分解为X_N、Y_N、Z_N，由平衡条件可得：

$$\left.\begin{aligned}X_N&=\sigma_x l+\tau_{xy}m+\tau_{xz}n\\Y_N&=\tau_{yx}l+\sigma_y m+\tau_{yz}n\\Z_N&=\tau_{zx}l+\tau_{zy}m+\sigma_z n\end{aligned}\right\}\tag{2-2}$$

分量X_N、Y_N、Z_N在法线方向上投影之和为正应力σ_N，剪应力τ_N可表示为：

$$\tau_N^2=P_N^2-\sigma_N^2\tag{2-3}$$

在空间状态下任意一点的应力张量存在3个主应力和3个主方向，在垂直主方向的面上，由于剪应力为零，则合应力与主应力相等，即$P_N=\sigma_N$，则主应力在坐标轴上的分量可表示为：

$$\left.\begin{aligned}X_N&=\sigma_N l\\Y_N&=\sigma_N m\\Z_N&=\sigma_N n\end{aligned}\right\}\tag{2-4}$$

将式(2-4)代入式(2-2)中可得：

$$\left.\begin{aligned}(\sigma_x-\sigma_N)l+\tau_{xy}m+\tau_{xz}n&=0\\\tau_{yx}l+(\sigma_y-\sigma_N)m+\tau_{yz}n&=0\\\tau_{zx}l+\tau_{zy}m+(\sigma_z-\sigma_N)n&=0\end{aligned}\right\}\tag{2-5}$$

又知法线N的3个方向余弦满足：

$$l^2+m^2+n^2=1\tag{2-6}$$

由式(2-5)、式(2-6)联立可求得σ_N、l、m、n这4个未知数的值，若将l、m、n看作未知量，则式(2-5)线性方程组有非零解的充要条件为系数行列式等于零，即：

$$\begin{vmatrix}(\sigma_x-\sigma_N)&\tau_{xy}&\tau_{xz}\\\tau_{yx}&(\sigma_y-\sigma_N)&\tau_{yz}\\\tau_{zx}&\tau_{zy}&(\sigma_z-\sigma_N)\end{vmatrix}=0\tag{2-7}$$

展开行列式可得：

$$\sigma_N^3-I_1\sigma_N^2-I_2\sigma_N-I_3=0\tag{2-8}$$

式中：

$$\left.\begin{aligned}I_1&=\sigma_x+\sigma_y+\sigma_z\\I_2&=-\sigma_x\sigma_y-\sigma_y\sigma_z-\sigma_z\sigma_x+\tau_{xy}^2+\tau_{yz}^2+\tau_{zx}^2\\I_3&=\sigma_x\sigma_y\sigma_z+2\tau_{xy}\tau_{yz}\tau_{zx}-\sigma_x\tau_{yz}^2-\sigma_y\tau_{zx}^2-\sigma_z\tau_{xy}^2\end{aligned}\right\}\tag{2-9}$$

式(2-8)有 3 个实根，分别代表该点处的 3 个主应力，可记为 σ_1、σ_2、σ_3，将 3 个主应力值代入式(2-5)中，可求得 3 个主方向。应力分量与坐标轴方向有关，而主应力数值与坐标轴方向无关，即式(2-8)的根不变，称 I_1、I_2、I_3 为应力张量不变量，分别叫作应力张量第一不变量、第二不变量和第三不变量。应力张量不变量可通过主应力来表示，即为：

$$\left.\begin{aligned}I_1&=\sigma_1+\sigma_2+\sigma_3\\I_2&=-\sigma_1\sigma_2-\sigma_2\sigma_3-\sigma_3\sigma_1\\I_3&=\sigma_1\sigma_2\sigma_3\end{aligned}\right\}\tag{2-10}$$

在任意点的应力状态中，可以在该点找到一个主应力单元体，该单元体的 3 对相互垂直的平面为主平面，平面上的主应力分别为 σ_1、σ_2、σ_3，当坐标轴方向改变时，应力分量改变，但主应力值是不变的，根据主应力方向，可建立主应力空间，其坐标轴称为应力主轴，点的应力张量 $\boldsymbol{\sigma}_{ij}$ 可通过下式表示：

$$\boldsymbol{\sigma}_{ij}=\begin{bmatrix}\sigma_1&0&0\\0&\sigma_2&0\\0&0&\sigma_3\end{bmatrix}\tag{2-11}$$

2.1.2 煤岩地质条件及力学参数测定

2.1.2.1 地质赋存条件

塔山煤矿 8222 工作面主采石炭系 3～5 煤层，工作面走向长度为 2 644.5 m，倾向长度为 230.5 m，煤层倾角平均为 2°，煤层厚度为 7.81～22.11 m。在工作面现场采集 3 个月煤层厚度数据，顶煤厚度平均为 14.11 m，见表 2-1。煤层含夹矸 2～17 层。工作面采用综采放顶煤开采，机采高度为 4.00 m，放煤高度为 10.11 m，煤层结构复杂，裂隙比较发育。工作面直接顶为碳质泥岩，局部有粉砂岩，平均厚度为 8.22 m，基本顶为 8.16 m 厚的砂岩，直接底为 5.32 m 厚的砂质泥岩，基本底为 8.90 m 厚的砂岩。8222 工作面平均埋深为 525 m，位置位于二盘区西南部，东北、西南均未开拓，东南以二盘区辅助运输大巷为界，西北至探测陷落柱外沿。工作面位置及柱状如图 2-2 所示。

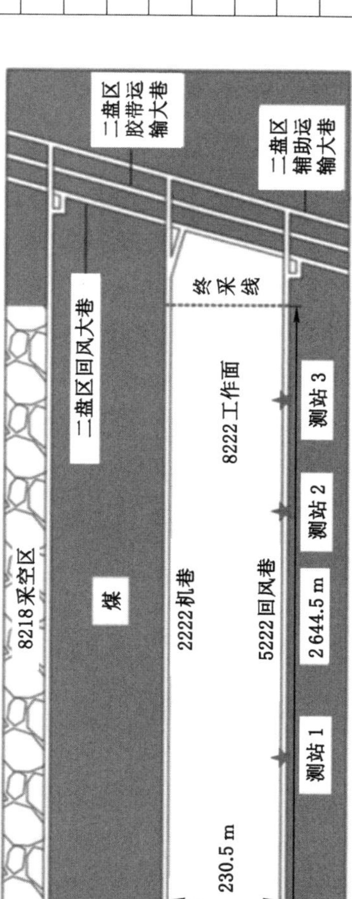

(a) 工作面位置及地应力测站位置图

编号	岩性	柱状	厚度/m
1	砂质泥岩		8.71
2	4煤		3.04
3	粉砂岩		11.58
4	砂岩		8.16
5	碳质泥岩		8.22
6	3～5煤		14.11
7	砂质泥岩		5.32
8	砂岩		8.90
9	中粒砂岩		2.43

(b) 工作面柱状图

图 2-2 8222工作面概况

表 2-1　煤层厚度现场探测结果

日期 2019 年 6 月	煤层厚度/m	日期 2019 年 7 月	煤层厚度/m	日期 2019 年 8 月	煤层厚度/m
3	14.85	1	13.40	3	13.40
6	13.90	5	14.26	8	14.52
9	14.26	7	13.85	10	13.90
15	13.40	10	14.19	12	13.50
17	13.60	12	15.20	16	13.60
19	14.19	19	13.90	18	14.26
24	13.80	22	13.60	22	14.19
27	15.10	26	14.80	26	15.26
平均煤厚/m	14.11				

为获得塔山煤矿 8222 综放工作面煤层及顶底板岩石力学参数，为后续数值模拟提供初始参数，在工作面推进至 260 m 处现场取芯和块体取样，对煤层及顶底板岩层煤岩样进行收集，样品包括原煤、碳质泥岩、砂岩、粉砂岩、砂质泥岩等，各种岩性分别制成 5 个 ϕ50 mm×100 mm、3 个 ϕ50 mm×25 mm、5 个 ϕ50 mm×50 mm 标准试件，部分加工前煤岩样如图 2-3 所示。

(a) 煤

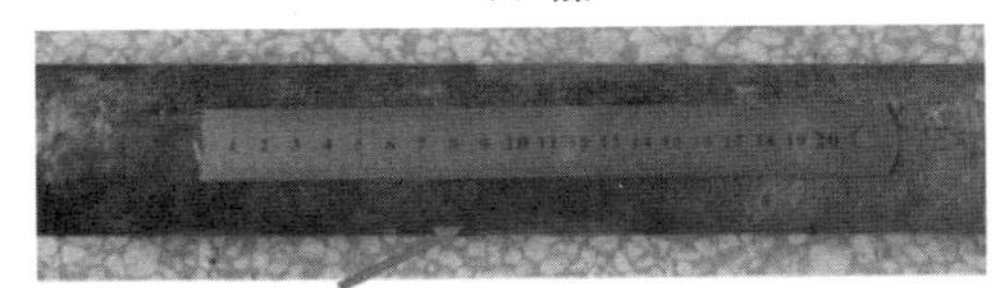

(b) 碳质泥岩

图 2-3　部分采集试样

对煤岩样试件采用中国科学院武汉岩土力学研究所研制的 RMT-150C 型力学试验机进行压裂试验，试验内容包括煤岩样的单轴压缩、剪切试验、三轴压缩、单轴间接拉伸，试验设备如图 2-4 所示，部分煤岩样试件压裂前后形态如图 2-5 所示。

图 2-4 煤岩力学参数测试系统

(a) 试件压裂前

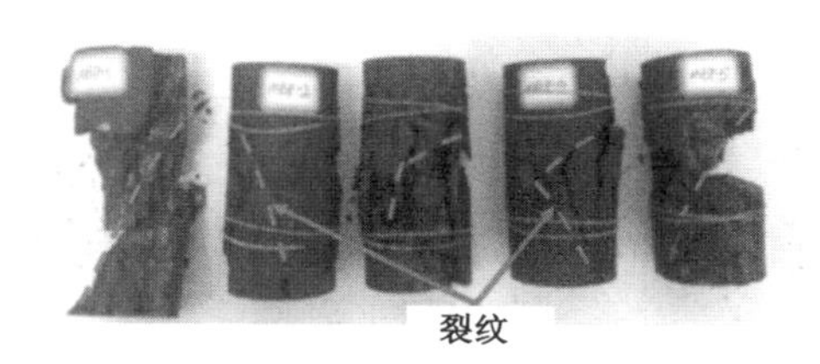

(b) 试件压裂后

图 2-5 部分试件压裂前后形态

根据 RMT-150C 型力学试验机最终压裂试验结果，可获得塔山煤矿 8222 工作面煤及其顶底板岩层的力学参数，包括密度、弹性模量、泊松比、抗拉强度、黏聚力和内摩擦角，如表 2-2 所示。

表 2-2　煤岩物理力学参数

岩性	密度 /($\times 10^3$ kg/m^3)	弹性模量 /GPa	泊松比	抗拉强度 /MPa	黏聚力 /MPa	内摩擦角 /(°)
砂岩	2.79	15.11	0.23	5.65	12.50	36.85
粉砂岩	2.60	18.76	0.24	3.68	17.50	35.00
碳质泥岩	2.54	10.28	0.27	1.30	14.77	38.13
砂质泥岩	2.50	11.49	0.21	4.15	12.88	38.73
煤	1.34	4.43	0.34	0.82	3.40	30.20

2.1.2.2　原岩应力测试

在塔山煤矿 8222 工作面采用套孔应力解除法[119]，选用 KX-81 型空心包体应力计对工作面地应力进行测试。按照选取原则布置 3 个测站，测站位置如图 2-2 所示，布置在 5222 回风巷内，其中开切眼方向为 X 方向、平巷方向为 Y 方向、垂直方向为 Z 方向，根据所测数据计算获得应力大小和相应侧压系数 λ[120]，测试方法及钻孔参数如图 2-6 所示，原岩应力测试结果如表 2-3 所示。

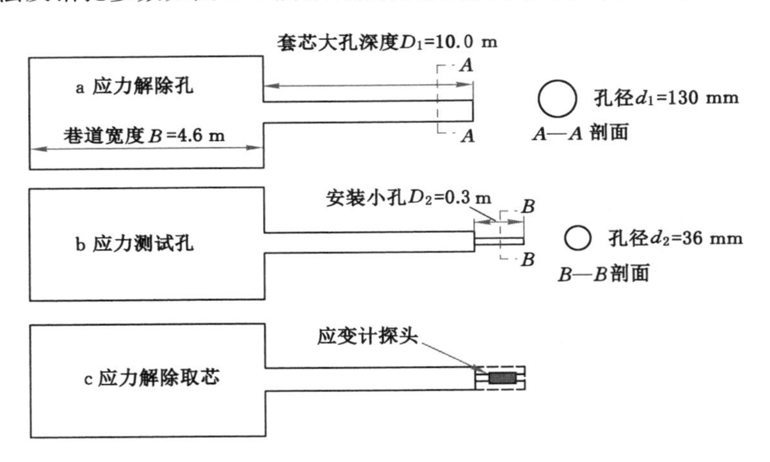

图 2-6　原岩应力测试方法

表 2-3　原岩应力测试结果

测站编号	σ_x/MPa	σ_y/MPa	σ_z/MPa	λ_x	λ_y
1	16.26	9.65	13.68	1.19	0.71
2	15.69	8.01	13.02	1.21	0.62
3	15.41	7.75	12.30	1.25	0.63
平均值	15.79	8.47	13.00	1.22	0.65

2.1.3 数值模型及模拟方法

2.1.3.1 数值模型

结合塔山煤矿 8222 特厚煤层综放工作面煤层地质赋存条件，建立 FLAC^{3D} 数值模型，以开切眼方向、平巷方向、竖直方向分别为 X 轴、Y 轴和 Z 轴。模型总高度 68 m：煤层上方共包含上覆岩层 5 层，共计 40 m；煤层厚度简化为 14 m；底板包含 2 层，共计 14 m。模型 X 方向长度为 300 m，其中开切眼长度为 200 m，Y 方向长度为 330 m，Z 方向高度为 68 m，模型包含 623 040 个单元，计算节点 740 506 个。模型及工作面布置情况如图 2-7 所示。

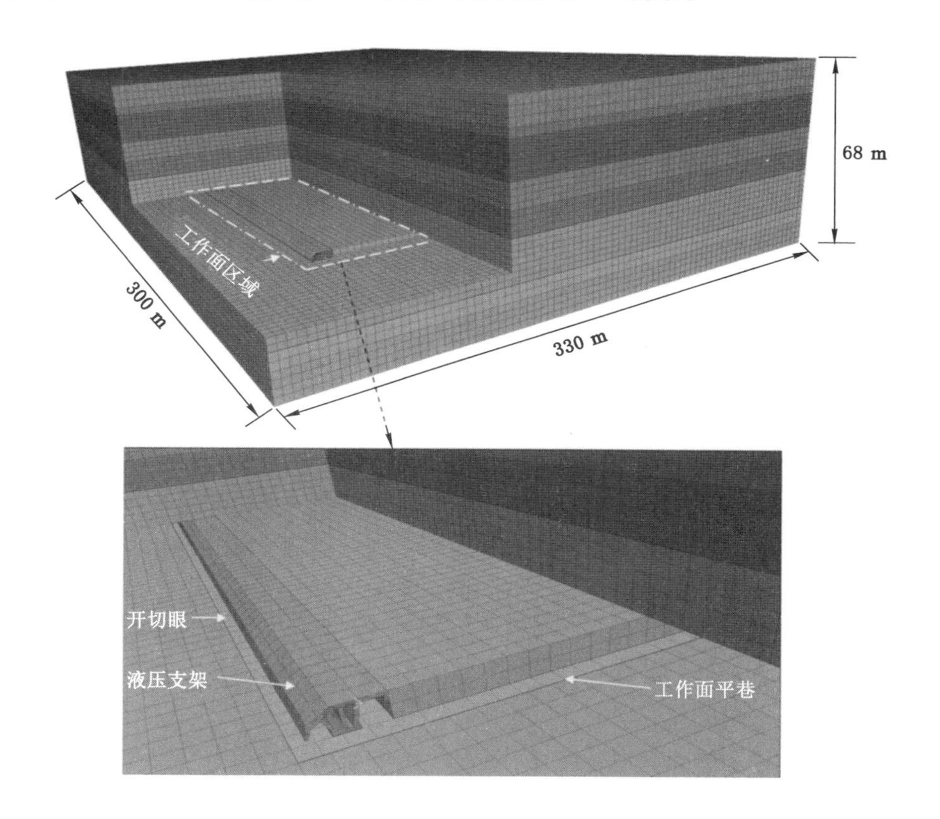

图 2-7 模型及工作面布置情况图

2.1.3.2 数值模拟参数

应力边界：数值模型总高为 68 m，煤层底板距模型 Z 方向零点 14 m，煤层及上覆岩层厚度为 54 m，煤层平均埋深为 525 m，故模型上边界需施加 471 m

厚度岩层重量，以平均容重 25 kN/m^3 计算可得上边界施加垂直应力为 11.78 MPa，模型前、后、左、右施加法向位移约束，模型底部施加全位移约束。

2.1.3.3 液压支架模拟方法

支架模型按照 ZF17000/27.5/42D 型液压支架 1∶1 建立，液压支架高度为 4 000 mm，中心距为 1 750 mm，尾梁角度（梁与垂直方向的夹角）为 70°，掩护梁角度为 65°。采用 Rhino7.0 建立支架模型，利用 Griddle1.0 平面最简单方式处理支架网格模型，不仅提高了计算效率，且不影响支架在模拟过程中的效果。Griddle 插件导出.f3grid 格式的网格文件，导入 FLAC^{3D}，再利用 model 界面进行优化，单个支架模型共有 13 951 个单元体、12 602 个节点。基于 Fish 语言开发了控制移架和放煤控制脚本，来模拟现场放煤。工作面割煤后触发移架程序，通过移架脚本自动计算并将支架移动到指定位置，然后放煤控制脚本控制支架后方 wall 单元最终实现放煤环节，放煤结束控制则通过监测放出矸石信息到达放煤口时执行关闭放煤口动作。流程如图 2-8 所示。

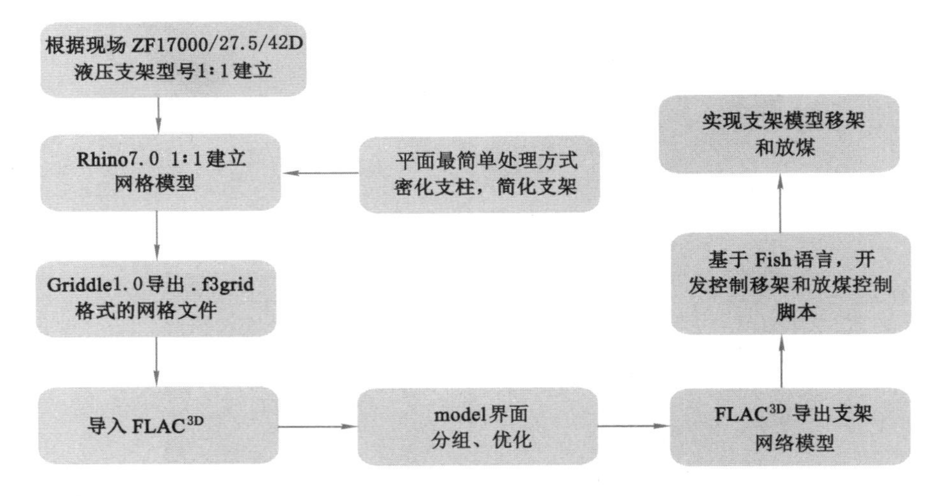

图 2-8 液压支架模型实现流程

结合液压支架实际的工作特性，模型中的支架为全程液压支架立柱工作本构关系[121-122]，如图 2-9 所示，液压支架经历 OA 初撑阶段、AB 增阻阶段、BC 恒阻阶段和 CD 降架阶段。初撑阶段是支架移架到位后支柱上升一定高度获得初撑力 p_0，支架继续升高与顶板进一步相互作用，经历增阻阶段后工作阻力升高至 p_1，随后支架工作阻力经历小范围波动的恒阻阶段，当支架移架前需要降架时，立柱下缩，支架阻力下降，即为降架阶段。

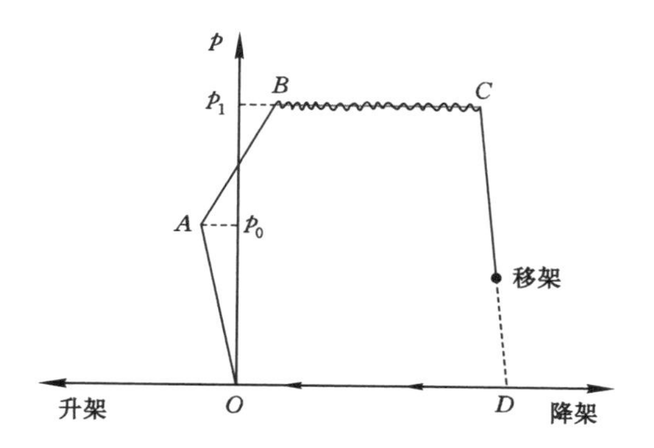

图 2-9　液压支架立柱本构关系曲线图

2.2　特厚煤层不同层位顶煤主应力场演化规律

2.2.1　主应力值监测方法

根据上述建立的数值模型，模拟工作面不同阶段的应力演化云图，包括原岩应力阶段、工作面开切眼和平巷开挖后以及工作面回采后多个阶段等。为验证数值模拟结果的准确性，根据现场测试的原岩应力结果（$\lambda_x=1.22$、$\lambda_y=0.65$）对模型应力边界进行设置，从而反演出模型中煤岩层原岩应力值，从结果中可以得出：数值模型原岩应力最大主应力 σ_1 值为 15.81 MPa，方向沿开切眼方向；中间主应力 σ_2 为 12.95 MPa，方向沿垂直方向；最小主应力 σ_3 为 8.50 MPa，方向沿平巷方向。模拟中反演的煤岩层中原岩应力与现场实际测试的结果相近。

顶煤层位划分依据为：① 从研究对象角度分析，由于研究对象为特厚煤层，与普通的厚煤层不同，在研究其应力演化规律时只选择顶煤一个层位不具有代表性；② 从放煤实践过程中现场块度观测角度分析，在无特殊地质构造区域的特厚煤层单个支架放煤时，随着放煤时间变化顶煤块度有所不同，由此可直观反映出顶煤在不同层位破碎块度不同；③ 从力学角度分析，前人理论研究揭示了不同埋深煤岩体内应力演化规律不同。因此，结合现场条件可将顶煤自上而下划分为上层位、中层位和下层位。如图 2-10 所示，在模型煤层中布置 9 条测线，长度均为 105 m，煤壁前方 100 m 和煤壁后方 5 m，3 条测线在同一个层位，即 A-1、B-1、C-1 同在顶煤的下层位，A-2、B-2、C-2 同在顶煤的中层位，A-3、B-3、C-3同在顶煤的上层位，同一层位测线距离为 50 m；A-1、A-2、A-3 在同一竖直方向，B-1、B-2、B-3 在同一竖直方向，C-1、C-2、C-3 在同一竖直方向，竖直方向各测线相距 5 m。

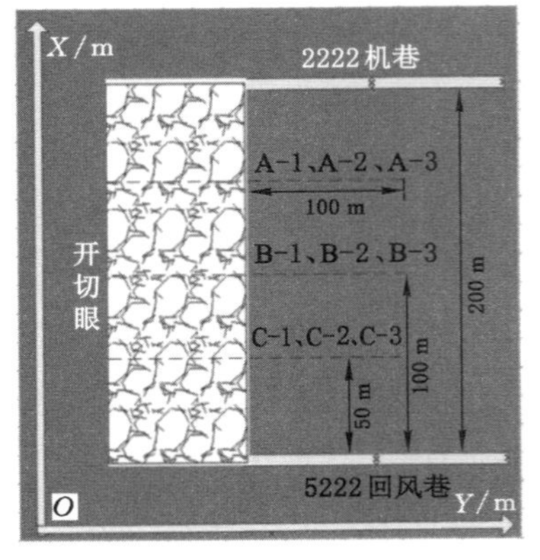

(a) 测线布置平面图

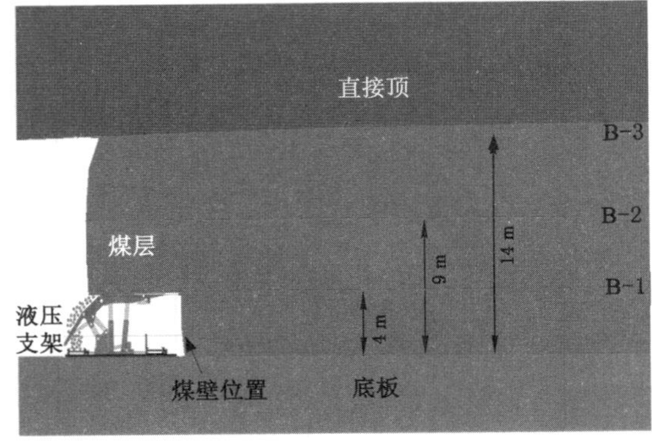

(b) 测线布置侧视图

图 2-10　应力监测测线位置图

2.2.2　不同层位顶煤主应力值演化规律

以工作面中间位置测线 B-1、B-2、B-3 为例，分析特厚煤层不同层位主应力值的演化规律。以煤壁位置为坐标 O 点，取煤壁前 100 m、煤壁后支架控顶区 5 m 范围，在 B-1、B-2、B-3 测线上提取主应力值数据，煤壁附近提取数据间隔为 1 m，距煤壁较远处提取数据间隔为 5 m，得出不同层位主应力值演化曲线。

如图 2-11 所示，模拟煤壁后工作面液压支架控顶区 5 m 范围，即坐标轴 −5～0 m，不同层位的主应力值均小幅度线性升高。上层位顶煤煤体内最大主应力 σ_1、中间主应力 σ_2、最小主应力 σ_3 值分别最终上升到 3.0 MPa、2.2 MPa、1.3 MPa；中层位区域最大主应力 σ_1、中间主应力 σ_2、最小主应力 σ_3 值最终上升到 2.4 MPa、0.6 MPa、0.5 MPa；下层位区域最大主应力 σ_1、中间主应力 σ_2、最小主应力 σ_3 值最终上升到 2.0 MPa、0.6 MPa、0.5 MPa。在煤壁前方 0～100 m 范围内，不同层位主应力值随着距煤壁距离的增加呈先增大后减小的规律，不同层位、不同主应力值的峰值拐点在测线 12 m 附近；上层位区域最大主应力 σ_1 峰值为 39.0 MPa，其对应的中间主应力 σ_2、最小主应力 σ_3 值分别为16.0 MPa、12.5 MPa；中层位区域最大主应力 σ_1 峰值为 35.0 MPa，其对应的中间主应力 σ_2、最小主应力 σ_3 值分别为 10.0 MPa、6.0 MPa；下层位区域最大主应力 σ_1 峰值为 36.0 MPa，其对应的中间主应力 σ_2、最小主应力 σ_3 值分别为 12.0 MPa、8.0 MPa。上层位区域中间主应力 σ_2、最小主应力 σ_3 的峰值分别为 20.4 MPa、16.6 MPa，中层位区域中间主应力 σ_2、最小主应力 σ_3 的峰值分别为 17.3 MPa、10.5 MPa，下层位区域中间主应力 σ_2、最小主应力 σ_3 的峰值分别为 18.7 MPa、13.5 MPa。

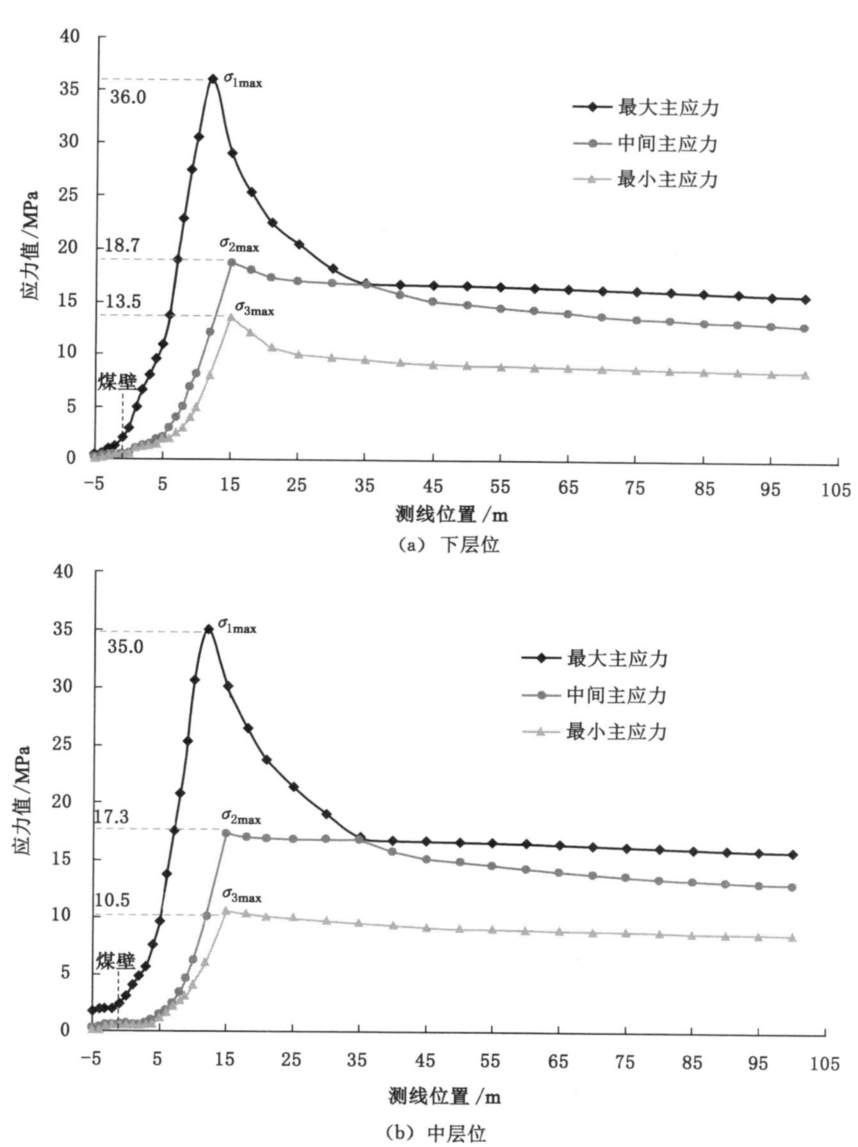

(a) 下层位

(b) 中层位

图 2-11 不同层位顶煤主应力值分布规律

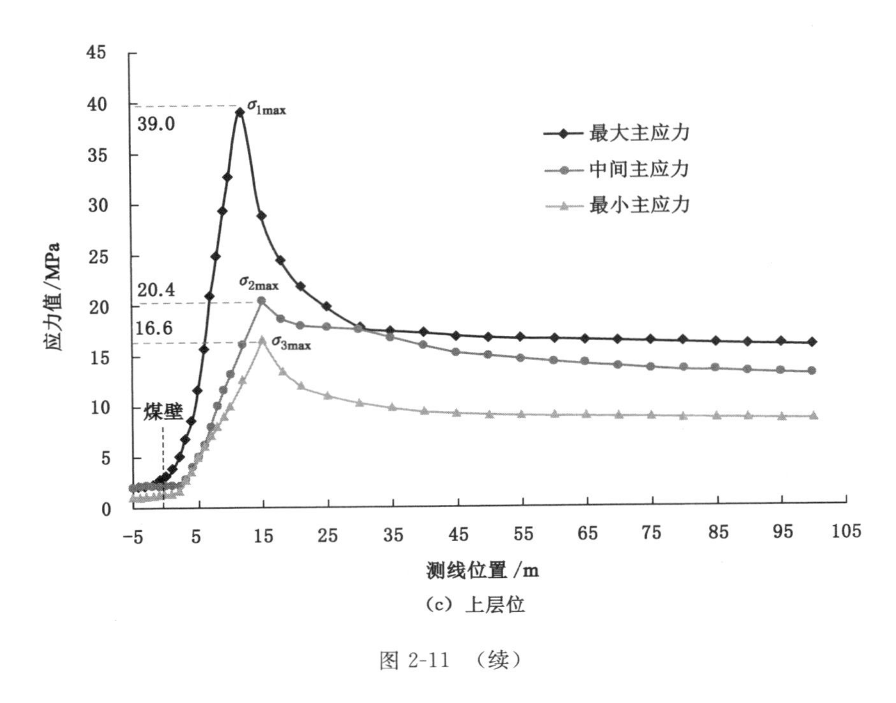

(c) 上层位

图 2-11 (续)

图 2-12～图 2-14 为不同层位顶煤在同一竖直方向最大主应力、中间主应力和最小主应力分布规律，从图中可以得出主应力值分布特征为：① 最大主应力 σ_1 的值沿工作面推进方向呈现先增大后减小的规律，在同一竖直方向顶煤不同层位的最大主应力 σ_1 值差别较小；② 在煤壁前方约 35 m 范围内，顶煤煤体中间主应力 σ_2 值从顶煤上层位→中层位→下层位，呈现出先减小后增大的趋势，即上层位中

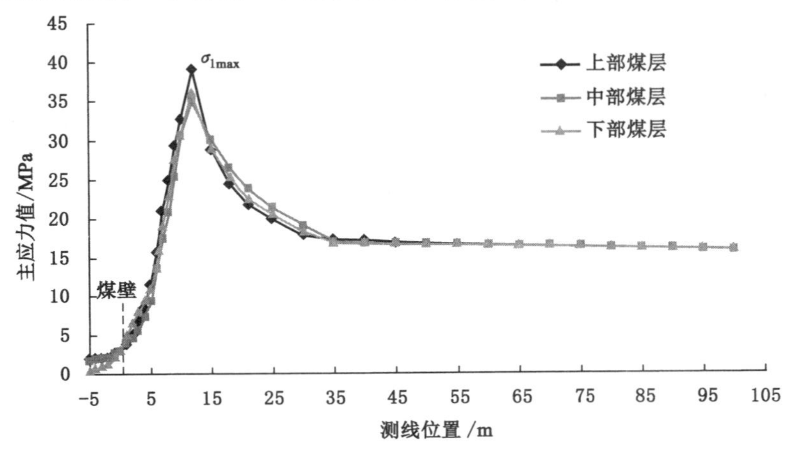

图 2-12 不同层位顶煤最大主应力分布规律

间主应力值＞下层位中间主应力值＞中层位中间主应力值，距煤壁超过 35 m 范围的上层位、中层位、下层位中间主应力值基本相同；③ 最小主应力 σ_3 值与中间主应力 σ_2 值分布规律相同，即在煤壁前方约 35 m 范围内，从顶煤上层位→中层位→下层位，呈现上层位最小主应力值＞下层位最小主应力值＞中层位最小主应力值的规律，距煤壁 35 m 范围外的上层位、中层位、下层位最小主应力值基本相同；④ 在煤壁后方顶煤煤体中，即液压支架控顶区范围内，顶煤煤体中 σ_2、σ_3 值从顶煤上层位→中层位→下层位，呈现出线性减小的趋势，即上层位 σ_2、σ_3 值＞中层位 σ_2、σ_3 值＞下层位 σ_2、σ_3 值，最大主应力 σ_1 值差别较小。

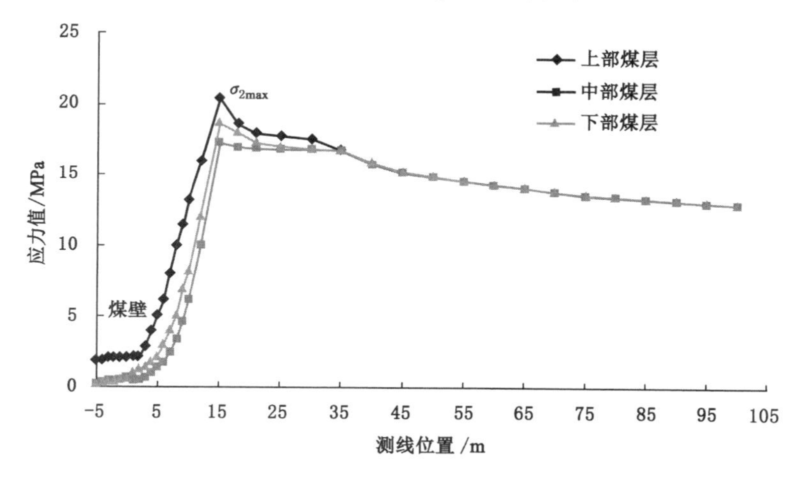

图 2-13　不同层位顶煤中间主应力分布规律

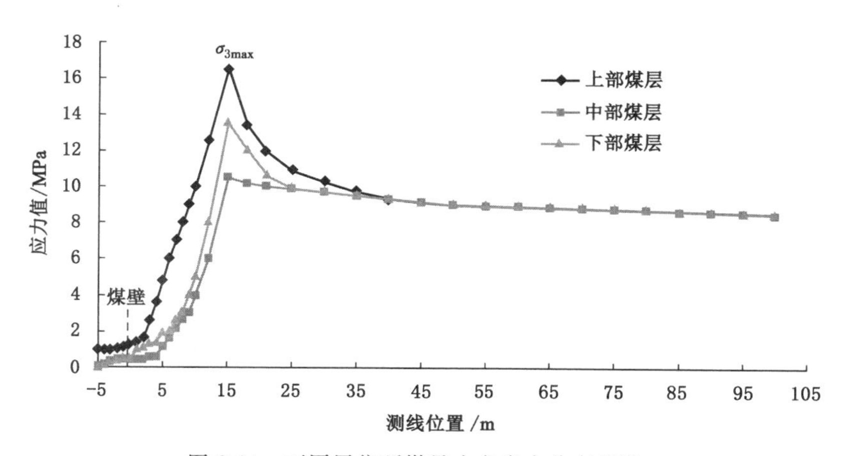

图 2-14　不同层位顶煤最小主应力分布规律

2.3 不同层位顶煤主应力演化路径

2.3.1 主应力场顶煤分区方法

根据上一节研究结果发现，不同层位顶煤煤体内应力演化规律相似，以上层位区域主应力演化规律为例，如图 2-15 所示，将顶煤距煤壁由远及近分为 5 个区域，即Ⅰ原岩应力区、Ⅱ应力缓慢升高区、Ⅲ应力显著升高区、Ⅳ应力加速降低区和Ⅴ应力降低区。

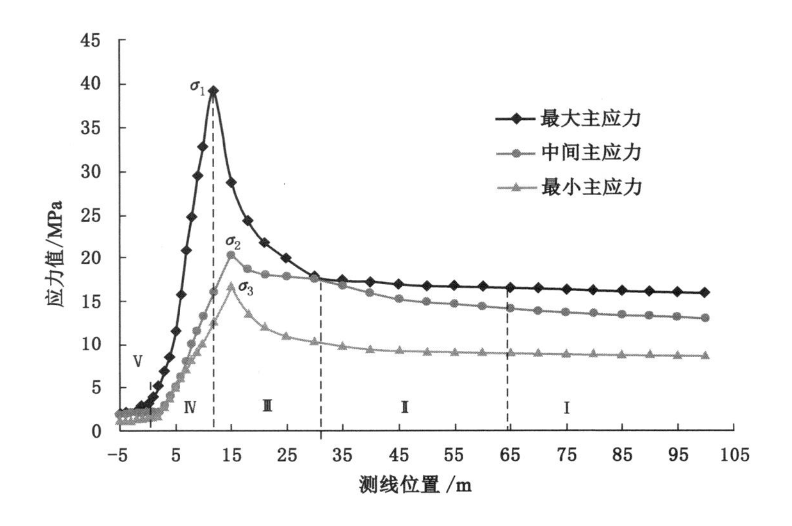

Ⅰ—原岩应力区；Ⅱ—应力缓慢升高区；Ⅲ—应力显著升高区；Ⅳ—应力加速降低区；Ⅴ—应力降低区。

图 2-15　上层位顶煤主应力场分区

上层位煤层主应力演化规律分区情况具体为：① 原岩应力区Ⅰ，即不受采动影响的区域（主应力值及方向未受到采动影响或影响忽略不计，一般小于 5%），从图中可知距煤壁超过 65 m 为原岩应力区；② 应力缓慢升高区Ⅱ在距煤壁 30～65 m 范围内，在距煤壁 30 m 处最大主应力与中间主应力值相等，在 30～65 m 范围内，各个主应力值均缓慢增加；③ 应力显著升高区Ⅲ在距煤壁 12～30 m 范围内，在该区域最大主应力值显著升高到达峰值，中间主应力和最小主应力也显著升高至峰值，随后出现应力减小的现象；④ 应力加速降低区Ⅳ在煤壁前 0～12 m 范围内，各个主应力降低较快，其原因为该区域顶煤产生破碎出现卸压现象；⑤ 应力降低区Ⅴ为距煤壁－5～0 m 范围内，该区域为液压支架支撑上方顶煤的范围，也称液压支架控顶区，该区域顶煤已为破碎的散体，受到顶板和支架的相互作用。下层位和中层位顶煤主应力场分区与上层位顶煤主应力场分区相同。

2.3.2　应力路径选取

如图 2-16 所示，在上述不同层位主应力演化规律及分区的基础上，在典型位置提取主应力演化特征点，为后续主应力空间顶煤破碎试验提供依据。上层位区域应力演化特征点：原岩应力区Ⅰ特征点 1 个，在测线 80 m 位置，$\sigma_1=16.2$ MPa、$\sigma_2=13.5$ MPa、$\sigma_3=8.7$ MPa；应力显著升高区Ⅲ特征点 2 个，第一个特征点在最小主应力 σ_3 峰值位置，此时测线位置为 15 m，主应力值为 $\sigma_1=28.8$ MPa、$\sigma_2=20.4$ MPa、$\sigma_3=16.6$ MPa，第二个特征点在测线 12 m 处，即在最大主应力 σ_1 峰值位置，此时主应力值为 $\sigma_1=39.0$ MPa、$\sigma_2=16.0$ MPa、$\sigma_3=12.5$ MPa。

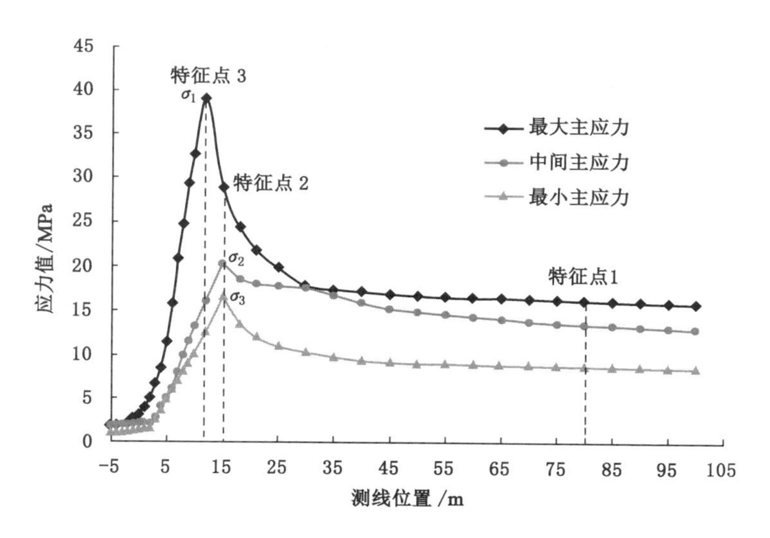

图 2-16　上层位顶煤主应力演化规律特征点位置

如图 2-17 所示，中层位区域应力演化特征点共计 3 个，特征点位置与上层位煤层相似，对应的主应力有所不同，特征点位置及大小如下：原岩应力区Ⅰ特征点 1 个，在测线 80 m 位置，$\sigma_1=16.2$ MPa、$\sigma_2=13.5$ MPa、$\sigma_3=8.7$ MPa；应力显著升高区Ⅲ 2 个，分别在测线 15 m、12 m 位置，主应力值分别为 $\sigma_1=26.5$ MPa、$\sigma_2=17.0$ MPa、$\sigma_3=10.2$ MPa 和 $\sigma_1=35.0$ MPa、$\sigma_2=10.0$ MPa、$\sigma_3=6.0$ MPa。

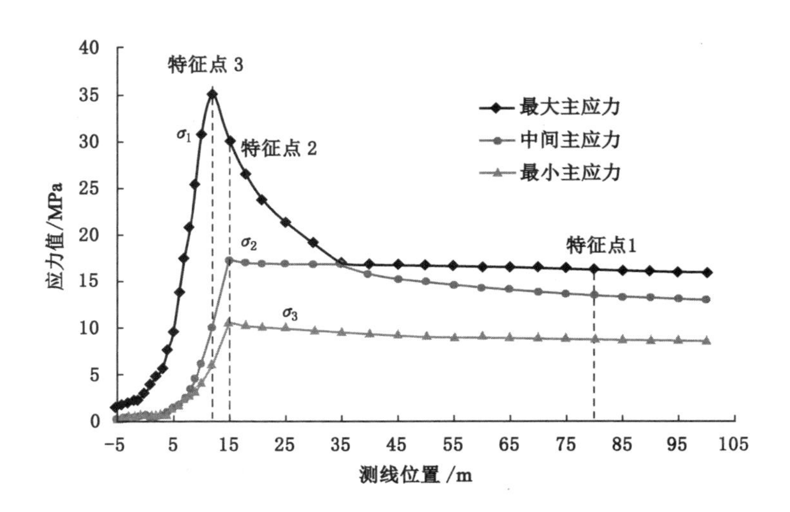

图 2-17　中层位顶煤主应力演化规律特征点位置

如图 2-18 所示，下层位区域应力特征点共计 3 个，特征点位置与上层位、中层位顶煤的相似，对应的主应力值有所不同，详细情况如下：原岩应力区Ⅰ特征点 1 个，在测线 80 m 位置，σ_1=16.2 MPa、σ_2=13.5 MPa、σ_3=8.7 MPa；应力显著升高区Ⅲ2 个，分别在测线 15 m、12 m 位置，主应力值分别为 σ_1=29.0 MPa、σ_2=18.7 MPa、σ_3=13.5 MPa 和 σ_1=36.0 MPa、σ_2=12.0 MPa、σ_3=8.0 MPa。

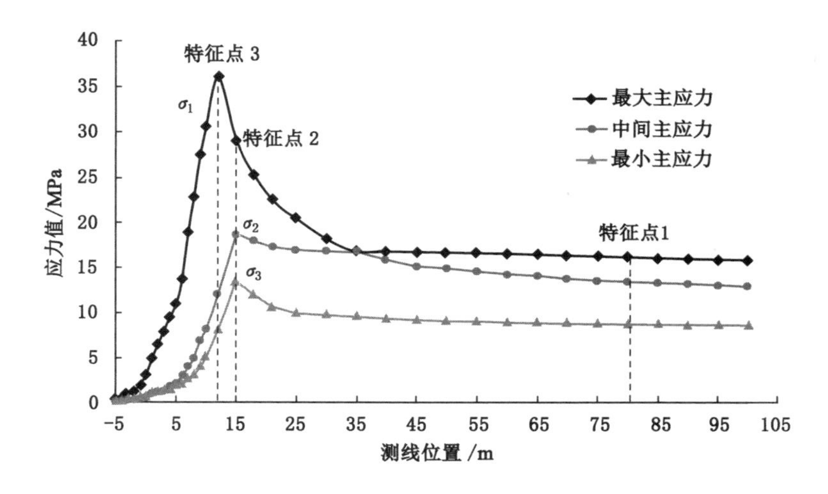

图 2-18　下层位顶煤主应力演化规律特征点位置

根据上述选取的特征点，组成顶煤破碎真三轴加卸载试验基础条件，不同层位顶煤各个特征点主应力值及加载方向见表 2-4，将下层位应力演化的特征点设为路径一，中层位应力演化设为路径二，上层位应力演化设为路径三。

表 2-4 不同层位顶煤特征点主应力值及加载方向

顶煤层位及路径	所在分区	特征点序号	σ_1/MPa	σ_2/MPa	σ_3/MPa	加载方向
下层位（路径一）	原岩应力区Ⅰ	1	16.2	13.5	8.7	σ_2 为垂直方向，σ_1、σ_3 为水平方向
	应力显著升高区Ⅲ	2	29.0	18.7	13.5	σ_1 为垂直方向，σ_2、σ_3 为水平方向
		3	36.0	12.0	8.0	σ_1 为垂直方向，σ_2、σ_3 为水平方向
中层位（路径二）	原岩应力区Ⅰ	1	16.2	13.5	8.7	σ_2 为垂直方向，σ_1、σ_3 为水平方向
	应力显著升高区Ⅲ	2	26.5	17.0	10.2	σ_1 为垂直方向，σ_2、σ_3 为水平方向
		3	35.0	10.0	6.0	σ_1 为垂直方向，σ_2、σ_3 为水平方向
上层位（路径三）	原岩应力区Ⅰ	1	16.2	13.5	8.7	σ_2 为垂直方向，σ_1、σ_3 为水平方向
	应力显著升高区Ⅲ	2	28.8	20.4	16.6	σ_1 为垂直方向，σ_2、σ_3 为水平方向
		3	39.0	16.0	12.5	σ_1 为垂直方向，σ_2、σ_3 为水平方向

塔山煤矿 8222 工作面顶煤在整个综放开采过程中，不同层位顶煤主应力演化分别经历了 3 个主应力特征点，在该主应力路径下，顶煤被破碎形成散体，顶煤煤体内主应力降低至较小值，顶煤经液压支架的放煤口被放出，不同层位主应力演化过程如图 2-19 所示。

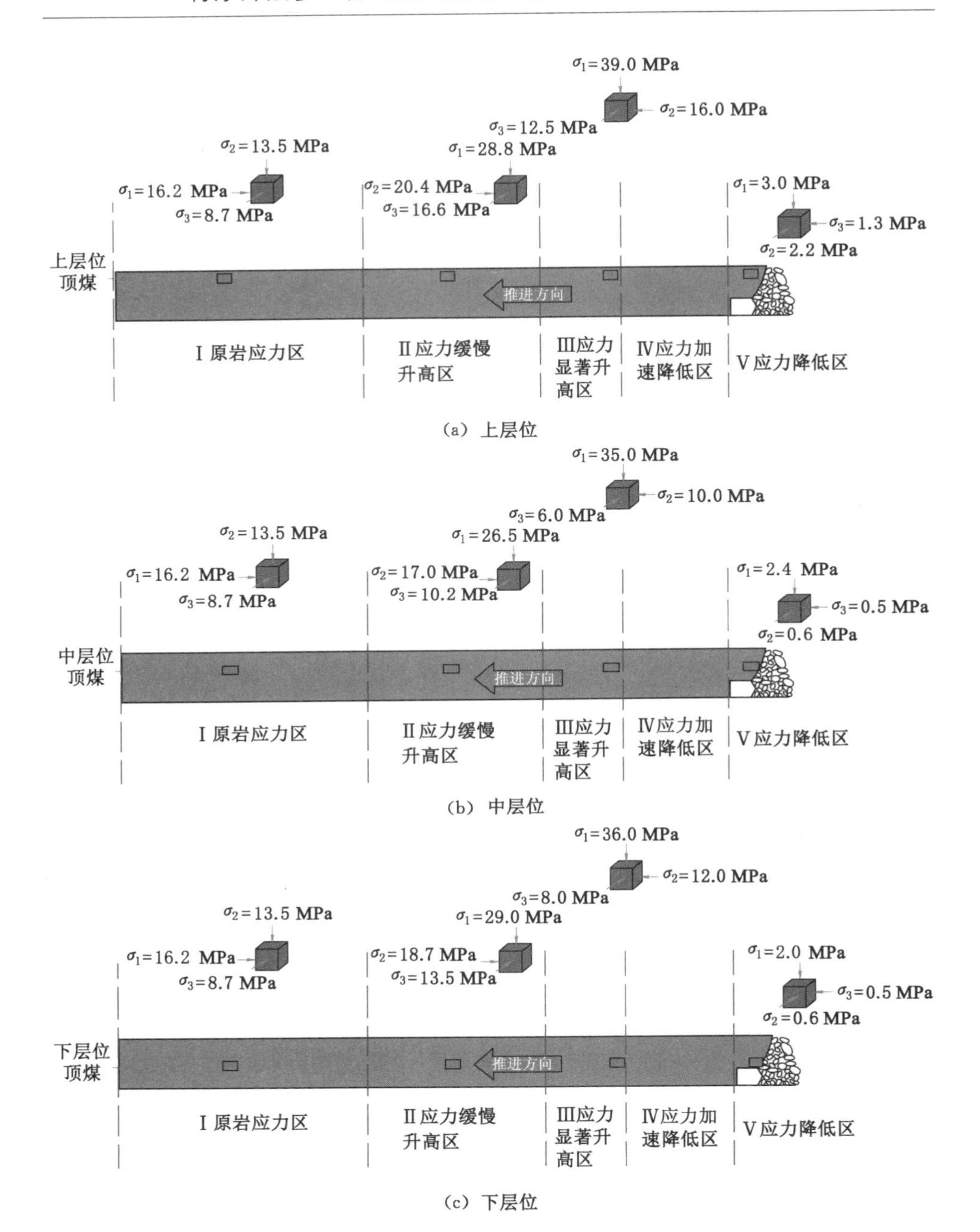

(a) 上层位

(b) 中层位

(c) 下层位

图 2-19　不同层位主应力演化过程示意图

2.4 本章小结

本章综合考虑工作面地质条件、液压支架等因素的影响，运用有限差分数值模拟方法，研究了特厚煤层综放开采不同层位主应力场演化规律，主要结论如下：

(1) 采用 RMT-150C 型力学试验机对 8222 工作面煤层及其顶底板岩石力学参数进行测定，运用套孔应力解除法对工作面原岩应力进行了测量，得出沿开切眼、平巷和垂直方向应力均值分别为 15.79 MPa、8.47 MPa、13.00 MPa，侧压系数分别为 1.22、0.65。

(2) 受采动影响，煤壁前方顶煤不同层位均出现应力集中现象，应力峰值在煤壁前方 12 m 附近，上层位顶煤最大主应力 σ_1 峰值及其对应的中间主应力 σ_2、最小主应力 σ_3 值分别为 39.0 MPa、16.0 MPa、12.5 MPa，中层位顶煤最大主应力 σ_1 峰值及其对应的中间主应力 σ_2、最小主应力 σ_3 值分别为 35.0 MPa、10.0 MPa、6.0 MPa，下层位顶煤最大主应力 σ_1 峰值及其对应的中间主应力 σ_2、最小主应力 σ_3 值分别为 36.0 MPa、12.0 MPa、8.0 MPa。

(3) 煤壁前方约 35 m 范围内，顶煤在同一竖直方向自上而下，主应力 σ_2、σ_3 呈现先减小后增大的趋势，即中间主应力和最小主应力值呈现上层位＞下层位＞中层位的规律，液压支架控顶区范围内同一竖直方向，顶煤煤体中 σ_2、σ_3 值从上层位到下层位，呈现线性减小趋势；最大主应力 σ_1 值在顶煤不同层位同一竖直方向差别较小。

(4) 基于顶煤不同层位主应力演化规律，将顶煤距煤壁由远及近分为 5 个区域，在不同区域典型位置上提取主应力演化特征点，得到顶煤不同层位主应力演化路径，为后续主应力路径下顶煤破碎试验提供基础数据。

3 特厚煤层综放开采顶煤破碎机理及破坏结构特征

本章以特厚煤层不同层位应力场演化规律为基础，对顶煤破碎机理和破坏结构特征展开深入研究。根据特厚煤层不同层位应力演化规律及应力路径，采用真三轴力学标准长方体煤样在 GCTS 岩石力学试验机上开展真三轴加卸载试验，得出不同应力路径下煤样力学特性及破裂特征，运用第四强度理论，综合考虑最大主应力、中间主应力和最小主应力对煤体破裂的影响，揭示顶煤破碎机理，结合支架控顶区顶煤再破碎过程，构建特厚煤层顶煤“水平四阶段-竖直多级破碎”破坏结构模型，为后续顶煤运移规律模型建立及放出特征研究提供理论支撑。

3.1 煤体破坏真三轴加卸载试验

煤岩在地下空间的原始应力状态一般为 $\sigma_1>\sigma_2>\sigma_3$（真三轴应力状态），受采动影响，煤岩在变化的三维应力场作用下，内部微裂隙不断产生、发育，最终破裂[123-125]。

本书根据特厚煤层不同层位煤体随测线位置不同主应力值不断变化的特征，开展实验室真三轴加卸载试验，假定不考虑主应力方向变化的前提下，得出不同层位煤体在不同应力路径下煤样力学特性及破裂特征。煤样在加卸载时发生损伤、破碎的过程中，由于煤体内储存的应变能以弹性波的形式释放，可利用声发射监测系统实时采集声发射的幅值、计数和能量等参数[126-128]。

3.1.1 试验系统

本试验采用 GCTS RTX-3000 岩石力学综合测试系统，该系统能够进行常规三轴压缩试验、载荷测试、变形测试、声发射测试等，满足国际岩石力学学会（ISRM）关于岩石三轴试验的要求，系统及内部结构如图 3-1 和图 3-2 所示。该系统主要由液压站、通用数字信号调节控制单元、加载架和压力室、围压及孔压增压器、超声波、CATS 软件等组成。

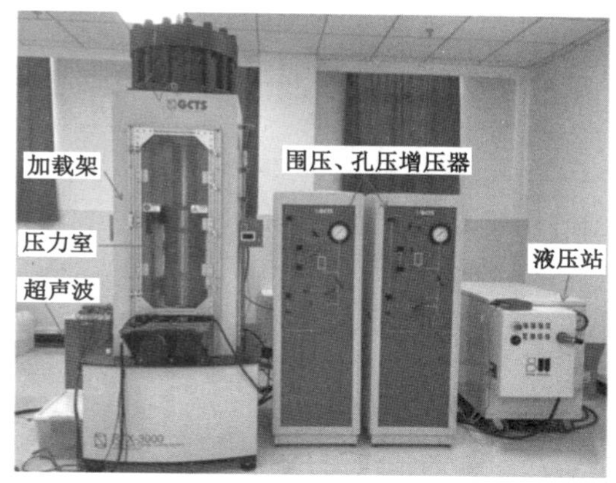

图 3-1 GCTS RTX-3000 岩石力学综合测试系统

该系统主要功能如下:① 在该系统压力室内进行岩石真三轴试验时,可以独立控制 3 个主应力 σ_1、σ_2、σ_3 的大小,即可实现 $\sigma_1 \neq \sigma_2 \neq \sigma_3$。静态加载力范围为 0～3 000 kN,拉伸加载力范围为 0～1 500 kN,行程范围为 0～100 mm。② 加卸载试样尺寸为 50 mm×50 mm×100 mm,应变传感器里程为 ±0.25 mm,线性精度为 0.25%。③ 系统内包括 AE-8 声发射三维成像分析系统,该系统包含 8 支三维声发射传感器,谐振频率为 300 kHz,可以实现实时三维定位成像,进而分析岩体内裂隙发育过程。④ 软件包括 WIN-CaTS-ADV 数据采集软件及 WIN-TRXROCK 岩石三轴试验软件。软件可允许用户自定义、保存并执行所有购置试验程序,有自诊断及遇到故障报警功能,试验过程中软件采用直线、图表化、一览式形式呈现工作流程,且与 Windows XP/7 系统兼容。⑤ 液压站流量范围为 0～38 L/min,可恒定输出压力最大值为 21 MPa。

本系统可对煤岩样进行 3 个相互垂直方向相等或不等载荷同时加载,同时可收集煤岩体内破坏时声发射活动信号。

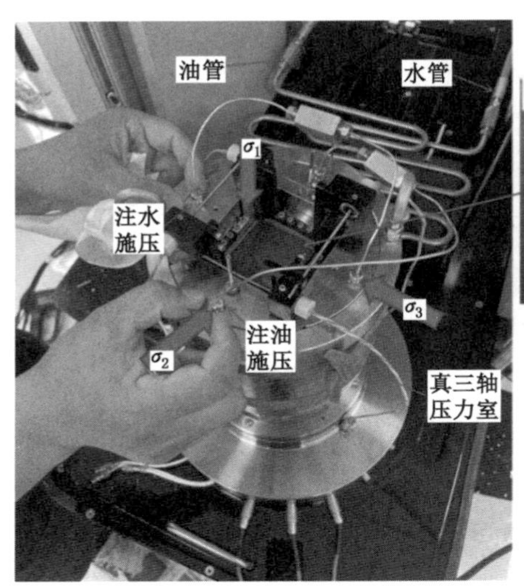

图 3-2　真三轴综合测试系统内部结构

3.1.2　试样制备及加卸载方案

本试验选取煤样与第 2 章内容中煤样均为同一批次的煤样，其基本物理力学参数一致，试样制备标准尺寸高×长×宽为 100 mm×50 mm×50 mm，煤样试件信息如图 3-3 和表 3-1 所示。在加卸载试验过程中，充分考虑试验可操作性和煤体特征，尽可能使加卸载速率保持一致，主应力值保留小数点后一位有效数字。由于顶煤上层位、中层位和下层位 3 个应力路径加卸载步骤相似，只展示具有代表性煤样真三轴加卸载路径试验方案示意图，如图 3-4 所示。

(a) 测试煤样加工前后

(b) 试样称重过程

图 3-3　测试煤样基本情况

表 3-1　试样基本信息

加载方式	施加路径	编号	尺寸/(mm×mm×mm)	质量/g
真三轴试验(TTT)	路径一	1-1	99.85×49.90×50.77	329.39
		1-2	99.86×49.98×50.21	326.36
		1-3	99.92×49.99×50.02	325.41
	路径二	2-1	99.82×49.14×49.88	318.62
		2-2	100.01×49.78×49.79	322.64
		2-3	100.00×49.92×49.94	324.76
	路径三	3-1	100.19×49.88×50.68	329.78
		3-2	99.96×50.10×50.24	327.65
		3-3	100.10×49.76×50.14	322.60

本书真三轴加卸载试验在考虑应力演化规律和试验可操作性的前提下，将加卸载阶段分为阶段Ⅰ原岩应力加载阶段、阶段Ⅱ应力升高加卸载阶段和阶段Ⅲ破坏加载阶段，具体加卸载方案如下。

(1) 阶段Ⅰ：原岩应力加载阶段(3 种加载路径方案相同)

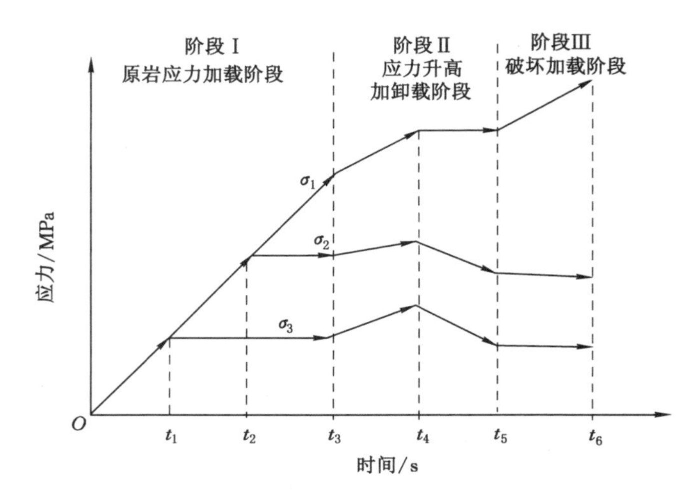

图 3-4　煤岩真三轴加卸载试验方案

在煤样 3 个方向，通过控制加载速率的方式，以 0.1 MPa/s 的加载速率加载 87 s，至 $\sigma_1=\sigma_2=\sigma_3=8.7$ MPa；保持 σ_3 不变，以 0.1 MPa/s 的加载速率使 σ_1、σ_2 加载 48 s 至 $\sigma_1=\sigma_2=13.5$ MPa；保持 σ_2、σ_3 不变，以相同加载速率使 σ_1 加载 27 s 至 $\sigma_1=16.2$ MPa，保持一定时间，阶段Ⅰ结束。

（2）阶段Ⅱ：应力升高加卸载阶段

路径一：以“时间-应力”控制对煤样 3 个方向的应力分别同时加载，在 128 s 内分别将 σ_1、σ_2、σ_3 加载至 $\sigma_1=29.0$ MPa、$\sigma_2=18.7$ MPa、$\sigma_3=13.5$ MPa，保持一定时间；保持 σ_1 不变，在 60 s 内分别将 σ_2、σ_3 卸载至 $\sigma_2=12.0$ MPa、$\sigma_3=8.0$ MPa，阶段Ⅱ结束。

路径二：与“路径一”相同，对 3 个方向的应力同时进行加载，在 103 s 内分别将 σ_1、σ_2、σ_3 加载至 $\sigma_1=26.5$ MPa、$\sigma_2=17.0$ MPa、$\sigma_3=10.2$ MPa，保持一定时间；保持 σ_1 不变，在 70 s 内分别将 σ_2、σ_3 卸载至 $\sigma_2=10.0$ MPa、$\sigma_3=6.0$ MPa，阶段Ⅱ结束。

路径三：同样对 3 个方向的应力同时进行加载，在 126 s 内分别将 σ_1、σ_2、σ_3 加载至 $\sigma_1=28.8$ MPa、$\sigma_2=20.4$ MPa、$\sigma_3=16.6$ MPa，保持一定时间；保持 σ_1 不变，在 41 s 内分别将 σ_2、σ_3 卸载至 $\sigma_2=16.0$ MPa、$\sigma_3=12.5$ MPa，阶段Ⅱ结束。

（3）阶段Ⅲ：破坏加载阶段（3 种加载路径方案相同）

保持 σ_2、σ_3 不变，以 0.1 MPa/s 加载速率加载 σ_1 直至煤样破坏，阶段Ⅲ结束。

3.1.3 煤样的变形特征及声发射活动规律

3.1.3.1 强度和变形特征分析

试验获得不同层位顶煤应力-应变结果如图 3-5 所示。在 3 种不同真三轴加载路径下,加载初期,垂直应变和水平应变均随着压力的增加而增加,该阶段煤样试件主要发生内部裂隙闭合压密,其应力-应变曲线规律取决于煤岩内部原始裂隙空间与几何分布特征以及采取、制备煤样时产生的影响;随着三向应力的继续加载,由于加载方式均为 0.1 MPa/s,试件水平方向面积较大,两水平方向载荷力明显大于轴向的载荷力,根据泊松效应,轴向方向出现拉伸现象,轴向应变呈现负值,两个水平方向应变随着应力的增加呈现较好的弹线性特征,轴向在拉伸一定程度后,轴向应变随着应力的增加呈现较好的弹线性特征;之后,随着水平应力的加卸载和垂直应力的不断增加,3 个应力路径下垂直应变一直处于增大状态,即煤样处于轴向压缩状态,水平应变普遍出现了先增大后减小的现象,尤其在最小主应力方向,应变由小增大再变小,且幅度较大,说明最小主应力方向容易发生变形。3 个应力路径下,体积应变随着轴向应力增加呈现先增大后减小的现象,煤样在一定程度上出现了剪涨现象。

另外,从加载煤样破坏时可以看出:路径一加卸载煤样破坏时 σ_1 的值为 37.2 MPa,围压为 $\sigma_2=12.0$ MPa、$\sigma_3=8.0$ MPa;路径二加卸载煤样破坏时 σ_1 的值为 35.8 MPa,围压为 $\sigma_2=10.0$ MPa、$\sigma_3=6.0$ MPa;路径三加卸载煤样破坏时 σ_1 的值为 41.2 MPa,围压为 $\sigma_2=16.0$ MPa、$\sigma_3=12.5$ MPa。从结果可知,真三轴加卸载试验煤样破坏时,三向应力状态与数值模拟峰值时的数值结果相近,验证了数值模拟顶煤应力演化的正确性。

3.1.3.2 声发射监测结果

煤岩在天然沉积形成的过程中受到各种因素的影响,内部往往存在大量的微裂隙、孔隙等微缺陷,煤岩在受力时,这些微缺陷发生破裂,破坏时往往以弹性波的形式释放应变能[129-132],而现代声发射监测技术恰好能够收集岩石内部破裂演化过程声发射时间和能量等参数,通过声发射一系列信息可反映真三轴条件下煤岩内部裂隙发育规律,从而揭示煤岩的破坏机理[133-135]。

通过声发射监测点在真三轴试验机中的布置及对应坐标设置,可对真三轴加卸载过程中煤岩试件声发射数据进行定位,根据声发射事件定位分析煤岩试件在加卸载过程中的损伤破坏程度。本次真三轴试验设置 8 个监测点,监测点位置如图 3-6 所示,可比较全面、准确地定位声发射事件的位置。

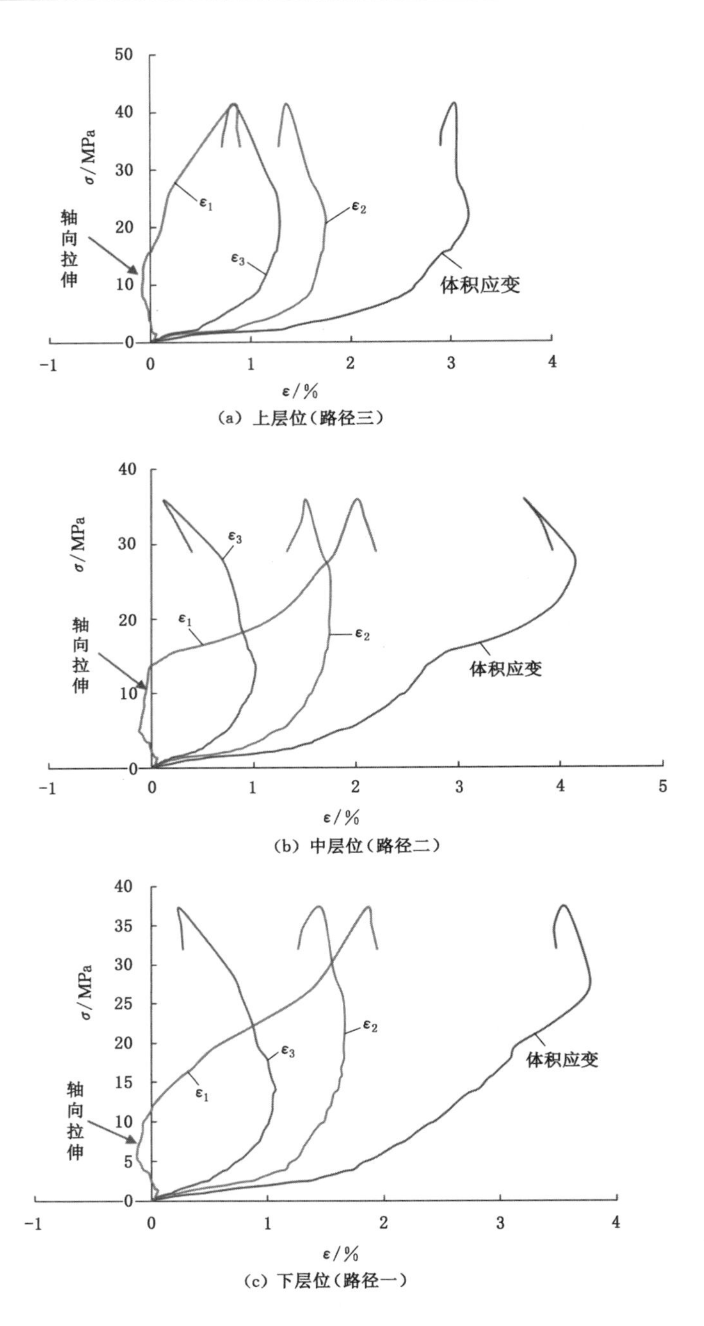

(a) 上层位(路径三)

(b) 中层位(路径二)

(c) 下层位(路径一)

图 3-5　不同层位顶煤应力-应变图

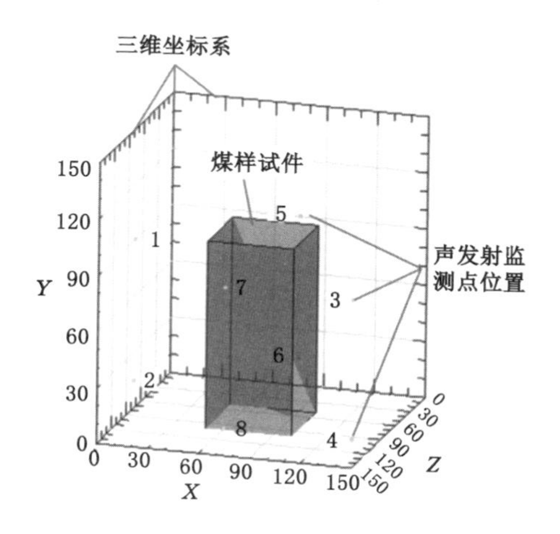

图 3-6　声发射监测点位置图

以典型的路径二加卸载煤样声发射定位结果(图 3-7)可知,在同一加载路径下,不同加载阶段,声发射事件不同。由图可以看出,在阶段Ⅰ原岩应力加载阶段中,煤样处于压密和弹性阶段,出现了少量的声发射事件,发生的主要原因是煤岩内部存在原始裂纹,在外力作用下闭合,部分闭合的裂纹之间发生滑移;当煤样进入应力升高加卸载阶段Ⅱ时,其内部微裂隙逐渐萌生并进一步扩展,声发射事件逐渐增多,开始活跃;当煤样进入破坏加载阶段Ⅲ时,声发射事件明显增多,比较活跃,裂纹之间的相互作用加剧,尤其是在煤样破坏前的瞬间,声发射事件大量增加。

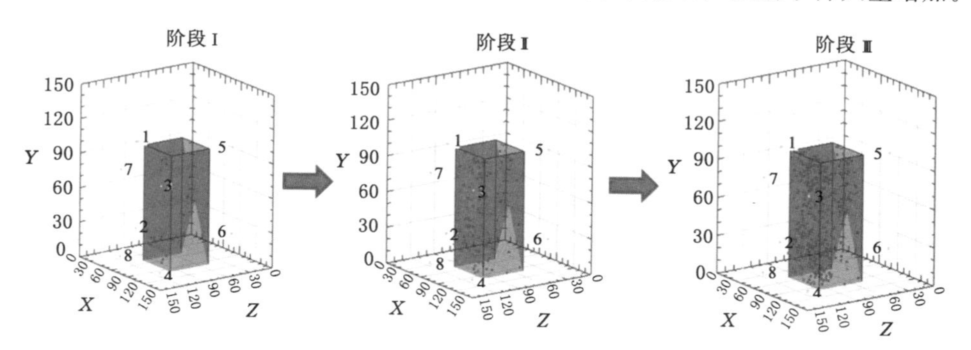

图 3-7　同一加卸载路径不同阶段声发射定位结果

图 3-8 显示了不同路径下声发射事件定位结果,可见路径二声发射事件数>路径一声发射事件数>路径三声发射事件数,说明路径二煤样内部破裂程度>路径一煤样内部破裂程度>路径三煤样内部破裂程度。

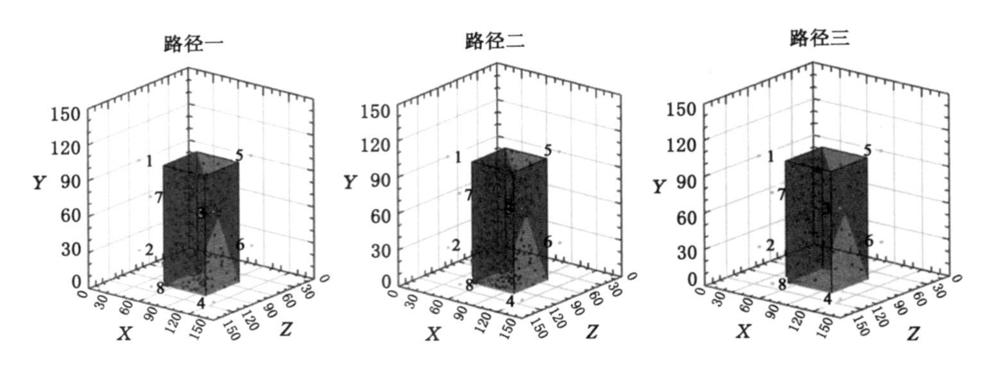

图 3-8　不同路径下声发射事件定位结果

3.1.3.3　AE 时域频域特征及分析

损伤能比是指从加载开始至任意时刻煤样试件的能量释放累计数与整个试验过程中能量释放总数的比值，可表征煤样试件内部损伤程度。通过下式可以判定煤样试件随时间的损伤演化特征。

$$\Omega = P/P_t \tag{3-1}$$

式中：P 为从加载开始至任意时刻煤样试件的能量释放累计数；P_t 为整个试验过程中能量释放的总数；Ω 为损伤能比，表示煤样试件在该时刻的相对损伤情况。

不同路径下不同层位顶煤煤体能量损失破坏过程试验结果如图 3-9 所示。由图可见能量释放的变化趋势既相似又存在差异，其共性的变化特征为：阶段Ⅰ，试件处于三向加载阶段，能量释放数相对较少，损伤能比 Ω 增长速率较小，并趋于平缓，说明内部出现微裂纹，扩展不明显；阶段Ⅱ能量释放率加快，幅度较大，而且损伤能比 Ω 明显增大，说明试件内部裂纹扩展较为活跃，大裂纹出现；阶段Ⅲ，随着垂向应力的不断增大，能量释放数增加迅速，始终处于高值，损伤能比 Ω 陡增，说明试件内部裂纹扩展迅速，出现大量大裂纹，直至裂纹贯通，煤样试件失去承载能力。差异性特征为：由于加卸载路径不同，应力加载大小和卸载大小不同，在阶段Ⅲ可以看出，路径二损伤能比 Ω 变化斜率＞路径一损伤能比 Ω 变化斜率＞路径三损伤能比 Ω 变化斜率，说明路径二煤样损伤破坏程度最高，路径一煤样损伤程度其次，路径三煤样损伤程度最低。

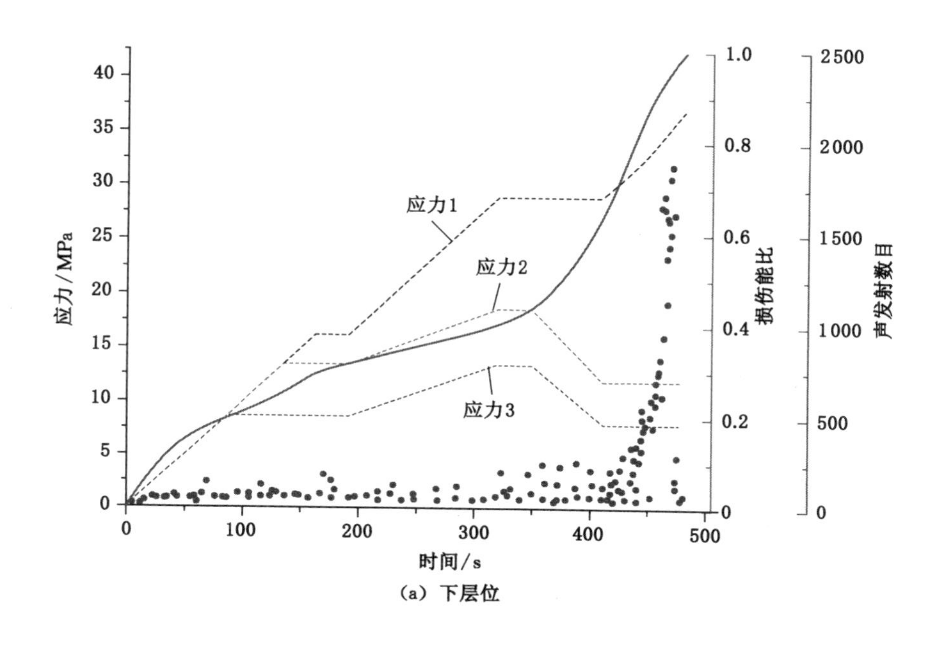

(a) 下层位

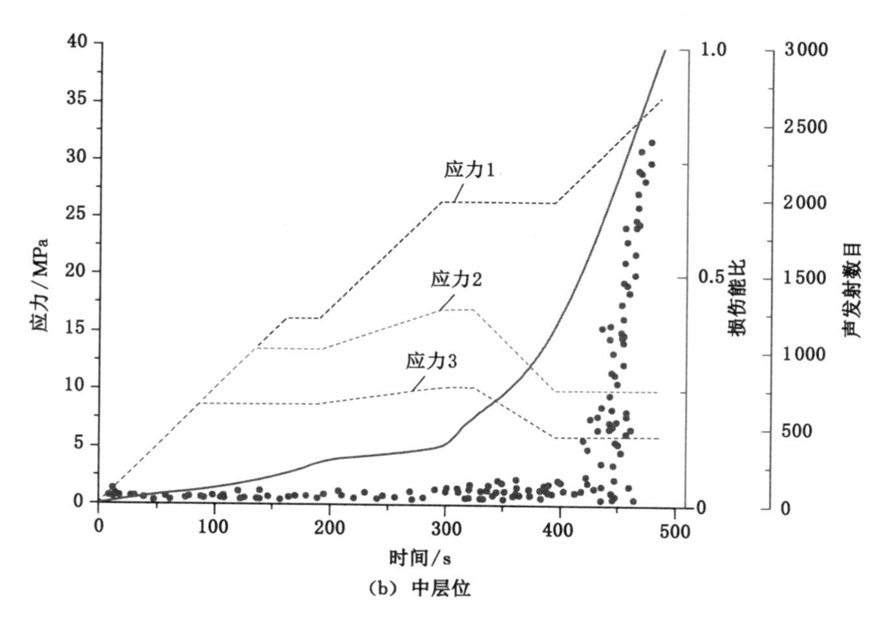

(b) 中层位

图 3-9 不同路径下不同层位煤体能量损失破坏过程

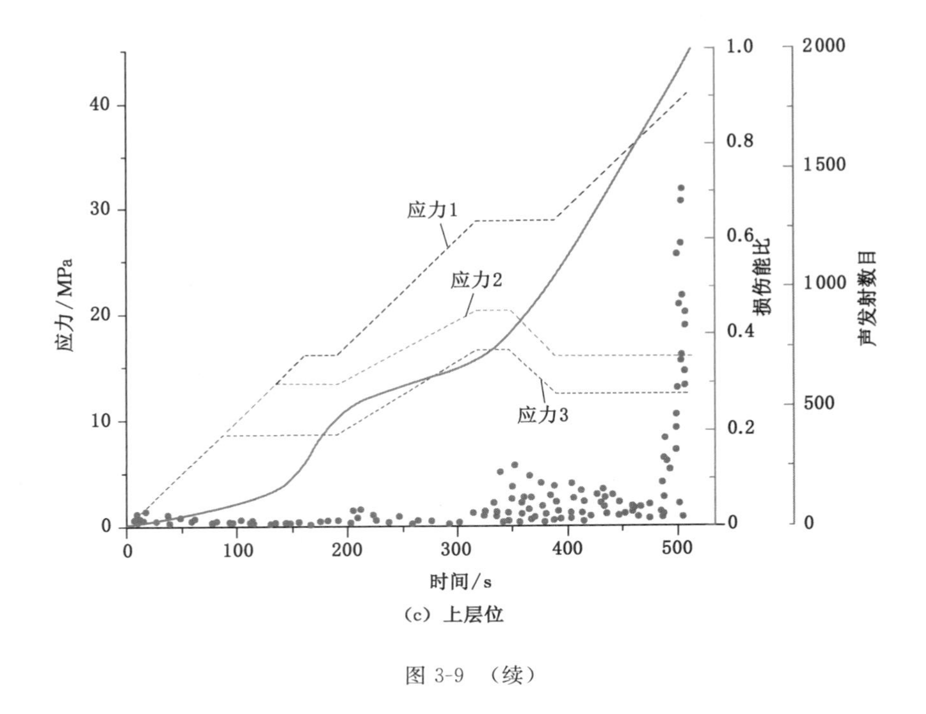

(c) 上层位

图 3-9 （续）

3.2 特厚煤层顶煤破碎机理

煤岩体在受到单轴压缩时，如受到的应力 σ 和应变 ε 是线性关系，利用变形能和外力做功在数值上相等关系[136-137]，应变能密度计算公式可表达为：

$$v_{\varepsilon}=\frac{1}{2}\sigma\varepsilon \tag{3-2}$$

在复杂的三向应力状态下，弹性体应变能仍等于外力作用下所做的功，根据能量守恒原理可知，弹性体应变能与外力和变形的最终数值有关，与外力加载次序无关，因此在应变能一定的前提下，可选择便于计算的加力次序得到应变能的值[138-140]。可假设变形为线弹性，应力与应变始终保持线性关系，应力按照一定的比例从零增大至最终值，单向应力作用下应变能密度由公式(3-2)可得到，则三向应力状态时应变能密度计算公式可表达为：

$$v_{\varepsilon}=\frac{1}{2}\sigma_{1}\varepsilon_{1}+\frac{1}{2}\sigma_{2}\varepsilon_{2}+\frac{1}{2}\sigma_{3}\varepsilon_{3} \tag{3-3}$$

由广义胡克定律可知：

$$\begin{aligned}\varepsilon_1 &= \frac{1}{E}[\sigma_1 - \mu(\sigma_2 + \sigma_3)] \\ \varepsilon_2 &= \frac{1}{E}[\sigma_2 - \mu(\sigma_1 + \sigma_3)] \\ \varepsilon_3 &= \frac{1}{E}[\sigma_3 - \mu(\sigma_1 + \sigma_2)]\end{aligned} \tag{3-4}$$

将式(3-4)代入式(3-3)中，整理后可得：

$$v_\varepsilon = \frac{1}{2E}[\sigma_1^2 + \sigma_2^2 + \sigma_3^2 - 2\mu(\sigma_1\sigma_2 + \sigma_2\sigma_3 + \sigma_1\sigma_3)] \tag{3-5}$$

假设正立方单元体受到3个主应力 σ_1、σ_2、σ_3 作用，3个主应力互不相等，相应的主应变分别为 ε_1、ε_2、ε_3，3个主应变也不相等，正方体单位体积改变为 θ。由于正方体3个主应变值不同，即正方体3个棱边变形不同，正方体在3个主应力作用下变成了长方体。可见，单元体在复杂应力作用下不仅会产生体积上的增大或减小，还会产生形状上的改变，则应变能密度 v_ε 可被看作由两部分组成[138,141]：一部分为形状没有变化只有体积发生变化的应变能密度 v_v，也就是说立方体受力变形后仍为立方体，只有体积的增大或减小，该部分应变能密度称为体积改变密度；另一部分为体积不变只有形状变化而储存的应变能密度 v_d，该部分应变能密度 v_d 称为畸变能密度。则可得：

$$v_\varepsilon = v_v + v_d \tag{3-6}$$

又知单位体积改变 θ 可表达为：

$$\theta = \frac{V_1 - V}{V} = \varepsilon_1 + \varepsilon_2 + \varepsilon_3 \tag{3-7}$$

式中：V 为初始体积；V_1 为变形后体积。

将式(3-4)代入式(3-7)可得：

$$\theta = \varepsilon_1 + \varepsilon_2 + \varepsilon_3 = \frac{1-2\mu}{E}(\sigma_1 + \sigma_2 + \sigma_3) = \frac{3(1-2\mu)}{E} \times \frac{\sigma_1 + \sigma_2 + \sigma_3}{3} = \frac{\sigma_m}{K} \tag{3-8}$$

式中：$K = \dfrac{3(1-2\mu)}{E}$，为体积弹性模量；$\sigma_m = \dfrac{\sigma_1 + \sigma_2 + \sigma_3}{3}$，为3个主应力平均值。

由式(3-8)可知，单元体体积改变 θ 只与3个主应力之和有关，与单个应力大小或各个应力比例无关，故可用3个主应力的平均应力来替代，即作用在单元体的平均应力为：

$$\sigma_m = \frac{1}{3}(\sigma_1 + \sigma_2 + \sigma_3) \tag{3-9}$$

将平均应力 σ_m 代替原来的主应力，单元体只存在体积变化而形状未发生变化，则单元体应变能密度只等于体积改变能密度 v_v，根据式(3-3)可得：

$$v_v = \frac{1}{2}\sigma_m\varepsilon_m + \frac{1}{2}\sigma_m\varepsilon_m + \frac{1}{2}\sigma_m\varepsilon_m = \frac{3}{2}\sigma_m\varepsilon_m \tag{3-10}$$

根据广义胡克定律可得：

$$\varepsilon_m = \frac{\sigma_m}{E} - \mu\left(\frac{\sigma_m}{E} + \frac{\sigma_m}{E}\right) = \frac{(1-2\mu)\sigma_m}{E} \tag{3-11}$$

将式(3-11)代入式(3-10)可得：

$$v_v = \frac{3(1-2\mu)\sigma_m^2}{2E} = \frac{1-2\mu}{6E}(\sigma_1 + \sigma_2 + \sigma_3)^2 \tag{3-12}$$

将式(3-12)和式(3-5)一并代入式(3-6)，经过整理可得畸变能密度公式：

$$\begin{aligned} v_d &= \frac{1+\mu}{3E}(\sigma_1^2 + \sigma_2^2 + \sigma_3^2 - \sigma_1\sigma_2 - \sigma_2\sigma_3 - \sigma_1\sigma_3) \\ &= \frac{1+\mu}{6E}[(\sigma_1 - \sigma_2)^2 + (\sigma_2 - \sigma_3)^2 + (\sigma_3 - \sigma_1)^2] \end{aligned} \tag{3-13}$$

煤岩体强度失效可被解释为屈服失效。第四强度理论（又称畸变能密度理论）认为畸变能密度是引起屈服的主要因素，即煤岩体内畸变能密度达到某一极限值时，煤岩体就会屈服破坏，该极限值与煤岩本身物理力学性质有关。在单向拉伸下，即两方向主应力值为 0 时，屈服应力 σ_s 相应的畸变能密度可由式(3-13)求出，为：

$$v_d = \frac{1+\mu}{3E}\sigma_s^2 \tag{3-14}$$

根据第四强度理论，结合特厚煤层不同层位主应力变化规律，可得畸变能密度在煤体弹性变形范围内的变化规律(图 3-10)。由图可知上层位、中层位、下层位的畸变能密度 v_d 在煤壁前方大于 35 m 范围内基本一致，在煤壁前方 35 m 到 12 m 范围内，畸变能密度均出现先缓慢增大后陡然增大的现象，任意测线位置在同一竖直方向都出现了畸变能密度中层位＞下层位＞上层位的现象，尤其在 12 m 应力峰值位置畸变能密度中层位＞下层位＞上层位比较明显，说明同样在破碎的前提下，中层位因形状改变吸收能量大于下层位和上层位。从能量转化的角度可知，中层位路径下煤体试件内裂隙发育最多，破裂程度最大，下层位其次，上层位最小。这与真三轴试验特厚煤层不同层位不同应力路径加卸载下试验煤样破碎程度的试验结果一致。

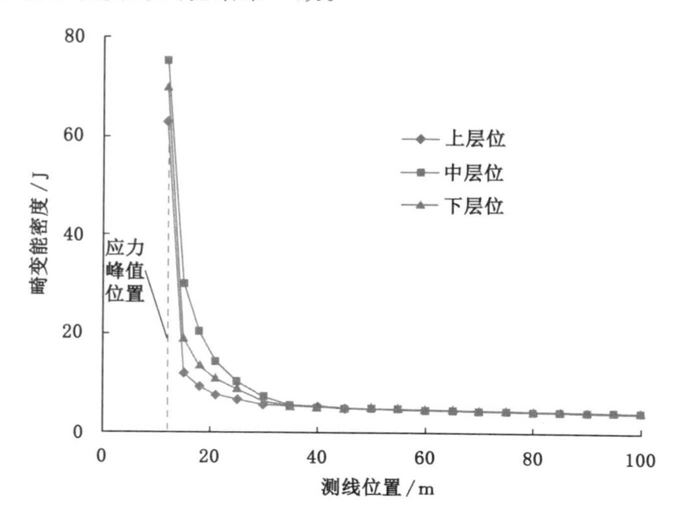

图 3-10 不同层位畸变能密度变化曲线

3.3 液压支架控顶区顶煤再破碎过程

3.3.1 支架与顶煤相互作用关系

综放采场为垂直方向“底板-液压支架-顶煤-直接顶-基本顶”和水平方向“煤壁前方煤体-液压支架及上方顶煤-采空区矸石”组成的立体空间结构，如图 3-11 所示。工作面采动过程中，底板、液压支架、顶煤、直接顶、基本顶之间相互作用，顶煤作为研究的对象，在经历超前支撑压力作用后，不仅受到直接顶、基本顶及覆岩自重载荷的影响，同时受到液压支架反复支撑作用的影响，周期来压时，基本顶断裂、回转变形失稳对液压支架上方顶煤造成进一步影响。

采煤机割煤完成后，液压支架拉架、移架、升柱，使液压支架与顶煤耦合，由于液压泵站提供动力，油缸伸长，支架支柱升起作用于顶煤，实施主动约束力，产生附加应力，顶煤由两向受力转为三向受力，为防止顶煤产生离层等不连续变形和破坏，支架支柱有一定的初撑力，一般为支架额定工作阻力的 70%～80%，在塔山矿区放顶煤支架初撑力不低于 12 000 kN，此时支架的支撑约束了顶煤的纵向位移。顶煤放完后，支架沿推进方向向前移动，顶煤由三向受力转为两向受

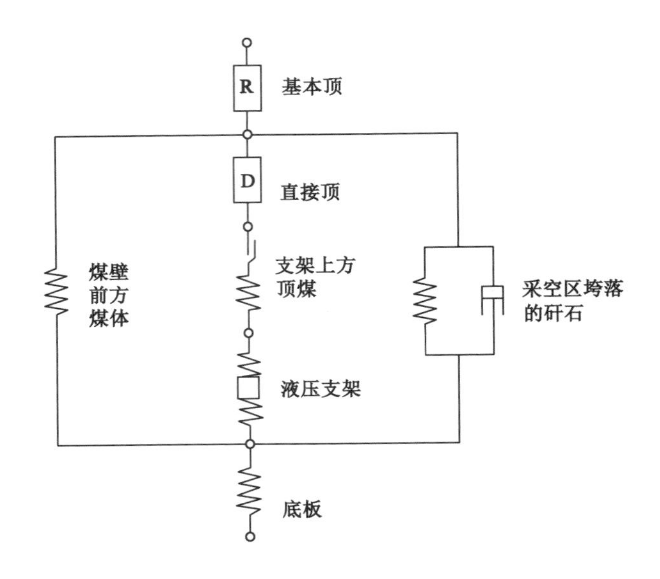

图 3-11　综放工作面支架围岩相互作用关系简图

力，由于支架向前移动放煤步距一般不大，在 1 m 左右，控顶距顶煤长度约为 5 m，故支架对顶煤下层位反复支撑 5 次左右，支架的反复卸载和支撑对支架上方的顶煤产生直接破坏作用，也在一定程度上决定了微观上顶煤内应力以及宏观上顶板下沉的周期性变化，从而使得顶煤处于交变、重复应力场中，对顶煤的破碎产生影响。因此，支架的反复支撑可以在一定程度上松动顶煤，促进顶煤的破碎。

支架对顶煤下层位的反复支撑，实质是对顶煤下层位进行反复加卸载的过程，多次相互作用使得顶煤下层位煤体内应力发生周期性交叉变化。从振动理论的角度可知，在交叉应力场作用下，煤体内任意一点的应力可表示为[142]：

$$\sigma_r = \sigma_0 \left(1 + \frac{A_{max}}{\Delta_0}\right) \tag{3-15}$$

式中：σ_r 为支架反复支撑过程中顶煤煤体内任意一点的应力，MPa；σ_0 为支架未反复支撑静载作用下该点的应力值，MPa；A_{max} 为该点在支架反复支撑引起的最大振峰，mm；Δ_0 为该点在超载作用下的位移值，mm。

由上式可知，由于 A_{max}、Δ_0 均为大于 0 的值，故 $\sigma_r > \sigma_0$，也就是说支架反复支撑形成的交变应力 σ_r 大于静载应力 σ_0，对顶煤有一定的再破碎作用，但支架对顶煤再破碎影响范围有限，一般在顶煤厚度方向上 2～3 m 范围内。

3.3.2　特厚煤层顶煤块度分布现场观测

3.3.2.1　测试目的

为了较准确地得到特厚煤层支架上方顶煤块度分布的大致规律，在塔山煤矿 8222 工作面对顶煤块度分布特征进行现场观测。根据前人研究的放顶煤理论可知，在矿山压力作用下，顶煤煤体内出现了裂隙并不断发育，到一定程度后破碎为一定程度的散体，顶煤块度大小及分布规律直接影响了顶煤放出过程中的运移规律。因此，对顶煤块度大小及分布情况进行现场实测很有必要。

3.3.2.2　测试方法及步骤

根据放矿理论可知，若支架连续放煤时，某支架放出的煤体不仅为本支架上方的顶煤，同时也可能为相邻上一个放煤支架放煤时顶煤运移后的煤。为尽量排除相邻支架放煤的影响，在 8222 工作面只对首个放煤支架进行实测（端头支架不放煤），即离转载机最近的 125# 支架，两刀两循环满足一次测试条件，测试时间在检修班，测试前将后部刮板输送机上的煤清理干净，测试位置如图 3-12 所示。

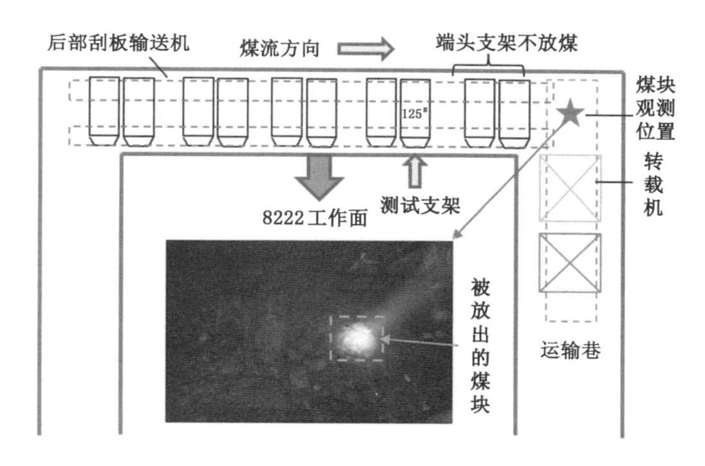

图 3-12　块度测试位置示意图

顶煤开始放出时，理应观察和测量放煤口随着时间变化的所有块度尺寸，但放煤口煤尘较大、观测空间有限，且单架放煤量大，故随时间变化随机选取具有代表性的测试样本。待顶煤运至转载机处随机进行挑选，记录随放煤时间变化的顶煤块度分布及质量情况，通过式(3-16)换算成块体的等效直径，可得到顶煤块体的级配关系。

$$d_0 = \sqrt[3]{\frac{6M}{\rho_c \pi}} \tag{3-16}$$

式中：d_0 为颗粒的等效粒径；ρ_c 为顶煤密度；M 为块体质量。

3.3.2.3　观测结果

通过割煤放煤 6 个循环中 3 次对 125[#] 支架放煤情况进行实测，并根据式(3-16)对顶煤块体粒径进行换算，可得顶煤破碎块度情况，如图 3-13 所示。

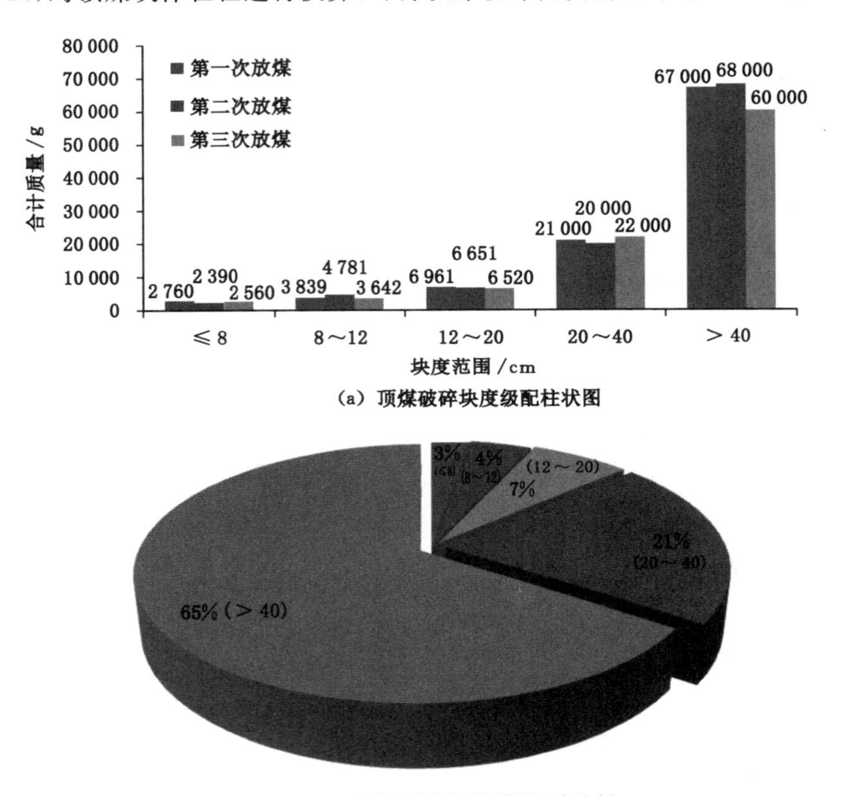

(a) 顶煤破碎块度级配柱状图

(b) 各粒径范围平均质量所占比例

图 3-13　顶煤破碎块度情况

由现场监测结果可知，顶煤块体粒径可以分为 5 个范围，即 8 cm 以下(含 8 cm)、8～12 cm(含 12 cm)、12～20 cm(含 20 cm)、20～40 cm(含 40 cm)和 40 cm 以上，各范围平均质量占比分别为 3%、4%、7%、21%和 65%，从块体的质量占比可知，顶煤块体粒径多在 40 cm 以上。如图 3-14 所示，根据放出的顶煤块体粒径随时间的变化情况可知，在初期阶段顶煤块体粒径范围主要集中在

8 cm 及以下和 8～12 cm，顶煤块体比较破碎，这可能是受支架反复支撑的结果；随着时间的推移，在放煤中期，顶煤块体粒径增大，粒径范围主要集中在12～20 cm；在放煤末期阶段，顶煤块体粒径范围主要集中在 20～40 cm 及 40 cm 以上。

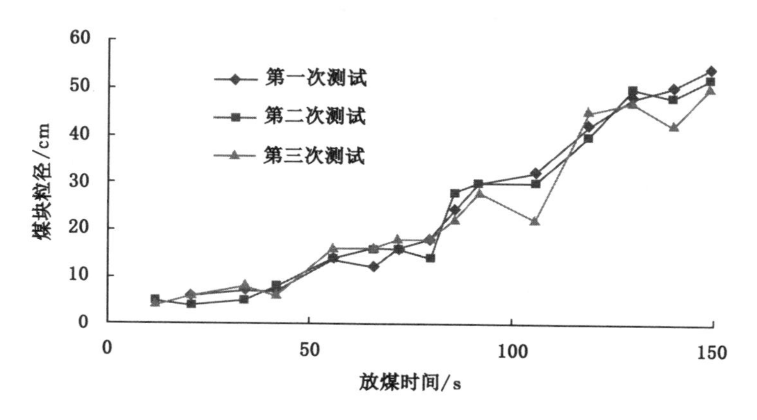

图 3-14　放落的顶煤粒径随时间变化情况

从放出顶煤颗粒粒径大小及随放煤时间变化的规律来看，忽略顶煤运移过程中出现的再次破碎等情况，可大致判断放出的顶煤块体在放出之前的分布情况，即顶煤下位块体粒径主要为 8 cm 及以下和 8～12 cm，中位顶煤块体粒径主要为 12～20 cm，上位顶煤块体粒径主要为 20～40 cm 及 40 cm 以上。

3.4　特厚煤层顶煤破坏结构模型

受采动、覆岩运移、支架等影响，采场空间应力重新分布，距离煤壁不同位置以及顶煤不同层位的应力演化不同，致使畸变能密度存在差异，故顶煤在不同位置状态有所不同，可将特厚顶煤分为“水平四阶段-竖直多级破碎”破坏结构模型，如图 3-15 所示。原岩阶段：顶煤煤体内裂隙发育相近，该区域煤体未受采动影响，只受煤体内本身天然存在的裂隙结构面影响；裂隙发育阶段：该区域顶煤不同层位裂隙发育相近，比原岩阶段区域煤体内裂隙发育较多，该阶段不同层位的应力有所升高，但变化相近，畸变能密度相似，其值未达到极限值，未能使煤体屈服破碎；破碎阶段：煤壁前方顶煤中层位较碎，下层位次之，上层位块度最大，其主控因素为超前支承压力及在同一竖直方向应力状态存在差异，导致畸变能密度不同，破碎程度不同；再破碎阶段：支架控顶区上方顶煤下层位块度较小，中层位块度次之，上层位块度最大，主要原因为该区域顶煤不仅受超前支承压力作用，而且受到支架反复支撑作用。

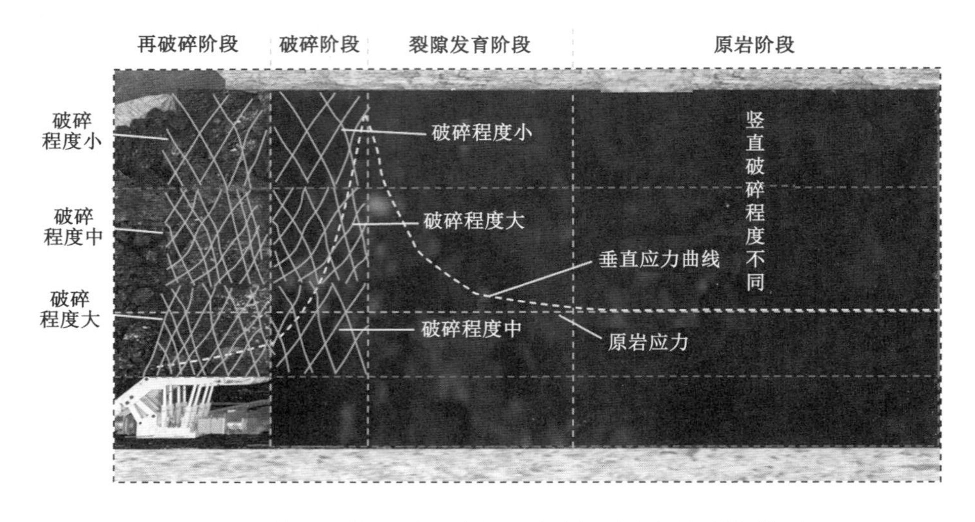

图 3-15　特厚顶煤“水平四阶段-竖直多级破碎”破坏结构模型

根据以上研究成果，建立了特厚顶煤“水平四阶段-竖直多级破碎”破坏结构模型，即水平四阶段：原岩阶段、裂隙发育阶段、破碎阶段、再破碎阶段；竖直方向：特厚顶煤不同层位由于水平主应力值变化呈多级破碎规律。在塔山煤矿 8222 工作面煤壁前约 12 m 范围内，中层位顶煤最为破碎、下层位次之、上层位顶煤块度最大；在液压支架控顶区，由于支架的反复支撑作用，顶煤下层位再次破碎导致块度最小，上层位块度最大。

3.5　本章小结

本章在顶煤不同层位应力场演化规律研究的基础上，运用理论分析、真三轴试验、现场实测等方法，对顶煤破碎机理和破坏结构特征进行了研究，主要结论如下：

（1）基于特厚煤层不同层位应力演化路径，开展了真三轴加卸载试验，对不同加载路径下的煤岩变形行为和声发射活动特征进行了研究，结果表明，煤岩试件在加载过程中经历了压密、线弹性、塑性破坏的过程，试件破坏时的应力状态与数值模拟结果相近；不同应力路径下声发射事件数不同，中层位应力路径条件下声发射事件数最多，内部破裂程度最大，其次是下层位，上层位应力路径条件下声发射事件数最少，内部破裂程度最小。

(2) 基于畸变能密度理论，综合考虑了主应力 σ_1、σ_2、σ_3 对顶煤破碎的影响，揭示了顶煤破碎程度不同的原因；运用等效直径法对塔山煤矿 8222 工作面顶煤放出的块度进行了现场测量，发现顶煤块体粒径可以分为 5 个范围，即 8 cm 及以下、8～12 cm、12～20 cm、20～40 cm 和 40 cm 以上，液压支架控顶区上方顶煤自下而上块度粒径逐渐增大。

(3) 构建了特厚煤层“水平四阶段-竖直多级破碎”破坏结构模型。水平四阶段：原岩阶段、裂隙发育阶段、破碎阶段、再破碎阶段；竖直方向：由于特厚顶煤不同层位水平主应力值不同呈现多级破碎规律。

4 特厚煤层多口协同放煤规律研究

智能化放煤技术的发展，为多种新的放煤工艺提供了技术支撑，如群组放煤、多轮多口同时放煤等。本章基于B-R放矿理论，研究单口及多口放煤在倾向方向和走向方向顶煤放出特征、煤岩分界面演化规律，基于顶煤破碎结构特征，采用“连续-不连续”CDEM数值模拟软件，建立沿工作面倾向方向和工作面走向方向的放煤规律数值模型，采用相似模拟和理论分析等方法，在验证数值模型可靠的基础上研究多种多口协同放煤工艺的煤岩运移特征、顶煤回收率等问题，并对工作面走向方向上不同放煤步距煤岩运动规律、顶煤回收率等进行研究，以为后续放煤工艺优选提供理论基础。

4.1 多口协同放煤含义

综放工作面多口协同放煤是指以智能化硬件和软件为基础，在工作面倾斜方向上同时打开$m(m \geqslant 2)$个放煤口，按照一定逻辑判断控制放煤时间和放煤顺序，使顶煤高效放出，同时综放面运输系统、矿山压力、液压支架工作系统等与之安全协调。智能化综放工作面多口协同放煤工艺有许多种，本书着重研究其中的两种：一是多个相邻放煤口同时打开，依次放煤，单轮将顶煤全部放出的群组放煤；二是多个单个放煤口同时打开，各放煤口间隔一定距离，按照一定放煤逻辑顺序放煤，直至将顶煤全部放出的多轮多口放煤。

群组放煤是指在工作面倾斜方向，将$m(m \geqslant 2)$个相邻放煤口同时打开作为一组放煤口，组内各支架协调联动，按照一定的逻辑顺序伸或收插板、摆动尾梁，使破碎顶煤通过群组支架后部放煤口放出，放至直接顶矸石出现(或达到一定的含矸率)，关闭组内各支架放煤口，完成一组放煤，然后沿工作面倾向方向，依次完成以上放煤动作，直至工作面顶煤全部被放出。图4-1为群组放煤中的群组三口放煤。

多轮多口同时放煤是指将$m(m \geqslant 2)$个间隔一定支架数目(至少大于1架)

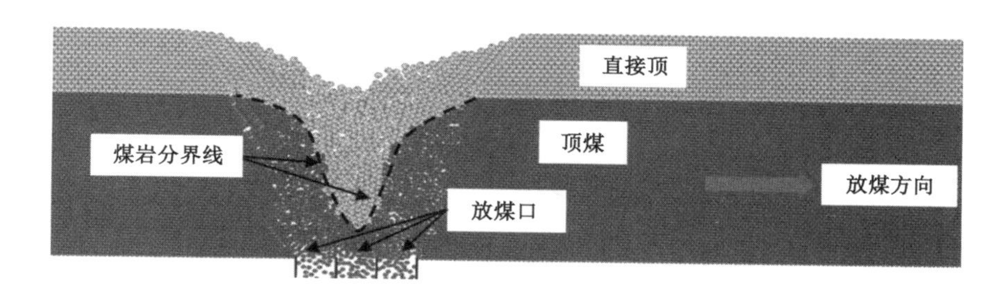

图 4-1 群组放煤示意图

的放煤口同时打开，各放煤口按照一定的放煤控制指令(各轮放煤可设置一定的放煤时间或人工干预)，收或伸插板、摆动尾梁，待各放煤口完成规定指令后，关闭各放煤口，各个支架在工作面倾向方向依次顺序完成相同动作指令，直至所有支架完成放煤。多轮多口同时放煤需 $m(m\geqslant2)$ 轮完成，第一轮从起始支架开始放煤，完成一定放煤时间后，关闭放煤口，沿倾向方向各个支架依次顺序完成提前设置好的指令，直至放至第 n 架，在放煤的同时，第二轮放煤从起始支架开始，按照一定的放煤时间进行放煤，与第一轮相同，各个支架依次顺序完成同样的指令，以此类推，第 $(m-1)$ 轮放煤至第 n 架时，第 m 轮放煤从起始支架放煤，各支架依次顺序完成放煤，多轮多口同时放煤完成。图 4-2 为多轮多口放煤中的三轮三口放煤。

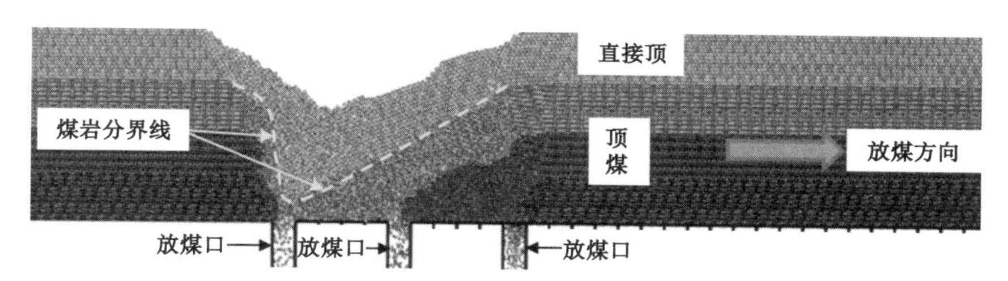

图 4-2 多轮多口同时放煤示意图

4.2 基于 B-R 方程的顶煤放出体特征

综放开采的顶煤放出规律与金属矿开采的崩落法有相似之处和不同之处。相似之处在于都是散体岩石(煤体)从一定规则的放煤口自上而下自然放出，在倾向方向，岩石(煤体)运移规律相似；不同之处在于走向方向工作面由于综采液压支架的存在，放煤口前方原本的散体岩石(煤体)堆积被液压支架替代，液压支架材料体积、材料属性都与散体岩石(煤体)存在差异，岩石(煤体)运移规律有所不同。

4.2.1 工作面倾向方向顶煤放出体特征

4.2.1.1 单口放煤煤岩运移规律

B-R方程是描述放出体形态最好的数学方程之一，基于B-R方程的松散体放矿理论是综放开采顶煤放出规律研究的重大发展[143-145]。该理论基于一定假设，得出了放出体数学方程。该理论的基本假设为[146]：① 散体颗粒被放出的过程是直线连续运动；② 散体颗粒在被放出的移动阶段只受重力和散体颗粒之间的摩擦力；③ 散体颗粒在被放出的整个过程，颗粒受到的加速度保持不变。由此可得放出椭球体的数学公式为：

$$S = k_0(\cos\theta - \cos\theta_G) \tag{4-1}$$

式中：S 为颗粒移动距离；θ 为颗粒移动迹线与垂直方向的夹角；$k_0 = \dfrac{H}{1-\cos\theta_G}$，$H$ 为放出体高度，$\theta_G = 45° - \varphi_0$，$\varphi_0$ 为颗粒的内摩擦角。B-R方程极坐标系如图4-3所示。

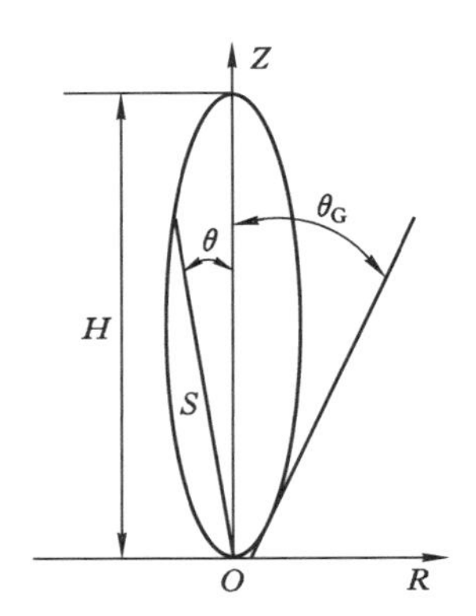

图4-3 B-R方程极坐标系

综放工作面放煤口放煤时，顶煤松动、下沉、被放出，被放出的煤体反演后近似为椭球体，周围被放煤影响范围内的煤岩则不断松动、下沉，煤岩分界面下沉至放煤口形成漏斗，即当顶煤放完时，形成漏斗半径为 D 的煤岩分界线 B，放出的煤体反演后为椭球体 $Q_{放}$，此时放煤口上方所有产生位移的煤岩区域称为松

动椭球体 $Q_{松}$。以放出椭球体底部为直角坐标原点 O,水平方向为 x 轴,竖直方向为 y 轴,如图 4-4 所示,放出椭球体直角坐标系下标准方程可表示为:

$$\frac{x^2}{a_1^2}+\frac{(y-b_1)^2}{b_1^2}=1 \tag{4-2}$$

式中:a_1 为放出椭球体 x 方向短轴长度;b_1 为 y 方向长轴长度。

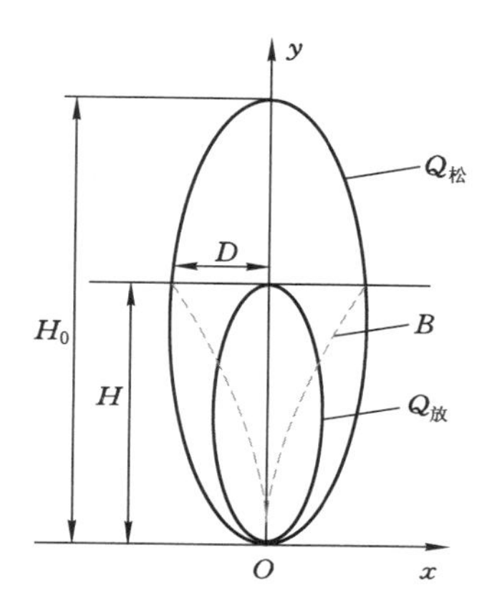

图 4-4 椭球体直角坐标系

在放出椭球体极坐标中可知,当 θ 为 0°时,$S(0)$为直角坐标系中长轴 $2b_1$ 的长度,即:

$$S(0)=k_0(1-\cos\theta_G)=2b_1$$

可得:

$$b_1=\frac{k_0}{2}(1-\cos\theta_G) \tag{4-3}$$

又知极坐标和直角坐标系中存在以下关系:

$$x=S\sin\theta=k_0(\cos\theta\sin\theta-\sin\theta\cos\theta_G) \tag{4-4}$$

放出椭球体短轴长度 a_1 为 x 极值最大值,即$\frac{dx}{d\theta}=0$ 求出极值,可得:

$$\theta_m=\arccos\left(\frac{\cos\theta_G+\sqrt{\cos^2\theta_G+8}}{4}\right) \tag{4-5}$$

即当 $\theta=\theta_m$ 时,短轴长 a_1 为:

$$a_1=k_0(\cos\theta_m\sin\theta_m-\sin\theta_m\cos\theta_G) \tag{4-6}$$

则放出椭球体方程为与 θ_G 有关的方程,其中椭球体长轴为 b_1、短轴为 a_1。

假设放出椭球体和松动椭球体在直角坐标系原点 O 点重合,松动椭球体的标准方程为：

$$\frac{x^2}{a_2^2}+\frac{(y-b_2)^2}{b_2^2}=1 \tag{4-7}$$

式中：a_2 为松动椭球体 x 方向短轴长度；b_2 为 y 方向长轴长度。

顶煤体被放出后，被放出的空间被影响范围内的煤岩松散过后填充，即由于煤岩碎胀性，松动椭球体内的被放出空间被除了放出部分之外的煤岩碎胀后填充，假设放出椭球体的面积为 Q_1，松动椭球体面积为 Q_2，煤岩碎胀系数为 $k_{碎}$，则放出椭球体与松动椭球体满足：

$$(Q_2-Q_1)k_{碎}=Q_2 \tag{4-8}$$

可得出松动椭球体和放出椭球体面积关系：

$$Q_2=\frac{k_{碎}Q_1}{k_{碎}-1} \tag{4-9}$$

令 $k_1=\dfrac{k_{碎}}{k_{碎}-1}$，即可得出：

$$Q_2=k_1Q_1 \tag{4-10}$$

又根据椭球体面积公式 $Q_1=\pi a_1b_1$、$Q_2=\pi a_2b_2$，可得：

$$a_2=k_1\frac{a_1b_1}{b_2} \tag{4-11}$$

又知放出椭球体偏心率 p_1 和松动椭球体偏心率 p_2 为：

$$p_1=\frac{\sqrt{a_1^2-b_1^2}}{a_1}$$

$$p_2=\frac{\sqrt{a_2^2-b_2^2}}{a_2}$$

近似取松动椭球体偏心率与放出椭球体偏心率相等[147]，即 $p_1=p_2$，则可得：

$$a_2^2=b_2^2\left(2-\frac{b_1^2}{a_1^2}\right) \tag{4-12}$$

由式(4-11)和式(4-12)联立可得：

$$\begin{cases} b_2=a_1\sqrt[4]{\dfrac{k_1^2b_1^2}{2a_1^2-b_1^2}} \\ a_2=\dfrac{k_1b_1}{\sqrt[4]{\dfrac{k_1^2b_1^2}{2a_1^2-b_1^2}}} \end{cases} \tag{4-13}$$

其中松动椭球体高度 $H_0=2b_2$。当放出椭球体已知时松动椭球体方程也为已知，当放出椭球体高度为 H 时，可求得相应松动椭球体的 x 值，即煤岩漏斗半径 D 的值：

$$D=x=\sqrt{a_2^2-\frac{a_2^2}{b_2^2}(H-b_2)^2} \tag{4-14}$$

但考虑到放煤口有一定的宽度，顶煤厚度 $H_煤$ 与放出体高度 H 不相等。如图 4-5 所示，设放煤口宽度为 L，放出椭球体在极坐标系中，过放煤口端点做角度为 θ_G 的直线与放煤口中点位置做 $\theta=0°$的直线相交于点 O'，近似点 O'与直角坐标系中原点 O 重合，则可得：

$$H=H_煤+\frac{L}{2\tan\theta_G} \tag{4-15}$$

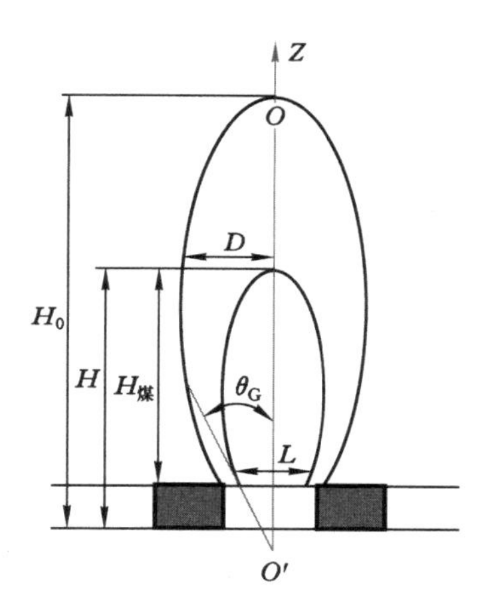

图 4-5　放煤口尺寸影响

将式(4-15)代入式(4-14)中可得放煤漏斗半径 D 为：

$$D=x=\sqrt{a_2^2-\frac{a_2^2}{b_2^2}\left(H_煤+\frac{L}{2\tan\theta_G}-b_2\right)^2} \tag{4-16}$$

放煤漏斗宽度为顶煤放出特征的重要参数，放煤漏斗宽度的大小直接影响煤岩分界面的形态。在同一放煤高度时，放煤漏斗宽度越大，煤岩分界面越平缓，放煤漏斗宽度越小，煤岩分界面越陡。在现场实际中，由于煤体内摩擦角、煤岩碎胀系数、放煤支架宽度均为定值，当放煤高度不同时，放煤漏斗半径 D 值不同。

4.2.1.2 煤矸分界线演化及残煤成因

相邻支架放煤时相互影响比较复杂，放煤结束的标志一般为“见矸关门”，支架放煤时放出的矸石有两种可能：一是顶煤上方直接顶的矸石从上方移动到放煤口，如工作面起始放煤时首个支架放煤口见到的矸石为直接顶；二是周期性放煤时，上一支架放煤后，直接顶矸石充填放煤漏斗，从侧向移动到该支架放煤口。两种不同情况下的煤岩运动规律存在差异性。

(1) 起始放煤煤岩分界线演化

如图 4-6(a)所示，顶煤在被放出之前，煤岩分界线为 AOB[AB 的宽度由式(4-16)可得]，随着放煤口的打开，煤岩分界线 AOB 由中心 O 点开始下沉，逐渐发展至两端 A、B，最终 O 点下沉至 O'，形成新的煤岩分界线 $AO'B$。又知通过放煤口被放出的煤体被反演后为放出椭球体，在整个放煤过程中受放煤影响的有移动的煤岩为松动椭球体，在松动椭球体外的任意点未发生任何移动，故在松动椭球体内、放出椭球体外的未被放出的顶煤[图 4-6(a)阴影部分]，在经历下沉、移动后，最终到达图 4-6(b)中阴影部分，该部分为移动后的顶煤状态，煤岩分界线 AO'、BO' 为下个放煤口放煤时的边界。

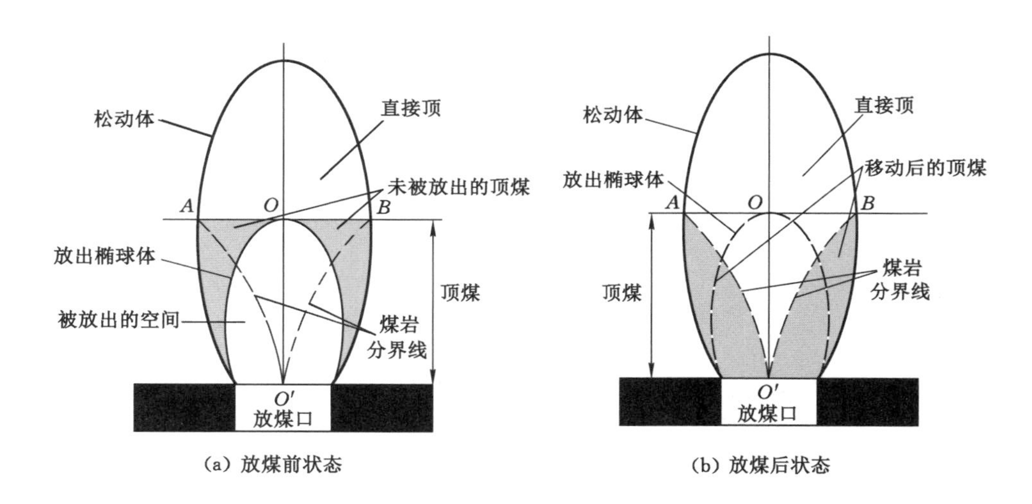

图 4-6 起始放煤煤岩分界线演化过程

(2) 周期性放煤煤岩分界线演化

在经历起始放煤后开始周期性放煤，周期性放煤在起始放煤后形成的新煤岩边界条件下进行，如图 4-7(a)所示，放煤口 1 放完顶煤后(放煤结束标志为

“见矸关门”)，形成新的煤岩分界线 $AO'B$，$O'BC$ 作为放煤口 2 放煤起始边界，放煤口 2 放煤后，被放出的煤体反演同样是椭球体，放煤口 2 以“见矸关门”为结束放煤条件时，放煤口 2 的放出椭球体 Q_2 与煤岩分界线 $O'B$ 相切于点 E，即切点 E 的矸石最先到达放煤口。由于放煤口 2 的初始煤岩分界线为 $O'BC$，该分界线下方为纯煤体，放煤口 2 放出的煤体为 Q_2 区域，故松动椭球体 $Q_1{}'$ 与放出椭球体 Q_2 交集以外的煤体未被放出，该部分未被放出的煤体被点 E 分割成

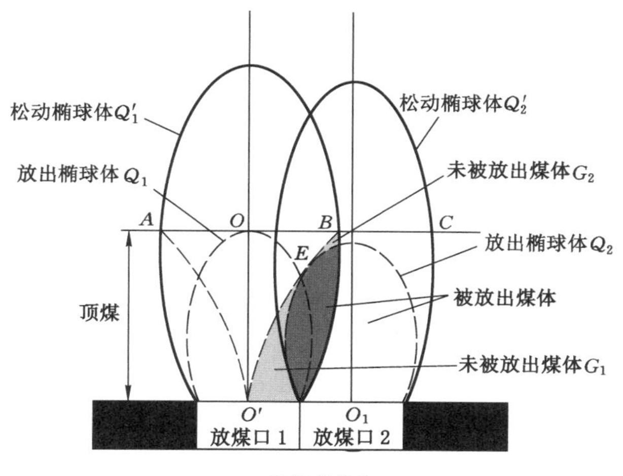

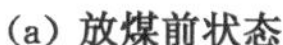
(a) 放煤前状态

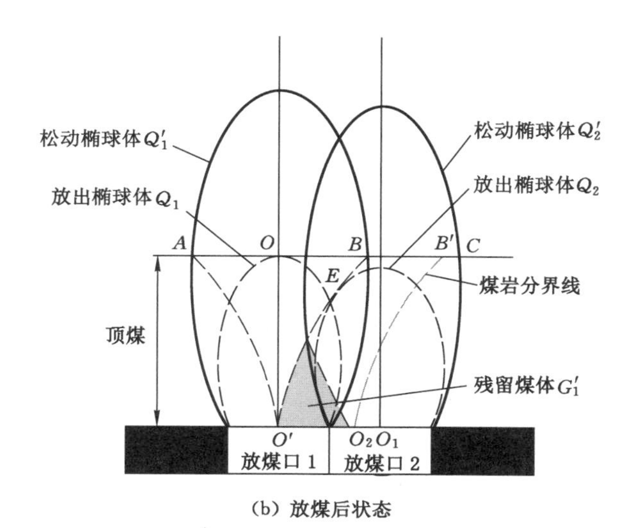

(b) 放煤后状态

图 4-7 周期性放煤煤岩分界线演化

G_1、G_2 两个部分，点 E 最终移动到点 O_1 位置，下部分 G_1 最终形成图 4-7(b)中的残留煤体 G'_1，G_2 部分与在松动椭球体 Q'_2 内且在放出椭球体 Q_2 之外的顶煤体运移，最终形成新的煤岩分界线 O_2B'，则残留煤体 G_1' 为两放煤口之间最终的残煤量。以此类推，可知放煤口 i 形成放出椭球体 Q_i、残留煤体 G_{i-1}' 以及新的煤岩分界线。

从煤岩运移规律及分界线演化过程可知，起始放煤时放出椭球体 Q_1 最为发育，起始煤岩分界线为水平直线，放煤口中心线与初始煤岩分界线交点率先到达放煤口中点。起始放煤结束，周期放煤时，由于初始煤岩分界线位置和形态不确定，放出椭球体 Q_i 处于动态变化中，相应的放出椭球体与初始煤岩分界线的切点处于动态变化中。由于 Q_i 处于动态变化中，相应的煤岩分界线移动幅度不同，最终形成的残留煤体 G'_{i-1} 动态变化。

由上一小节可知，当放煤高度 $H_{煤}$、放煤口宽度 L、颗粒的内摩擦角 φ_0 为定值时，相应的放出椭球体、松动椭球体方程为已知。以放煤口$(i+1)$放出椭球体底端为 O 点，水平方向为 x 轴，竖直方向为 y 轴，建立直角坐标系，如图 4-8 所示，放煤口 i 形成的煤岩分界线方程(煤岩分界线曲线方程多采用拟合的方法求得)为：$x=f(y)$。放煤口$(i+1)$放出椭球体高度发育至 H_{i+1} 时，与煤岩分界线相切于点 E_i，设 E_i 的坐标(x_{E_i},h_i)，放煤高度为 H_{i+1} 形成的放出椭球体方程为：

$$\frac{x^2}{a_{i+1}^2}+\frac{(y-b_{i+1})^2}{b_{i+1}^2}=1 \tag{4-17}$$

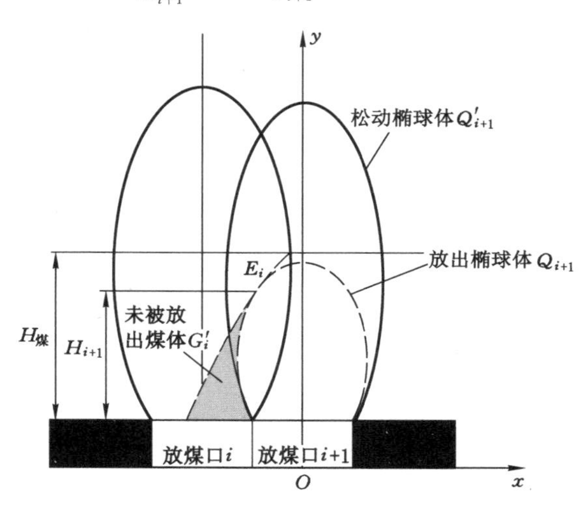

图 4-8　两个放煤口之间的残煤

因煤岩分界线曲线方程 $x=f(y)$ 与放煤口 $(i+1)$ 形成的放出椭球体相切于 E_i，即 E_i 的坐标 (x_{E_i},h_i) 同时满足煤岩分界线方程、放出椭球体方程，同时联立求极值，最终求得放煤口 $(i+1)$ 形成的椭球体方程和 E_i 点的坐标值。则放煤口 i 和放煤口 $(i+1)$ 之间的残煤面积 G'_i 为：

$$G'_i=\int_0^{h_i}\left[f(y)-\frac{a_{i+1}}{b_{i+1}}\sqrt{b_{i+1}^2-(y-b_{i+1})^2}\right]\mathrm{d}y \tag{4-18}$$

从式(4-18)可以看出，两个放煤口之间的残煤量计算比较复杂，主要是由煤岩分界线初始状态、放煤高度、内摩擦角和放煤口尺寸决定的。现场应用过程中，煤岩分界线演化非常复杂，处于动态变化中，无法准确表达，且放出椭球体从起始逐步开始发育，直到与初始煤岩分界线相切时发育停止，也是动态变化的。煤岩分界线、放出椭球体形态以及放煤口之间的残煤可通过数值模拟的方法间接求得，详细介绍见本章 CDEM 数值模拟内容。如当顶煤厚度为 4 m，放煤口宽度为 1.75 m，倾向方向单口依次放煤时，煤岩运移过程及残煤形态如图 4-9 所示。

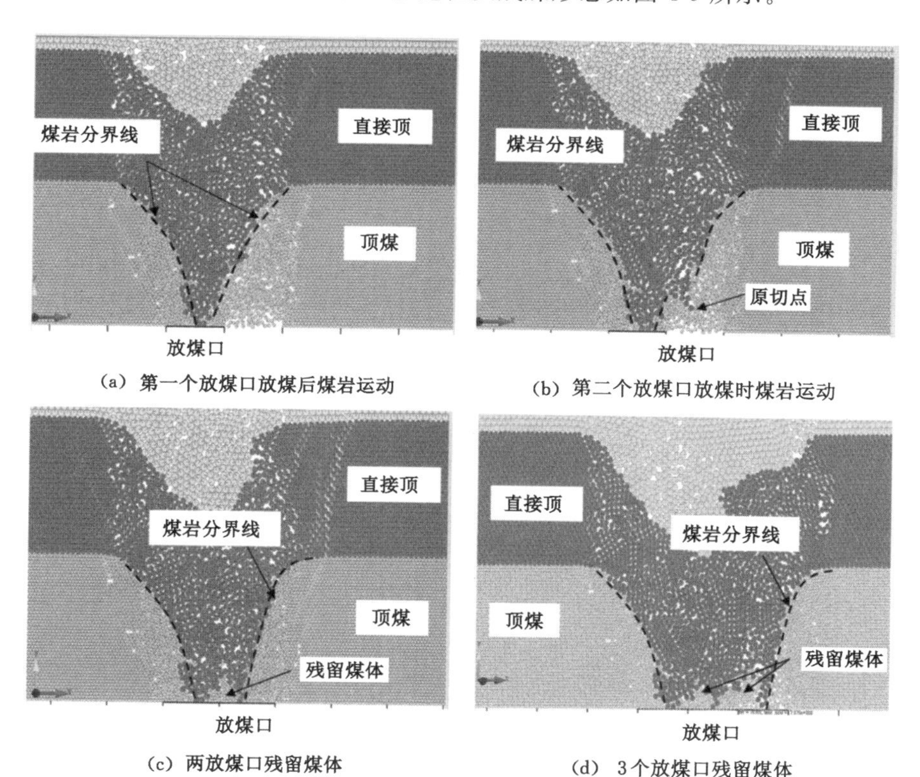

图 4-9 两放煤口之间残煤形态模拟结果

4.2.2 工作面走向方向顶煤放出体特征

工作面走向方向(即工作面推进方向)的顶煤放出规律与工作面倾向方向相比,存在相同点和不同点。相同点在于顶煤均以一定大小的放煤口放出,放出的煤体反演后为椭球体,与此同时存在对应松动椭球体,煤岩分界线不断下沉形成漏斗。不同点在于走向方向顶煤放出形成的放出椭球体和松动椭球体与倾向方向的存在差异,这主要是因为液压支架掩护梁的存在对椭球体进行了切割;另外,支架放完煤后有一个移架动作,移架的距离为放煤步距,移架过程释放了一定的空间,会使原有的煤岩分界线在放煤前发生变化。

王家臣等[96]通过大量的放顶煤理论分析、数值模拟、相似模拟和现场实测,提出了顶煤放出体为“切割变异椭球体”,基于散体介质力学中的 B-R 模型,引入液压支架约束条件,对顶煤放出体理论形态进行了定量研究,其公式如下:

$$r_{\max}=r_{\mathrm{D}}+K\left(\frac{g t_2^2}{2}\right)(1-\cos\theta_{\mathrm{G}}) \tag{4-19}$$

$$r_0(\theta,r_{\max})=(r_{\max}-r_{\mathrm{D}})+\frac{(\cos\theta-\cos\theta_{\mathrm{G}})}{1-\cos\theta_{\mathrm{G}}}+r_{\mathrm{D}} \tag{4-20}$$

式中:$r_{\max}$为最远始动点到极坐标原点的距离,m。r_{D} 为尾梁长度,m。g 为重力加速度,m/s^2。t_2 为考虑颗粒横向作用时,研究颗粒对象从移动到刚好放出所需的时间。θ 为运移角度,即顶煤颗粒所在位置与极坐标原点连线和铅垂线的角度,顺时针为正,逆时针为负,(°)。θ_{G} 为顶煤颗粒发生运移时刻最大临界角度,(°)。θ 为逆时针时,$\theta_{\mathrm{G}}=90°-\theta_0/2$,$\theta_0$ 为颗粒内摩擦角;θ 为顺时针时,$\theta_{\mathrm{G}}=90°-\theta_s$,$\theta_s$ 为支架掩护梁倾角。K 为重力加速度修正系数,根据试验得到。

变异椭球体如图 4-10 所示。

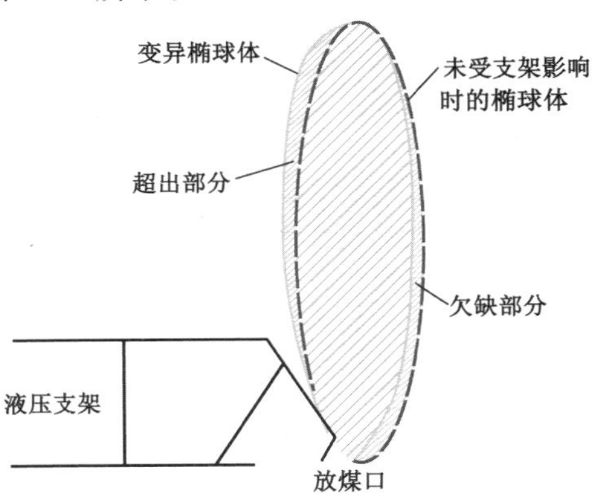

图 4-10 变异椭球体理论

走向方向起始放煤时，支架后方均为煤体、无矸石，以“见矸关门”为放煤结束条件，先到达放煤口的矸石为直接顶矸石，如图 4-11(a)所示，放煤口放出的变异椭球体 Q_1 充分发育，煤岩分界线逐渐下沉形成放煤漏斗，最终形成放煤口后方煤岩分界线 L_1(之后不再变化)和放煤口前方煤岩分界线 L_2，由于液压支架的影响，L_1 和 L_2 不对称。随后液压支架移动一个放煤步距，形成一个移架空间，如图 4-11(b)所示，部分顶煤下沉填充移架空间，致使煤岩分界线略微下沉为 L_3。顶煤厚度越大，移架对 L_3 影响越小；反之，顶煤厚度越小，对 L_3 影响越大。当放煤口再次放煤时，受液压支架移架影响的煤岩分界线 L_3 与变异椭球体 Q_2 相切于 E_1，即 E_1 点的矸石先到达放煤口，此步距放煤结束，变异椭球体 Q_2 与煤岩分界线 L_3 中间的煤体为采空区残留煤体 G_1，原始位置如图 4-11(c)所示，残留煤体 G_1 移动后最终形态如图 4-11(d)所示。由此可知，第 i 个放煤步距放煤时形成的变异椭球体为 Q_i，各个变异椭球体存在差异，其中 Q_1 最为发育。相应的，煤岩分界线向前移动幅度不同，各步距之间的煤损也存在差异。第 i 个放煤步距放煤时与第($i-1$)个放煤步距之间的煤损，主要由第 i 个放煤步距放煤前煤岩分界线形态与其变异椭球体形态及其两者相切位置关系决定，故第一个放煤步距放煤对下一个放煤步距放煤煤岩分界线、遗留在采空区的残煤形态有迭代影响。

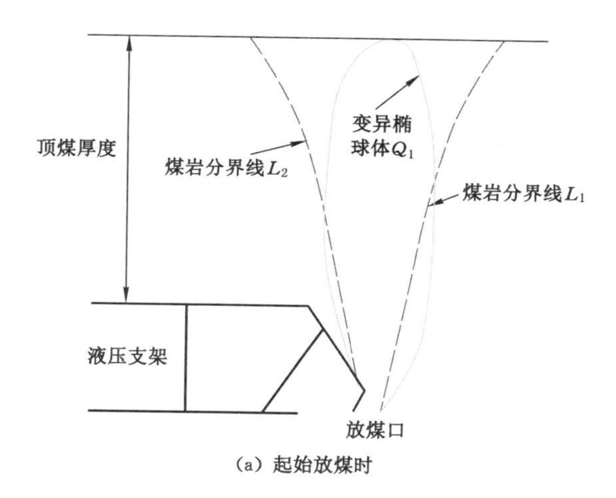

(a) 起始放煤时

图 4-11　走向放煤煤岩运移及残煤形态

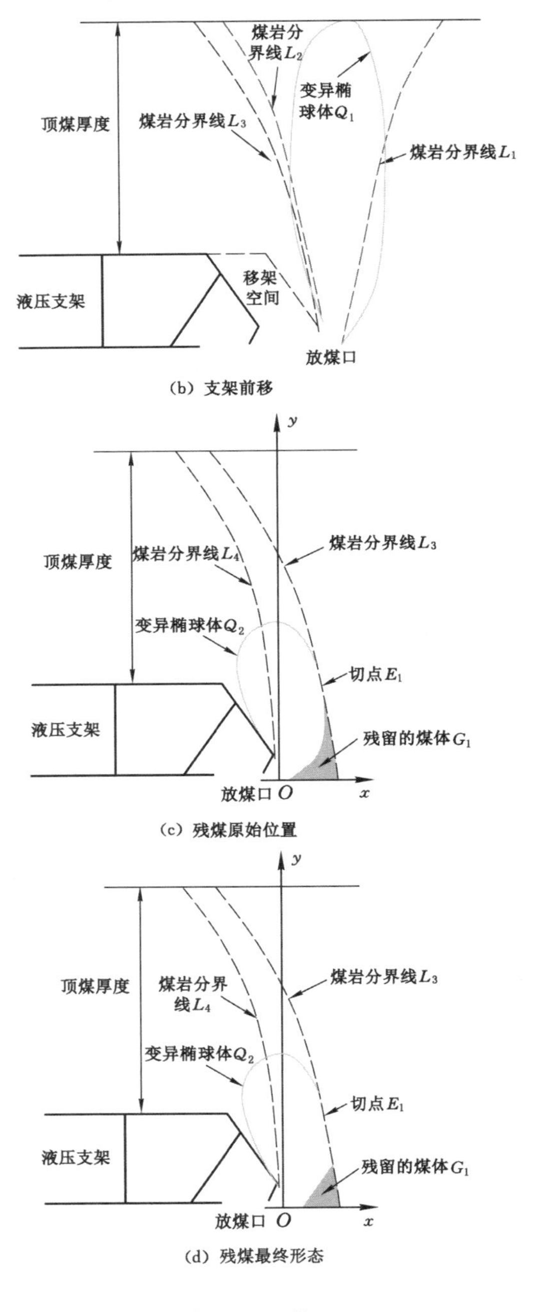

(b) 支架前移

(c) 残煤原始位置

(d) 残煤最终形态

图 4-11 （续）

残留在采空区的煤体 G_1 的计算方法与倾向方向残留煤体的计算方法相似。如图 4-11(c)所示，以放煤口为 O 点，水平方向为 x 轴，竖直方向为 y 轴，假设煤岩分界线 L_3 的方程为(可通过试验或模拟拟合得到)：

$$x_1 = f(y_1) \tag{4-21}$$

放煤口变异椭球体高度发育至 H_1 时，与煤岩分界线相切于点 E_1，设 E_1 的坐标为(m_1, h_1)，放煤高度为 H_1，形成的变异椭球体 Q_2 方程为：

$$x_2 = f(y_2, H_1) \tag{4-22}$$

由于煤岩分界线曲线 L_3 与变异椭球体 Q_2 相切于点 E_1，故点 E_1 的坐标代入分界线曲线方程、变异椭球体方程均满足要求，联立式(4-21)、式(4-22)求极值，最终求得放煤口形成的变异椭球体方程、E_1 点的坐标值。则残煤面积 G_1 的公式可表达为：

$$G_1 = \int_0^{h_1} [f(y_1) - f(y_2)]\mathrm{d}y \tag{4-23}$$

从式(4-23)可以看出，在两个放煤步距之间的残煤量计算同样比较复杂，与煤岩分界线初始状态、变异椭球体形态及放煤步距等有关，现场应用过程中可借助数值模拟求得。

4.2.3　群组放煤顶煤运移规律

群组放煤(如 m 个放煤口)与单个支架单口放煤相比，顶煤通过放煤口(尺寸宽度为 mD_1，D_1 为单个液压支架宽度)被放出，被放出的顶煤反演后为放出椭球体 Q，放出椭球体方程可用 B-R 方程来描述。群组放煤和单口放煤的区别在于在同样顶煤厚度条件下，由于放煤口尺寸不同，群组放煤的放出椭球体与单口放煤的放出椭球体形态有所不同，所对应的煤岩分界线演化规律也存在差异。如图 4-12 所示，Q_1、Q_2、Q_3 分别为单口、群组三口、群组六口放煤后反演的椭球体，顶煤放出体形态随着放煤口尺寸的增加由竖椭圆形向类圆形转变，L_1、L_2、L_3 分别为单口、群组三口、群组六口放煤后的煤岩分界线，随着放煤口尺寸的增加，煤岩分界线更为平缓。群组放煤时煤岩分界线演化过程及残煤形态与单口放煤时相近。

由 B-R 方程可知，任意颗粒在运动过程中加速度为定值，颗粒加速度公式为：

$$a = g\cos\theta - \frac{F_f}{m} \tag{4-24}$$

式中：a 为某颗粒运动过程中的加速度；g 为重力加速度；θ 为颗粒移动迹线与

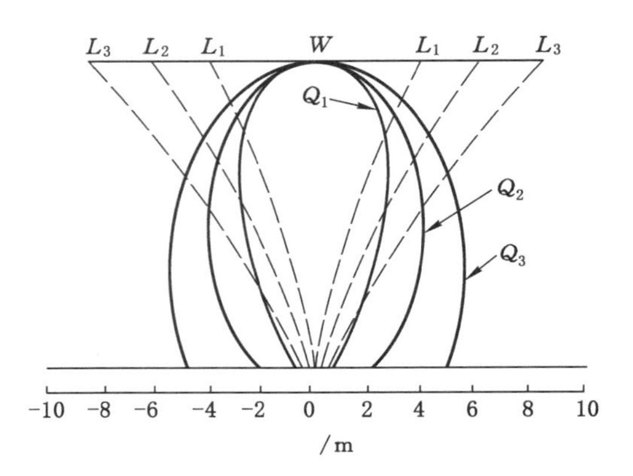

图 4-12　群组放煤放出体及煤岩分界线形态

垂直方向的夹角；F_f 为摩擦力；m 为颗粒质量；$\frac{F_f}{m}$为定值，由颗粒的内摩擦角 φ_0 决定，其值为 $\cos\varphi_0$。

放出椭球体与初始煤岩分界线相切于点 W，如图 4-12 所示。W 点在单口放煤时的加速度为 a_1，到达放煤口时间为 t_1；群组放煤时的加速度为 a_2，到达放煤口时间为 t_2。根据 B-R 放矿理论，由于单口放煤与群组放煤时该点受到的外力相同，加速度理论上相同，在放煤高度 $H_{煤}$ 相同的条件下，单口放煤时间 t_1 与群组放煤时间 t_2 理论上相同。但在工程实际中，群组放煤时，由于放煤口尺寸成倍增加，煤体更加顺畅地通过放煤口，尤其有利于大块顶煤的放出。在相同放煤高度时，群组放煤时间 t_2 较小于单口放煤时间 t_1，说明群组放煤和单口放煤时加速度略有差异，故群组放煤时需要对加速度进行修正。已知单口放煤和群组放煤高度满足以下公式：

$$H_{煤}=\frac{1}{2}a_1t_1^2 \tag{4-25}$$

$$H_{煤}=\frac{1}{2}a_2t_2^2 \tag{4-26}$$

联立式(4-25)、式(4-26)可求得：

$$a_2=a_1\frac{t_1^2}{t_2^2}=K_0\left(g\cos\theta-\frac{F_f}{m}\right) \tag{4-27}$$

式中：K_0 为修正系数，$K_0=t_1^2/t_2^2$。

群组放煤加速度修正系数的意义在于可通过试验等方法获得群组放煤加速时的修正系数 K_0，在现场生产实践中可以预测在一定煤厚条件下群组放煤时的放煤时间，用于指导生产。

4.2.4　多轮多口放煤煤岩运动规律

多轮顺序放煤中，以两轮为例，第一轮每个支架预放顶煤厚度的一半，第二轮每个支架“见矸关门”。多轮多口放煤煤岩运移过程如图 4-13 所示。第一轮每个支架的放煤高度、放煤口尺寸相同，放出椭球体、放煤时间也均相同。放煤口 1 放煤结束后煤岩分界线演化如图 4-13(a)所示，起始煤岩分界线由 ABC 演化至 AB_1C（线 AB_1C 简称为 L_1），最大下沉点为 B_1；随着放煤口 2 放煤结束，若放煤口 1 没有放煤，其对应的煤岩分界线为 L_2'，但由于放煤口 1 的影响，放煤前初始煤岩边界发生变化，煤岩分界线最终演化至 L_2 位置，如图 4-13(b)所示，最大下沉点下降至 B_2；以此类推，若第一轮放煤至放煤口 i 时，其煤岩分界线移动至 L_i，最大下沉点 B_i 为所有煤岩分界线最低点，如图 4-13(c)所示，随着第一轮放煤口依次继续放煤，最大下沉点 B_i 水平移动到 B_n。

若第一轮全部支架放完后执行第二轮放煤，其本质为分层单轮顺序放煤。如图 4-13(c)所示，第一轮放煤口 n 为最后一个放煤支架，煤岩分界线演化至 L_n，煤岩分界线类似“碗”状。第二轮放煤从放煤口 1 执行放煤，放煤时煤岩分界线与单轮放煤时相比较短，但煤岩分界线不够平缓，其演化过程与第一轮放煤煤岩分界线演化过程相同。

若在第一轮放煤口($i+1$)放煤时同时执行第二轮放煤口 1 放煤，如图 4-13(c)所示，第二轮放煤口 1 形成放煤椭球体 M_1，煤岩分界线由 L_i 演化至 N_1，如图 4-13(d)所示，第一轮放煤口($i+2$)与第二轮放煤口 2 同时放煤，此时放煤口 2 与放煤口 1 之间形成残留煤体，煤岩分界线由 N_1 演化至 N_2，依次执行两口同时放煤，煤岩分界线平行向前移动，两放煤口之间均出现残留煤体，由于煤岩分界线相对比较平缓，初始煤岩分界线与相切的放出体之间的残留煤体面积较小，即残留煤体较少。且随着放煤轮数的增加，煤岩分界线更加平缓，残留煤体更少。

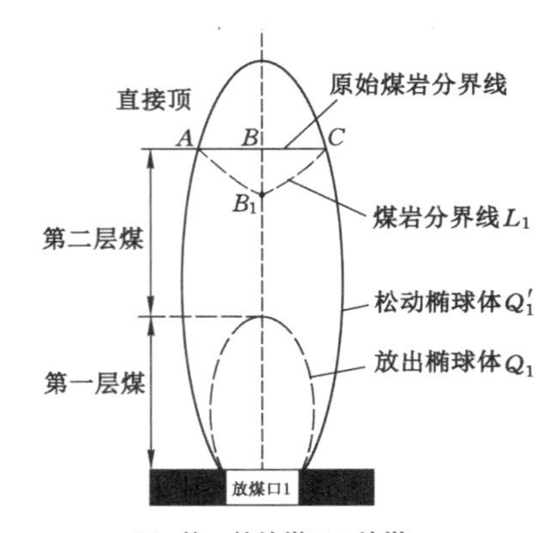

(a) 第一轮放煤口 1 放煤

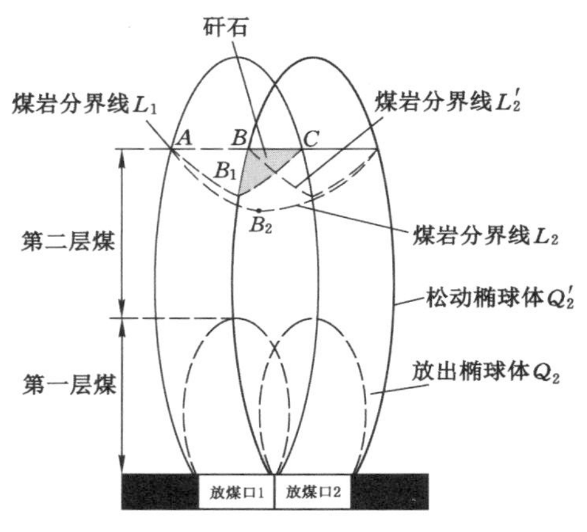

(b) 第一轮放煤口 2 放煤

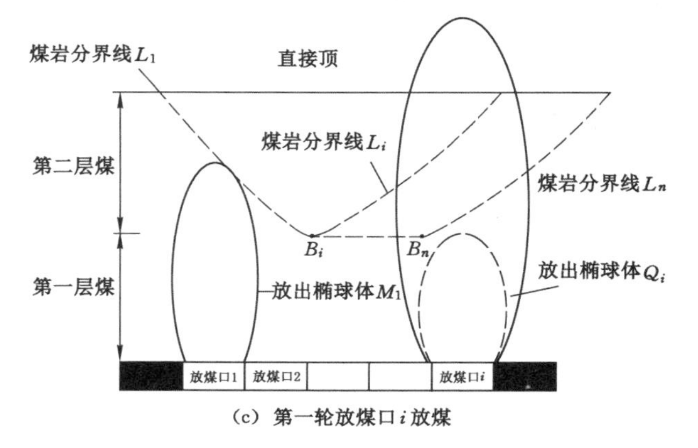

(c) 第一轮放煤口 i 放煤

图 4-13 多轮多口放煤煤岩运移过程

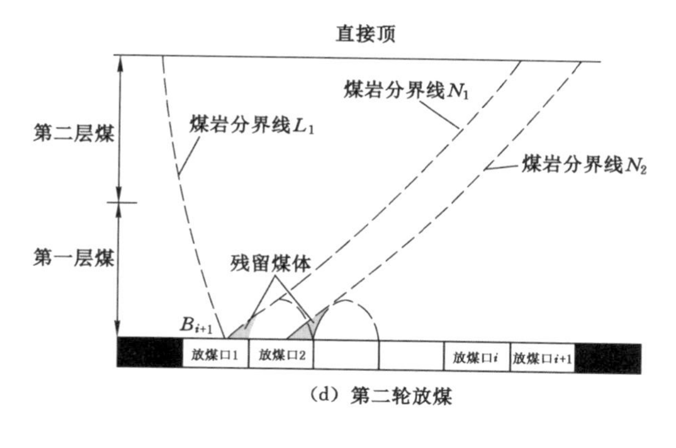

(d) 第二轮放煤

图 4-13 (续)

4.3 放煤口数量影响因素分析

综放开采时,放煤时间占总生产时间比例较高,放煤时间过长是困扰综放生产效率的重要因素之一,放煤总时间越短,越有利于高效生产。同一时间打开放煤口的数量越多,单位时间放煤量越大,工作面顶煤放出总时间越短。但是设置综放面放煤口数量不仅要考虑放煤的高效性,同时要考虑放煤运输系统的可行性、放煤环境的安全性等问题,即考虑后部刮板输送机运输能力、工作面顶板稳定性、工作面瓦斯浓度、工作面粉尘浓度等影响因素,这些因素共同制约同时打开放煤口的数量。

4.3.1 后部刮板输送机运输能力的影响

破碎顶煤经液压支架尾梁放出至后部刮板输送机,经运输后至端头转载机、破碎机,最后经带式输送机运出工作面。由于后部刮板输送机功率一定,决定放煤口数量不是随意的,过多的放煤口数量会导致刮板输送机超载、压刮板输送机,影响工作面正常生产[148]。

若工作面只有单个支架放煤,该支架为第 i 架,放煤口面积为 s_i(单位 m^2),放煤口放煤速度为 v_i[单位 kg/(m^2 · s)]时,则在时间 t 内第 i 架支架放煤量为:

$$m_i = s_i v_i t \tag{4-28}$$

若顶煤在 t 时间内经第 i 架支架放煤口流到后部刮板输送机上,平铺厚度为 h_i(单位 m),后部刮板输送机运行速度为 v(单位 m/s),刮板输送机宽度为 d(单位 m),煤的容重为 γ(单位 kg/m^3),刮板输送机上煤量可表达为:

$$m_i = h_i d v t \gamma \tag{4-29}$$

则可得：

$$v_i = \frac{h_i d v \gamma}{s_i} \tag{4-30}$$

式(4-30)表明支架放煤口煤流速度与刮板输送机运行速度存在一定的关系，当放煤口煤流速度不易得出时，可通过刮板输送机的有效煤厚、运行速度、刮板输送机宽度和放煤口面积求得。

若 m 个放煤口同时放煤时，可分为放煤口相邻的群组放煤和放煤口间隔一定数量的多轮多口放煤。群组多口放煤时，与单口放煤相近，区别在于放煤口由 s_i 变为 ms_i，则可得群组放煤口煤流速度 v_{mi} 为：

$$v_{mi} = \frac{h_i d v \gamma}{m s_i} \tag{4-31}$$

若多轮多口放煤时，放煤口数量为 m 个，设第 1、2、…、m 个放煤口在刮板输送机上平铺厚度分别为 h_1、h_2、…、h_m，机头不放煤长度是 $L_{\min}$，离机头转载机最近的放煤口距离转载机的距离是 L_1，第 2 个放煤口距离第 1 个放煤口的距离是 L_2，第 3 个放煤口距离第 2 个放煤口的距离是 L_3……第 m 个放煤口距离第($m-1$)个放煤口的距离是 L_m，机尾最后一个打开的放煤口距离转载机的距离是 $L_{\max}$。

由式(4-29)可知，单位时间内第 m 架支架放煤至刮板输送机的煤量为 $h_m L_1 d\gamma$，第($m-1$)架支架放煤至刮板输送机的煤量为 $h_{m-1}(L_1+L_m)d\gamma$，以此类推，第 1 架支架放煤至刮板输送机的煤量为 $h_1(L_1+L_2+\cdots+L_m)d\gamma$，可得刮板输送机的总煤量为：

$$\begin{aligned} M_m = & h_1(L_1+L_2+\cdots+L_m)d\gamma + \\ & h_2(L_1+L_2+\cdots+L_{m-1})d\gamma+\cdots+ \\ & h_{m-1}(L_1+L_m)d\gamma + h_m L_1 d\gamma \end{aligned} \tag{4-32}$$

若放煤口 m 个支架间隔相等，都为 L，且每支架放煤口速率相等，则上式可简化为：

$$\begin{aligned} M_m = & d\gamma[L_1(h_1+h_2+\cdots+h_{m-1}+h_m)+ \\ & h_1(L_2+L_3+\cdots+L_{m-1}+L_m)+ \\ & h_2(L_2+L_3+\cdots+L_{m-1})+\cdots+h_{m-1}L_m] \\ = & d\gamma h[L_1 m + L(m-1)m/2] \end{aligned} \tag{4-33}$$

刮板输送机在运行状态时，顶煤经放煤口至刮板输送机上，刮板输送机与煤体之间产生摩擦力将煤体速度由零升高至与刮板输送机一样的速度 v，即刮板输送机克服摩擦而做功，假定刮板输送机停运，其速度在 t 时间内由 v 减为零，则刮板输送机电机需提供给刮板输送机上方顶煤的功率为：

$$p_m = W_m / t = \frac{M_m v^2}{2} \Big/ \left(\frac{v}{gu}\right) = \frac{M_m vgu}{2} \tag{4-34}$$

其中：

$$\begin{cases} W_m = \dfrac{M_m v^2}{2} \\ p_m = \dfrac{M_m vgu}{2} \\ h_i = \dfrac{a_i}{d_i v} \\ a_i = s_i v_i \end{cases} \tag{4-35}$$

式中：p_m 为 m 个放煤口同时放煤时刮板输送机电机所需功率；W_m 为由能量守恒原理得到的刮板输送机停运前的动能；M_m 为 m 个放煤口同时放煤刮板输送机上煤体的质量；g 为重力加速度；u 为刮板输送机与顶煤间的动摩擦系数；v 为刮板输送机上方的煤体速度。

为保证后部刮板输送机正常运行，后部刮板输送机电机提供的额定功率 $p_{\max}$ 应不小于 m 个放煤口所需的电机功率 p_m，即 $p_m < p_{\max}$。以塔山煤矿为例，其后部刮板输送机配备的电机为 2×1 050 kW，槽宽为 1 250 mm，经理论计算 m 为 4 个，即最多放煤口数量为 4 个。现场后部刮板输送机承载能力观测中，6# ～40# 支架放煤可以同时打开 4 个放煤口，40# ～80# 支架可以同时打开 3～4 个放煤口，80# ～108# 支架可以同时打开 3 个放煤口，放煤口数量观测如图 4-14 所示。理论计算与现场观测结果基本一致，最终可取放煤口数量为 3 个。

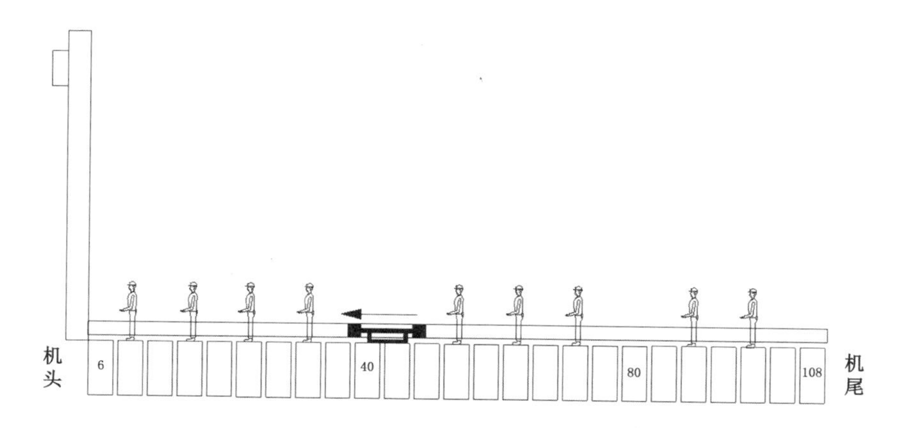

图 4-14　放煤口数量观测

4.3.2 矿山压力影响

在综放开采时，随着顶煤的放出，液压支架后方和上方形成采空区，上覆岩层移动、变形、断裂、下沉填充采空区。由于顶煤放出后形成的采空区较大，直接顶在本身重力及其上覆岩层的重力作用下破断填充采空区，然后向上发展，直至采空区被充满，此时形成以采空区、液压支架、煤壁前方煤体为主体的力学平衡结构，在煤壁前方形成支承应力集中区，距工作面煤壁较远。上覆岩体通过直接顶和顶煤作用在液压支架上，在外力作用下顶煤体内产生裂隙甚至破碎，使外力传至更深处，部分上覆岩层重力被顶煤转移，支架受力相对减弱。综放工作面顶板岩层破坏示意图如图 4-15 所示。

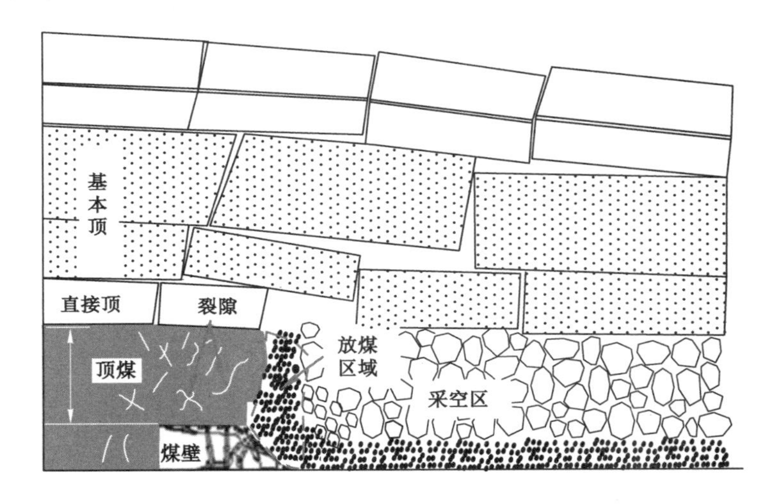

图 4-15 综放工作面顶板岩层破坏示意图

在多个放煤口同时放煤时，如群组放煤，多个相邻放煤口同时被打开，顶煤大面积被放出，直接顶和基本顶的下层位硬岩层断裂、冒落、填充，由于顶煤被放出时，形成较大空间，基本顶硬岩断裂后下沉对直接顶、支架可能产生冲击，在不考虑覆岩下沉过程中声、热等能量损失时，覆岩失稳对放煤支架上的冲击载荷 q_1 可表示为[149]：

$$q_1 = \frac{L_1 H L_2 \rho_2 v}{m B l_k \Delta t} \tag{4-36}$$

式中：L_1、L_2 分别为基本顶在走向、倾向方向的破断距，m；H 为硬岩层的厚度，m；ρ_2 为基本顶岩层的密度，kg/m^3；v 为失稳岩块与支架接触发生冲击时的速度，m/s；m 为放煤口数量，个；B、l_k 分别为支架宽度、支架控顶距，m；Δt 为发生冲击接触时的作用时间。

工作面倾向方向基本顶岩层破断距 L_2 可按照固支梁表达为：

$$L_2 = H\sqrt{\frac{2R_t}{q_2}} \tag{4-37}$$

式中：R_t 为基本顶岩层的抗拉强度，MPa；q_2 为基本顶岩层上部载荷，MPa。

在多口同时放煤时，顶煤在短时间内被放出，顶煤位置形成较大的空间，顶板失去原来顶煤的支撑逐步失稳，若放煤口同时放煤数量过大，短时间内形成的空间过大，顶板可能失稳过于迅速而带来较大的冲击载荷，不利于工作面支架稳定，应使放煤口尺寸小于基本顶岩层在倾向方向的破断距 L_2，即放煤口数量 m 需满足：

$$mB < L_2 \tag{4-38}$$

将式(4-37)代入式(4-38)中可得：

$$m < \frac{H}{B}\sqrt{\frac{2R_t}{q_2}} \tag{4-39}$$

以塔山煤矿为例，其直接顶为 8.22 m 的碳质泥岩，基本顶为 8.16 m 的砂岩，砂岩抗拉强度为 5.65 MPa，根据关键层理论计算得到基本顶上覆载荷为 0.13 MPa，则可得：

$$m < \frac{8.16}{1.75} \times \sqrt{\frac{2 \times 5.65}{0.13}} = 43$$

因此，从矿山压力的角度分析放煤口数量不宜超过 43 个。

4.3.3 瓦斯浓度的影响

工作面瓦斯浓度是影响安全生产的重要因素之一，《煤矿安全规程》明确规定井下采掘工作面回风巷风流中瓦斯浓度不超过 1%。在综放开采时，瓦斯主要来源一部分为割煤过程中释放的瓦斯，另一部分为放煤过程中释放的瓦斯。一般割煤过程中释放的瓦斯比较稳定，放煤时释放的瓦斯量波动比较大，尤其增加放煤口数量后，放煤口数量越多，在单位时间内涌入工作面的瓦斯量越大，容易造成短时间内瓦斯超限。综放工作面煤炭产量与瓦斯浓度存在以下关系：

$$\frac{K_w(Q_f + Q_c)q_w}{Q_z} < q_0 \tag{4-40}$$

式中：K_w 为工作面瓦斯涌出不均匀系数；Q_f、Q_c 分别为单位时间内顶煤回收量和采煤机割煤量，t；q_w 为煤层的相对瓦斯涌出量，m^3/t；Q_z 为工作面单位时间的通风量，m^3；q_0 为工作面允许瓦斯浓度值。

若 m 个放煤口同时放煤，设单个放煤口面积为 s_i（单位 m^2），放煤口放煤速度为 v_i[单位 $kg/(m^2 \cdot s)$]，则 m 个支架放煤量为：

$$Q_{\mathrm{f}} = m s_i v_i$$

则可得放煤口数量 m 的表达式为：

$$m < \frac{q_0 Q_{\mathrm{z}}}{K_{\mathrm{w}} q_{\mathrm{w}} s_i v_i} - \frac{Q_{\mathrm{c}}}{s_i v_i} \tag{4-41}$$

以塔山煤矿为例，其工作面通风量为 3 292 m^3/min，煤层相对瓦斯涌出量为0.35 m^3/t，工作面允许瓦斯浓度值为 0.1%，瓦斯涌出不均匀系数为 1.1，放煤口面积为(1.75×0.8) m^2，放煤口放煤速度约为 0.9 kg/(m^2 · s)，单位时间内采煤机割煤量为 3.5 t，则可得放煤口数量应满足：

$$m < \frac{0.001 \times 3\ 292}{1.1 \times 0.35 \times 1.4 \times 0.9} - \frac{3.5}{1.4 \times 0.9} = 4.01$$

故工作面割煤、放煤同时进行时，放煤口数量应不超于 4 个。在适当增加工作面通风量的前提下可允许增加放煤口数量。

4.3.4 粉尘浓度的影响

粉尘是煤矿五大灾害之一，粉尘浓度过高容易造成煤尘爆炸，同时对作业人员健康造成严重威胁，在近年来大型矿井集约智能化综放开采过程中，粉尘也影响了煤矿智能装备中传感元件的可靠性、井下视频监控感知的准确性。总之，高浓度的粉尘严重影响了作业人员的身心健康，给安全生产带来了隐患。煤矿粉尘主要包括煤尘、岩尘和其他有毒有害粉尘，其中煤尘的粒径一般在0.75～1.00 mm 以下，岩尘的粒径一般在 10～45 μm 以下。《煤矿安全规程》中对工作场所粉尘浓度的规定见表 4-1[150]。

表 4-1 作业场所空气中粉尘浓度要求

粉尘种类	游离 SiO_2 含量/%	时间加权平均容许浓度/(mg/m^3)	
		总尘	呼尘
煤尘	<10	4.0	2.5
矽尘	10～50	1.0	0.7
	50～80	0.7	0.3
	≥80	0.5	0.2
水泥尘	<10	4.0	1.5

注：时间加权平均容许浓度是以时间加权数规定的 8 h 工作日、40 h 工作周的平均容许接触浓度。

在综放开采过程中，工作面粉尘主要来源于采煤机割煤作业和放煤作业过程中。采煤机割煤过程中产生的粉尘浓度相对稳定，放煤时产生的粉尘浓度波动比较大。当多放煤口同时放煤时，在短时间内大量的煤体被放出，产尘强度高，粉尘在自身重力、风流、阻力、浮力等相互作用下进行运动，部分较大的尘粒运动一定时间后沉积下来，剩余的细微粉尘主要在风流主导下继续运动，由于各种因素的不稳定性，粉尘颗粒很难基于运动理论建立运动方程从而定量分析粉尘颗粒的运动特性，但可通过现场观测不同放煤口数量与粉尘浓度的关系来进行研究。

由于粉尘在生产过程中是必然存在的，粉尘给工作面安全生产、作业人员身心健康带来了危害，有效的防尘除尘是亟须研究的问题，其中最有效的降低矿尘浓度的方法之一是选择合适风量的通风。通风可将矿尘在短时间内稀释排出，风量可通过调节工作面通风系统、设置最佳通风参数、安设简易通风设施等方法来快速实现。采煤机安设喷雾降尘装置也可以达到快速降尘的目的，一般来说，采煤机摇臂位置提前布置有喷雾降尘装置，以塔山煤矿使用的采煤机为例，采煤机摇臂位置布置的喷雾喷嘴数量为 6 个，喷雾压力为 5～6 MPa，喷雾流量为 50～60 L/min。另外，可通过提前向煤层注水来达到降低工作面粉尘浓度的目的。在多放煤口同时放煤时多种措施可同时采取，来降低工作面粉尘浓度，确保工作面粉尘浓度在国家标准以内。

4.3.5 大块度顶煤的影响

在第 3 章研究中可知，破碎的顶煤在不同空间位置块度不同，液压支架控顶区范围内上层位顶煤块度较大，中层位次之，下层位顶煤块度较小。单口放煤时，顶煤在放煤口上方容易成拱而影响顶煤的顺利放出：块度较小的散体顶煤在放煤过程中相互碰撞挤压，容易形成瞬时动态松散拱，虽然不能堵死放煤口，但影响放煤口放煤的流畅度，降低放煤效率；中等块度顶煤容易形成不稳定拱结构，该拱结构可由 3～6 块顶煤相互咬合组成，拱结构稳定性差，块煤之间的铰接点容易失稳造成拱结构整体失稳；大块度顶煤容易形成稳定拱结构，一般由 1～3 块顶煤铰接而成，该拱结构相对比较稳定，横跨放煤口，使顶煤难以放出。

群组多口放煤时，在倾向方向放煤口尺寸成倍增加，在该方向不容易形成拱结构，有利于大块顶煤的放出，但也容易造成大量块煤瞬时下落至刮板输送机上带来瞬时载荷，对刮板输送机造成机械伤害，影响刮板输送机正常工作，所以群组多口放煤时，虽然有利于大块煤的放出，但应考虑放煤口数量带来的顶煤下落对刮板输送机的影响。

多轮多口放煤时，其本质是多个单口同时放煤，由于放煤口之间间隔一定距离，大量块煤瞬时下落的可能性较小，由于多轮多口放煤是按照一定顺序使顶煤均匀下沉放出，直接顶矸石到达放煤口的时间较晚，减少了由于大块矸石在放煤口成拱而带来的顶煤放出困难的问题。

对于多口放煤时存在放煤口附近成拱和大量块煤瞬时下落带来瞬时载荷等问题，需要液压支架尾梁协同控制，即可控制支架后方尾梁实施“大拱大摆、小拱小摆”策略来破拱。同时由于尾梁的摆动，多放煤口同时放煤时，顶煤下落时与尾梁相互作用，减弱了顶煤下落的冲击作用，减小了顶煤下落对刮板输送机的影响。

总之，在综合考虑放煤口数量与后部刮板输送机运输能力、矿山压力、工作面瓦斯浓度、粉尘浓度以及大块煤体的关系后，从后部刮板输送机运输能力制约角度分析放煤口数量不宜超过 3 个，从矿山压力角度分析放煤口数量不宜超过 43 个，从瓦斯浓度角度分析在正常割煤和放煤同时进行时放煤口数量不宜超过 4 个，从粉尘浓度和煤体块度角度分析因采取了相应措施对放煤口数量影响相对较小，故后部刮板输送机运输能力是制约放煤口数量的主要因素，因此放煤口数量上限为 3 的多种放煤工艺理论上可在工作面生产过程中使用，但不同放煤工艺的放煤规律及放煤效率需进一步研究。

4.4 多口协同放煤数值模型建立

4.4.1 数值模拟软件

数值计算是当前研究厚煤层放煤规律的主要研究手段之一，其优点在于克服了试验存在的问题，物理量容易获得，改变参数容易，且可重复研究。动态松弛法是当前数值模拟放顶煤静态过程的主要方法，例如 FLAC、UDEC、PFC、CDEM 都采用这种方法。动态松弛法是通过引入数值阻尼，采用动态显式差分方法模拟静态或准静态物理过程，从而近似解决静力学问题的一种方法[151-153]。它是采用向后时步迭代的计算思想，通过添加数值阻尼，以应对应力过快引起振荡或不收敛。本书采用由中国科学院力学研究所开发的 CDEM 软件，可以实现块体有限元、离散元和颗粒离散元的耦合模拟计算。CDEM 软件中的颗粒流计算程序是通过模拟圆形离散颗粒运动及其相互之间的作用，来研究颗粒集合体的破裂和破裂发展问题及大位移的颗粒流问题。

顶煤放出过程中，破碎的煤岩块体在外力和重力作用下，不断相互接触、碰撞、摩擦、旋转，这一过程消耗了煤岩体的重力势能，转化为一定的动能和相互摩擦的内能。煤岩块相互接触摩擦而产生的力可用数值阻尼与块体运动速度的乘积来表示，数值阻尼的取值通常与所模拟的物理过程、边界条件、材料性质等因素有关，是一个宏观参数。数值阻尼取值大小可能直接影响数值模拟中的结果，如放出体形态、煤岩分界面特征，故研究数值阻尼值确定方法对于完善放顶煤数值模拟有重要意义。

4.4.2 数值模型建立

4.4.2.1 工作面倾向方向数值模拟模型建立

为了研究特厚煤层单口、多口协同放煤的顶煤运移规律及顶煤回收情况，基于上述章节顶煤破碎规律及分布情况研究结果，建立 CDEM 数值模型。该模型倾向长度为 160 m，煤层倾角为水平，放煤口宽度为 1.75 m。为了便于建模，顶煤竖直方向颗粒大小简化分为 3 层：第一层颗粒（下层位顶煤）直径为 10 cm，厚度为 3.3 m；第二层颗粒（中层位顶煤）直径为 20 cm，厚度为 3.4 m；第三层颗粒（上层位顶煤）直径为 30 cm，厚度为 3.3 m。直接顶厚度为 4.0 m，颗粒直径为 40 cm。模型左、右两边预留 20 m 不放煤，一共 68 个放煤口，模型左、右两侧和下部固定。模型如图 4-16 所示。

数值模拟中基本假设[154]：① 顶煤初始为松散破碎状态，不承受拉应力，放出过程中视其为准刚体，不再发生破裂过程；② 顶煤放出模拟过程中，支架只承受顶煤和直接顶的重量；③ 顶煤放出过程中，工作面不发生冒顶和片帮情况。

4.4.2.2 工作面走向方向数值模拟模型建立

为研究特厚煤层放煤步距对顶煤回收率的影响，根据塔山煤矿 8222 综放工作面使用的 ZF17000/27.5/42D 型低位放顶煤支架尺寸参数，将数值模拟中支架模型进行简化处理，建立二维放顶煤液压支架模拟模型。沿走向方向数值模型尺寸为长 180 m、高 14 m，其中模型左、右两侧各预留 30 m 不割煤、不放煤，固定模型左、右两侧和底部。模型中采煤机高度为 4 m，煤粒粒径为 10 cm；直接顶为 4 m 的矸石，粒径为 40 cm，顶煤厚度为 10 m，顶煤下层位、中层位和上层位颗粒粒径分别为 10 cm、20 cm 和 30 cm。模型自左向右割煤、放煤，初始 10 m只割煤、不放煤，仅开挖机采高度的煤层，推进 10 m 后，先割煤后放煤，在支架后部的刮板输送机处放煤，在后部刮板输送机放煤区域监测到矸石时停止放煤，完成该循环放煤，支架按照放煤步距向前移架，进行下一个循环放煤。走向方向建立的数值模型及支架情况如图 4-17 所示。

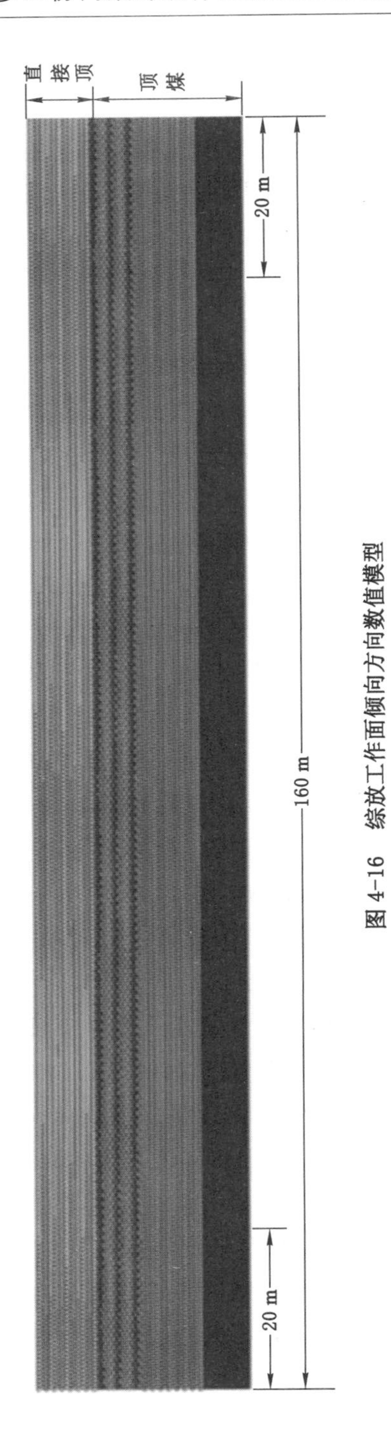

图 4-16 综放工作面倾向方向数值模型

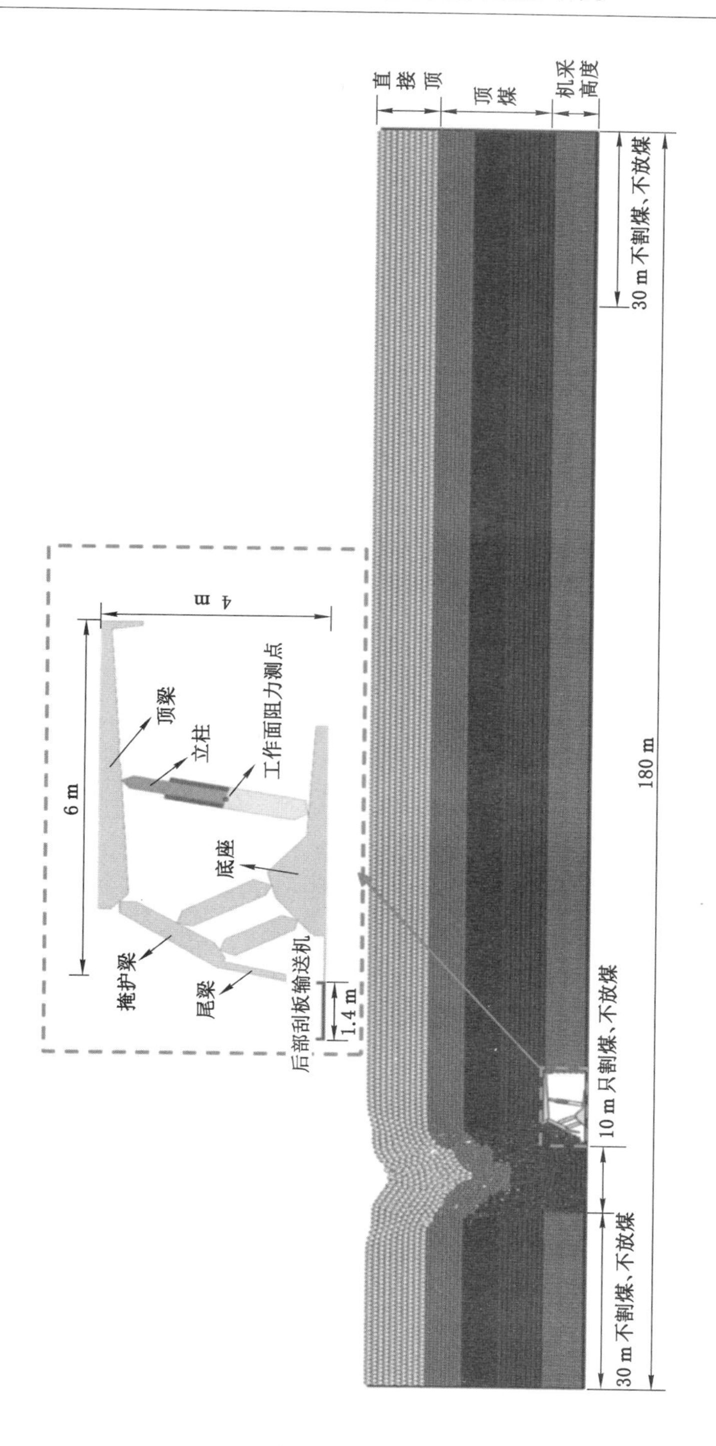

图 4-17 走向方向综放工作面模型

4.5 数值模型可靠性研究

为验证 CDEM 模型模拟顶煤放出的可靠性，首先对工作面倾向方向上 CDEM 模型进行单口放煤模拟，与顶煤放出的基本放矿理论进行比较，同时与相同条件下相似模拟结果进行比较，从放出体特征、漏斗特征以及颗粒运动轨迹等角度分析模型的可靠性。

4.5.1 工作面倾向方向上单口放煤特征

顶煤在超前支撑压力作用下破碎成块，块体煤通过液压支架后方被放出，在走向方向上顶煤放出受支架影响较大，而在倾向方向上受液压支架影响较小，因此，工作面倾向方向上建立的 CDEM 模型可不建立支架模型，如图 4-18 所示，简化在模型设定位置开口 1.75 m 模拟支架放煤口，颗粒在整个通过放煤口的运动过程中只受到重力和摩擦力共同作用，直到直接顶矸石到达放煤口停止放煤，关闭放煤口，即“见矸关门”。

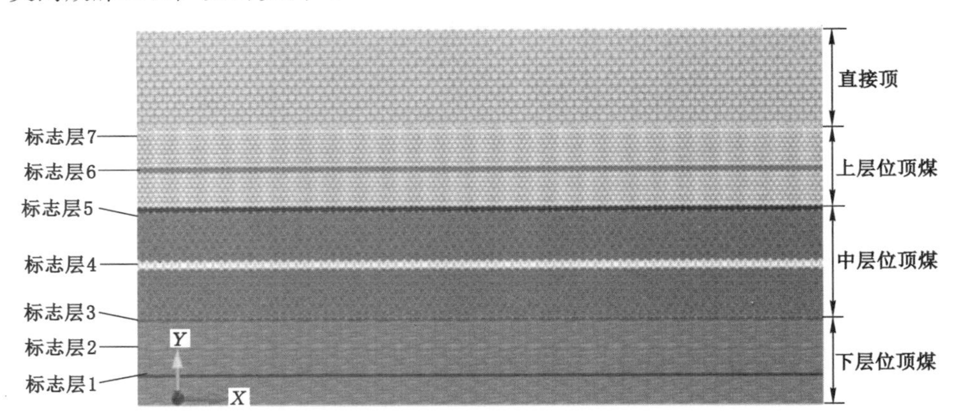

图 4-18　含标志层的单口放煤模型

为了更加清晰直观地观测顶煤运移过程，在顶煤数值模型中布置了 7 层标志层。标志层 1、标志层 2、标志层 3 和模型底部之间间隔均为 1 m，标志层 3、标志层 4 和标志层 5 之间间隔 2 m，标志层 5、标志层 6 和标志层 7 之间间隔 1.5 m，标志层 7 与直接顶紧邻。

从图 4-19(a)中可以看出，放煤口打开后，下层位顶煤首先通过放煤口被放出，标志层 1 的煤体以放煤口为中心对称形成漏斗，逐步向放煤口移动，同时对顶煤中所有存在位移变化的球体颗粒进行连线,形状类似椭球体,与顶煤放出理论中松散椭球体相近。随着顶煤的不断放出,顶煤松散的范围逐渐向上发展,形成更大的近似椭球体的松散范围,标志层 2 至标志层 7 依次向下移动,各标志层以放煤口为中心对称形成漏斗,自上而下,漏斗越来越大。顶煤被放出的同时记录所有被放出球体颗粒的信息,直接顶矸石到达放煤口时,关闭放煤口,停止放煤,由图 4-19(b)可知,顶煤放出结束后煤岩分界面为漏斗状,松散边界受模型大小影响为近似半椭球形。

通过跟踪 9 个被标记的典型颗粒运动轨迹[图 4-19(c)]可知,顶煤颗粒向放煤口中心移动,运动轨迹近似直线。将所有放出球体颗粒的 ID 号进行统计,反演到未打开的放煤口初始模型中,可得出放出煤体的最初位置,如图 4-19(d)所示,放出的顶煤球体颗粒组成近似为椭球体的形状。总之,倾向方向单口放煤数值模拟过程中,顶煤颗粒的运动轨迹以及放出体特征均与 B-R 放煤理论中顶煤颗粒移动及放出体特征一致,表明 CDEM 模型模拟顶煤放出规律理论上可行。

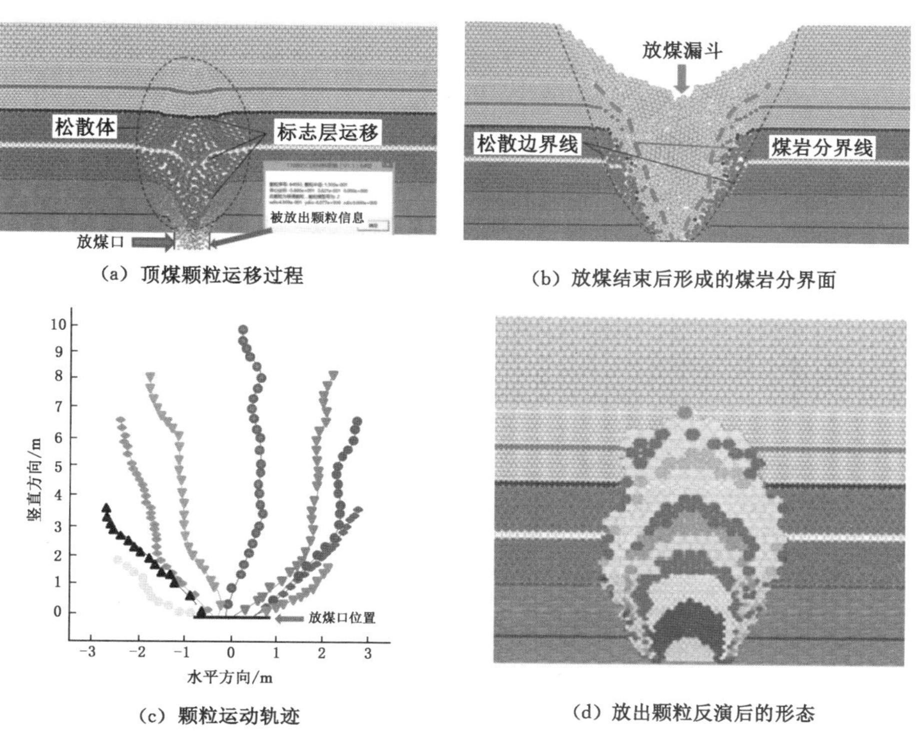

(a) 顶煤颗粒运移过程

(b) 放煤结束后形成的煤岩分界面

(c) 颗粒运动轨迹

(d) 放出颗粒反演后的形态

图 4-19　单口放煤顶煤颗粒运移及放出体特征

4.5.2 相似模拟与数值模拟对比试验及数值阻尼确定

由放出椭球体方程可知，放出体特征与颗粒最大临界移动角 θ_G 大小有直接关系，颗粒最大临界移动角 θ_G 与颗粒的内摩擦角存在联系，即 $\theta_G = 45° - \varphi_0$，其中 φ_0 为颗粒的内摩擦角。而在数值模拟中，与颗粒内摩擦角相似、影响顶煤放出体形态和煤岩分界线形态的参数是数值阻尼，不同的数值阻尼条件下，模型所放出的椭球体和煤岩分界线漏斗特征不同，数值阻尼和颗粒的内摩擦角存在一定的对应关系。为了获取数值模型中合理的数值阻尼的值，确保数值模型模拟顶煤放出规律的可靠性、准确性，应采取一定的试验手段和分析方法来确定。

最准确的方法为现场测试法，通过现场获得的放出椭球体形态及煤岩分界线特征与不同的数值阻尼条件下的放出椭球体、煤岩分界线特征进行比较，两者放出椭球体形态及煤岩分界线特征最为接近时，对应的数值阻尼为最优值。但是井下现场条件、监测技术设备条件有限，准确获取现场顶煤放出体和放煤漏斗特征非常困难，相同地质条件下的相似模拟试验成为研究和获取结果的重要手段之一。可通过单口放煤相似模拟和数值模拟计算结果，从煤岩分界线漏斗形态直观的对比，来获取较为准确的数值阻尼值，同时为数值模型中数值阻尼的确定提供思路。

4.5.2.1 倾向方向单口放煤相似模拟试验

特厚煤层倾向方向单口放煤相似模拟试验的目的在于和不同数值阻尼条件下单口放煤数值模拟结果进行对比，通过综合比较放出漏斗特征，提出阻尼值的确定方法及确定合理阻尼值。试验工程背景为塔山煤矿 8222 工作面，试验台相似模拟的比例为 1∶10，通过该试验平台，可实现特厚煤层综放开采工作面倾向方向顶煤放出规律的研究。

(1) 试验装置结构设计

特厚煤层倾向方向顶煤放出试验平台如图 4-20 所示，主体为长 3 600 mm、宽 250 mm、高 2 000 mm 的长方体框架，主要由试验台框架、放煤口模拟装置、可观察挡板、倾角调节油缸以及其他配套装置等组成。① 试验台框架底部通过油缸伸缩和左侧支点可调节试验框架倾斜角度，倾角范围为 0°～30°。② 放煤口模拟装置由箱体、尾梁、插板、放出口等组成，箱体高 300 mm，宽 175 mm，长 250 mm。③ 可观察挡板采用 10 mm 厚的透明有机玻璃板，用于固定试验台框架前后两侧，由于材料透明也便于观察试验过程。④ 其他配套装置主要有三层振筛机、电子台秤、相机等。三层振筛机自上而下有 3 层孔径分别为 12 mm、

9 mm、6 mm 的筛片,可将混合的散体材料自动分成不同的粒径。电子台秤采用 K-FINE 型号高精度电子台秤,称重范围为 200～300 kg,误差值为 50～200 g。相机采用尼康 D7000 高分辨率单反相机,用于放煤过程中整个试验平台范围内的试验变化的实时录像。

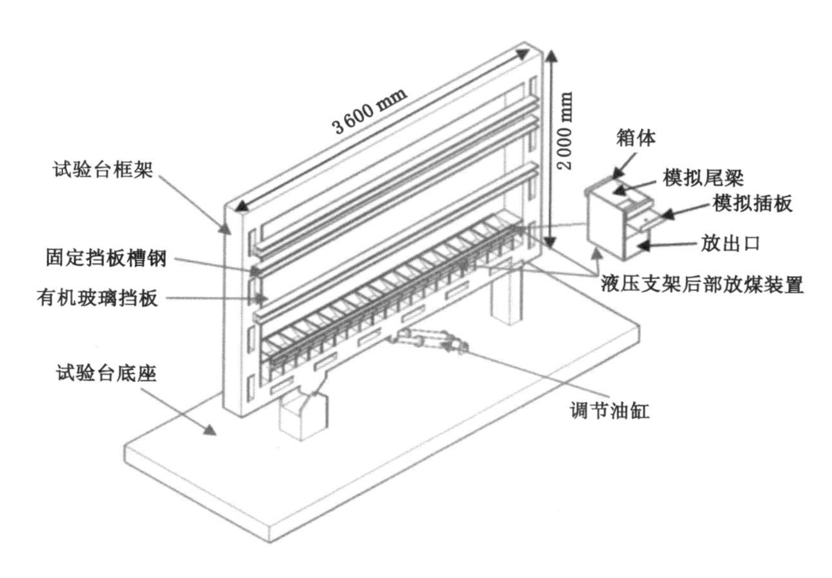

图 4-20　放煤相似模拟试验平台示意图

(2) 相似模拟试验方案设计

① 材料铺设方案。以塔山煤矿 8222 工作面为工程背景,其放煤高度为 10.0 m。试验台相似模拟的比例为 1∶10,故试验平台放煤高度为 1.0 m。由第 3 章研究可知,综放开采过程中,液压支架上方的顶煤在支承压力和支架反复支撑作用下,已处于破碎状态,煤块大小自下而上逐渐变大,故试验模拟煤块的材料粒径自下而上逐渐变大,顶煤按 3 层铺设:第一层为 3～6 mm 粒径的黄色水磨石,铺设高度为 0.33 m;第二层为 6～9 mm 粒径的红色水磨石,铺设高度为 0.34 m;第三层为 9～12 mm 粒径的黑色水磨石,铺设高度为 0.33 mm。直接顶铺设 10～20 mm 粒径的白色水磨石,铺设高度为 0.4 m。铺设方案如图 4-21 所示。

② 放煤试验方案。将放煤口模拟装置编号 1# ～19#,试验按照 3 次放完:第一次先放 6#、14# 放煤口,通过放矿理论计算公式可知,两放煤口之间间隔 7 个放煤口宽度时,放煤形成的煤岩分界面互不影响;第二次放 2#、10#、18# 放煤口,观察煤岩分界面特征;第三次将其余放煤口放出,观察最终煤岩分界面形

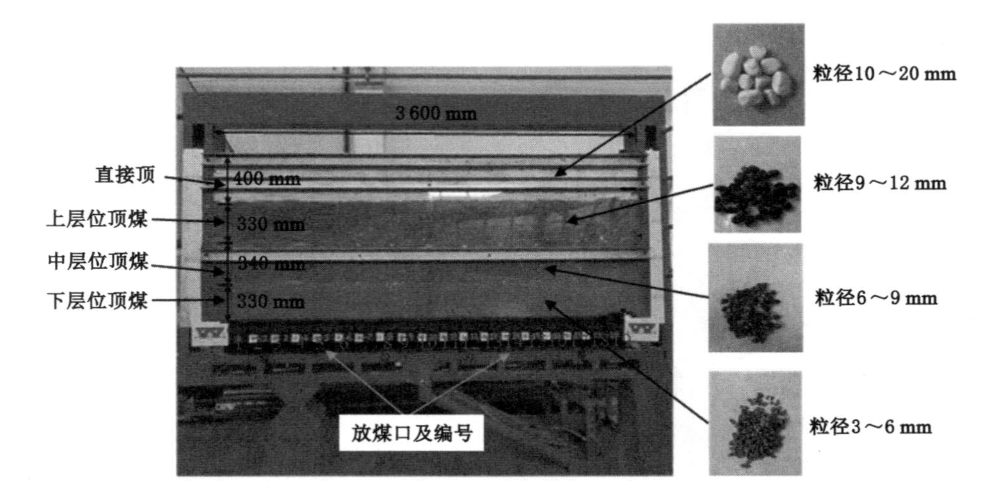

图 4-21　相似模拟试验模型铺设实物图

态及遗煤特征。放煤顺序如表 4-2 所示。

表 4-2　相似模拟试验放煤顺序

放煤顺序	放煤口	放煤口大小/mm
第一次	6#、14#	175
第二次	2#、10#、18#	175
第三次	3#、5#、8#、12#、16#、4#、7#、9#、11#、13#、15#、17#、19#、1#	175

（3）试验过程及结果

试验台 19 个放煤口模拟装置按照表 4-2 分 3 次完成放煤过程，放煤过程中试验平台煤岩分界面演化过程如图 4-22～图 4-24 所示，具体放煤过程及结果如下。

第一次放煤依次打开 6#、14# 放煤口，顶煤和直接顶的煤岩分界面运移演化过程如图 4-22 所示。6# 放煤口形成的煤岩分界面近似为以放煤口为中心对称的"V"形漏斗，"V"形可看作上、下两个部分，下部煤岩分界面近似直线段，上部煤岩分界面为曲线段。下部煤岩分界面两个直线段形成的角度称为放煤漏斗"V"形角度；在上部煤岩分界面曲线段中，煤岩分界面形成的放煤漏斗最大宽度简称为"V"形宽度。由试验的结果可知：6# 放煤口放煤漏斗"V"形角度约为 35°，"V"形宽度为 890 mm，"V"形直线段高度约为 858 mm，"V"型曲线段高度

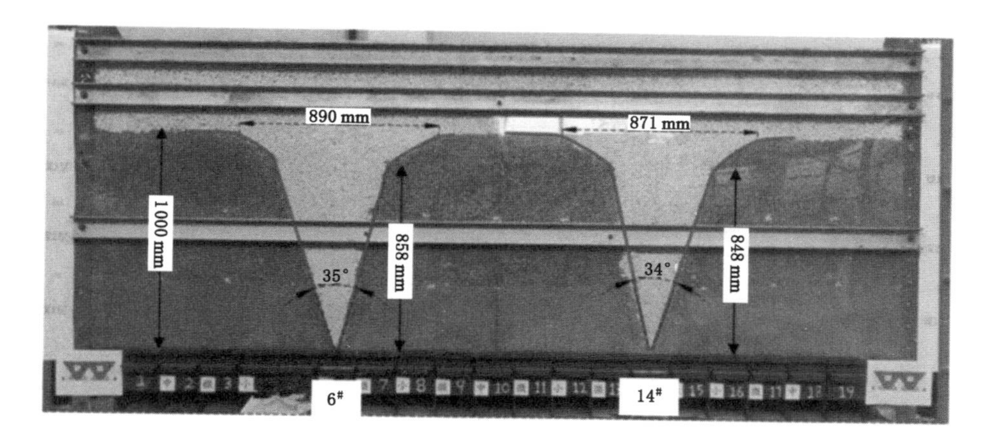

图 4-22 第一次放煤煤岩分界面形态

为 142 mm；14# 放煤口上方煤岩分界面形态与 6# 放煤口相似，其中"V"形角度约为 34°，"V"形宽度为 871 mm，"V"形直线段高度为 848 mm，"V"形曲线段高度为 152 mm。总之，6#、14# 放煤口形成的"V"形宽度平均为 881 mm，半径为 441 mm，与理论推导的放煤漏斗半径 448 mm 结果相近，验证了煤岩分界面特征理论推导的正确性。6#、14# 放煤口形成的"V"形角度平均为 34.5°。

第二次 2#、10#、18# 放煤口进行放煤，煤岩分界面运移演化过程如图 4-23 所示。由图可知，2#、10#、18# 放煤口放煤形成的煤岩分界面同样为"V"形漏斗，其形态与 6#、14# 放煤口形成的漏斗有一定的差异，原因在于 2#、10#、18# 放煤口放煤前受到 6#、14# 放煤口放煤的影响，初始放煤边界条件发生了变化。从试验的结果可知：2# 放煤口放煤漏斗"V"形角度约为 36°，"V"形宽度为 685 mm；10# 放煤口放煤漏斗"V"形角度约为 37°，"V"形宽度为 737 mm；18# 放煤口放煤漏斗"V"形角度约为 36°，"V"形宽度为 694 mm。2#、10#、18# 放煤口形成的"V"形宽度平均为 705 mm，"V"形角度平均为 36.3°。

第三次放煤按照表 4-2 放煤顺序依次放煤，最终放煤结束后煤岩分界面特征及遗煤形态如图 4-24 所示，可以看出每个放煤口之间遗留的煤体形态和遗煤量不同，遗煤形态以三角形为主，与理论分析的结果一致。

(4) 数值模拟对比试验

建立数值阻尼分别为 0.01、0.03、0.07、0.11、0.15 条件下的单口放煤模型，如图 4-25 所示，数值模型的尺寸、颗粒大小及布置与相似模拟试验相同，放煤口放煤分 3 次完成，第一次 1#、9#、17#、25# 放煤口间隔 7 架宽度依次放煤，该 4 个

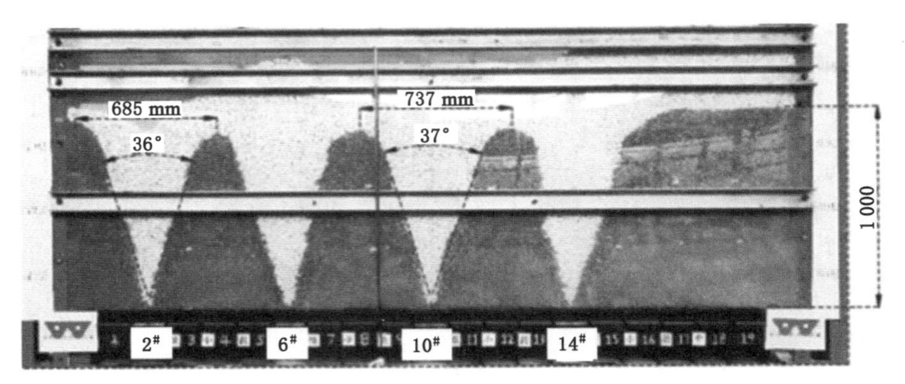

(a) 2#、10#放煤口放煤结束

(b) 18#放煤口放煤结束

图 4-23　第二次放煤煤岩分界面形态

图 4-24　第三次放煤煤岩分界面特征及残煤形态

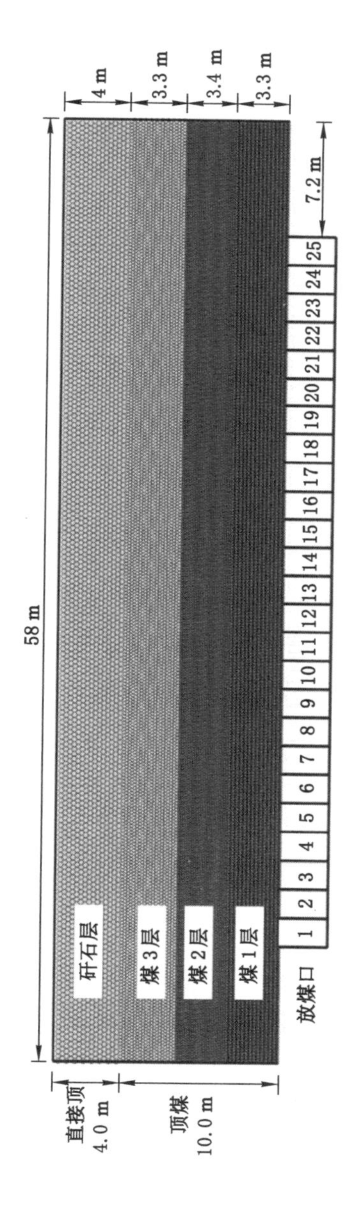

图 4-25 数值模拟模型图

放煤口煤岩运移互不影响，第二次 5#、13#、21# 放煤口放煤，第三次剩余放煤口依次放完，放煤顺序如表 4-3 所示。

表 4-3　数值模拟对比试验放煤顺序

放煤顺序	放煤口
第一次	1#、9#、17#、25#
第二次	5#、13#、21#
第三次	剩余放煤口依次放完

① 第一次放煤结果分析

第一次放煤结果如图 4-26 所示，1#、9#、17#、25# 放煤口依次放煤，煤岩分界线形成近似为以放煤口为中心对称的"V"形漏斗，"V"形分上部和下部，上部煤岩分界线近似曲线，下部近似直线。从模拟结果来看，在其他参数相同的条件下，数值阻尼越大，"V"形角度越小，"V"形宽度越窄。

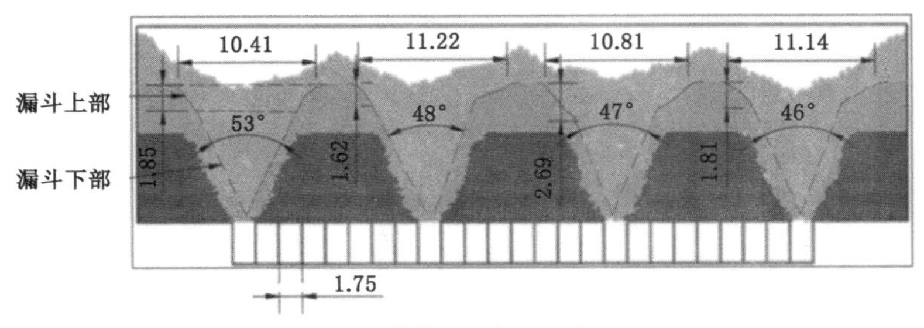

(a) 数值阻尼为 0.01 时

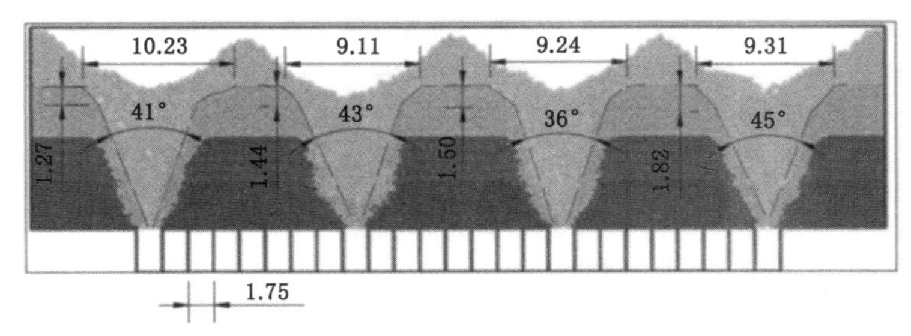

(b) 数值阻尼为 0.03 时

图 4-26　不同阻尼条件下第一次放煤结束后煤岩分布形态

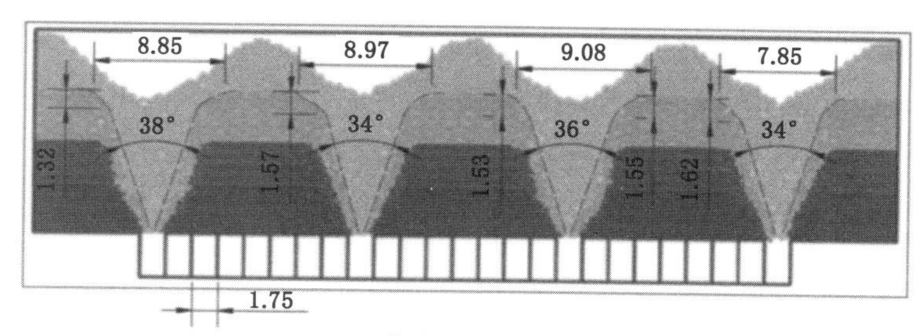

(c) 数值阻尼为 0.07 时

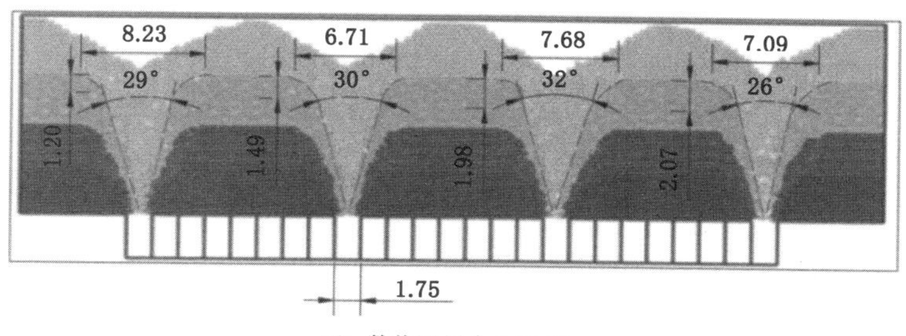

(d) 数值阻尼为 0.11 时

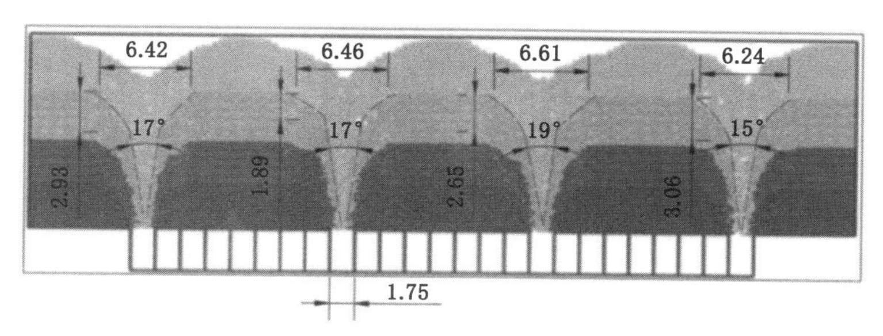

(e) 数值阻尼为 0.15 时

图 4-26 (续)

数值阻尼为 0.01 时,“V”形角度平均为 48.50°,漏斗宽度平均为 10.90 m;数值阻尼为 0.03 时,“V”形角度有所减小,平均为 41.25°,漏斗宽度平均为 9.47 m;数值阻尼为 0.07 时,“V”形角度平均值减小至 35.50°,“V”形宽度平均值也减小至 8.69 m;数值阻尼分别为 0.11、0.15 时,“V”形角度平均值分别为 29.25°、17.00°,放煤漏斗宽度平均值分别为7.43 m、6.43 m。第一次放煤时煤岩分界面特征表如表 4-4 所示。

表 4-4　第一次放煤时煤岩分界面特征表

数值阻尼值	支架号	“V”形角度/(°)	“V”形平均角度/(°)	“V”形宽度/m	“V”形平均宽度/m
0.01	1#	53	48.50	10.41	10.90
	9#	48		11.22	
	17#	47		10.81	
	25#	46		11.14	
0.03	1#	41	41.25	10.23	9.47
	9#	43		9.11	
	17#	36		9.24	
	25#	45		9.31	
0.07	1#	38	35.50	8.85	8.69
	9#	34		8.97	
	17#	36		9.08	
	25#	34		7.85	
0.11	1#	29	29.25	8.23	7.43
	9#	30		6.71	
	17#	32		7.68	
	25#	26		7.09	
0.15	1#	17	17.00	6.42	6.43
	9#	17		6.46	
	17#	19		6.61	
	25#	15		6.24	

② 第二次放煤结果分析

第二次放煤结果如图 4-27 所示，5#、13#、21# 放煤口依次放煤，煤岩分界面同样形成“V”形漏斗。随着数值阻尼的增大，“V”形放煤漏斗角度逐渐减小。数值阻尼为 0.01 和 0.03 时，第二次放煤形成的漏斗为较不规则“V”形，角度在 64°和 57°左右；数值阻尼为 0.07 时，第二次放煤口形成规则的“V”形放煤漏斗，“V”形角度约为 43°；数值阻尼为 0.11 时，放煤漏斗为较不规则的“V”形，“V”形角度约为 31°；数值阻尼为 0.15 时，形成的“V”形角度平均为 10°。不同数值阻尼时形成的“V”形宽度也有所不同，数值阻尼分别为 0.01、0.03、0.07、0.11、0.15 时，“V”形宽度平均分别为 6.88 m、6.72 m、7.15 m、7.74 m 和 7.88 m，详细如表 4-5 所示。

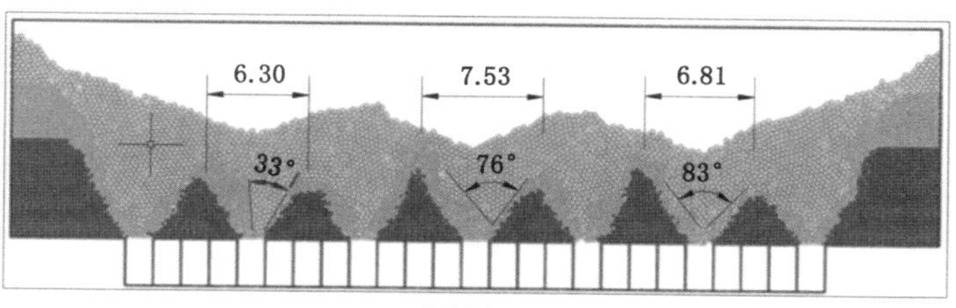

(a) 阻尼为0.01时

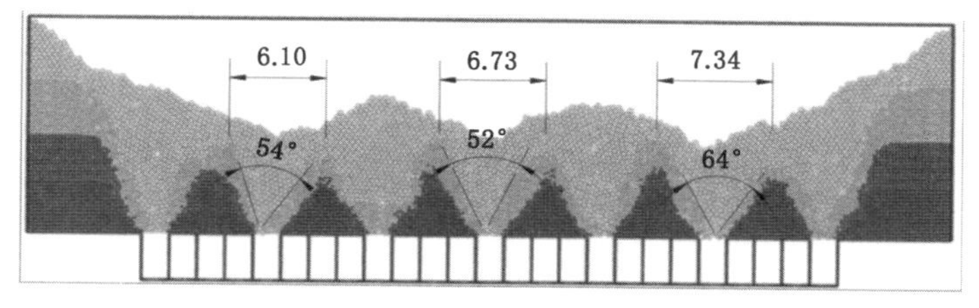

(b) 阻尼为0.03时

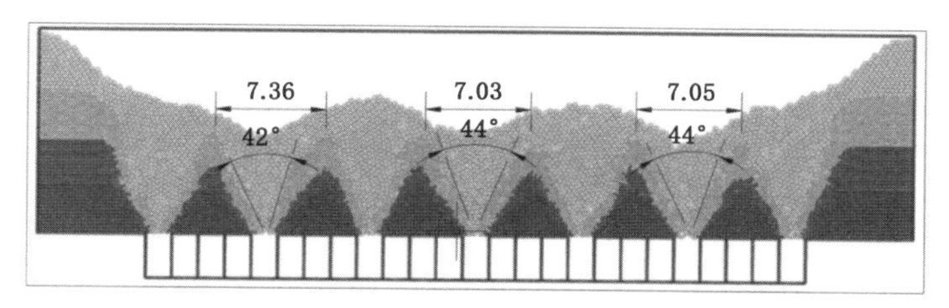

(c) 阻尼为0.07时

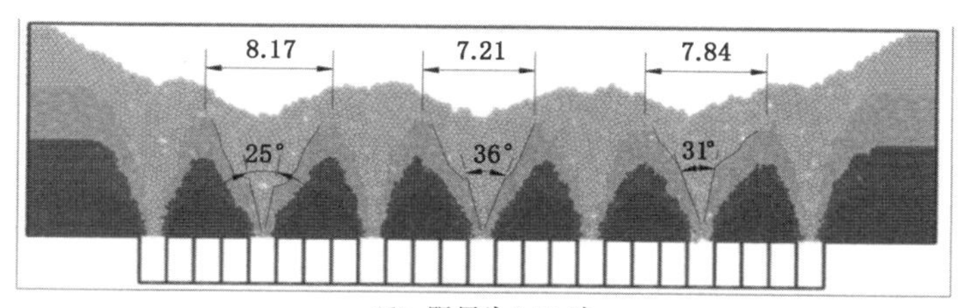

(d) 阻尼为0.11时

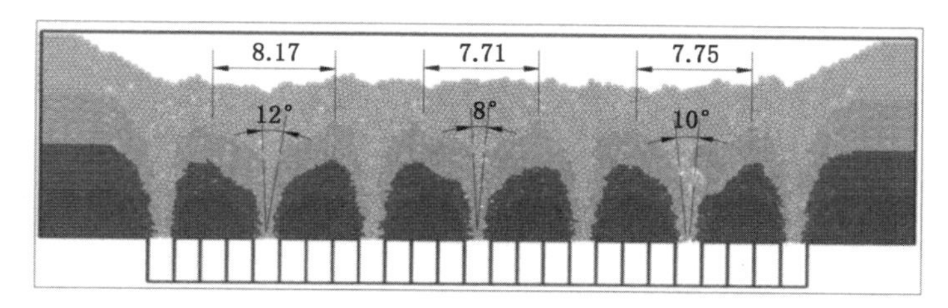

(e) 阻尼为0.15时

图 4-27　不同阻尼条件下第二次放煤结束后煤岩分布形态

表 4-5 第二次放煤时煤岩分界面特征表

数值阻尼值	支架号	“V”形角度/(°)	“V”形平均角度/(°)	“V”形宽度/m	“V”形平均宽度/m
0.01	5#	33	64	6.30	6.88
	13#	76		7.53	
	21#	83		6.81	
0.03	5#	54	57	6.10	6.72
	13#	52		6.73	
	21#	64		7.34	
0.07	5#	42	43	7.36	7.15
	13#	44		7.03	
	21#	44		7.05	
0.11	5#	25	31	8.17	7.74
	13#	36		7.21	
	21#	31		7.84	
0.15	5#	12	10	8.17	7.88
	13#	8		7.71	
	21#	10		7.75	

③ 第三次放煤结果分析

如图 4-28 所示，第三次放煤结束后，不同数值阻尼条件下顶煤放出的量、遗留煤体的量以及遗煤的形态均存在不同，数值阻尼越小，顶煤放出量越多，遗留的煤体越少，数值阻尼越大，煤体颗粒越不容易放出，说明数值阻尼对顶煤放出体发育、煤岩运移规律、顶煤放出量等有直接影响。

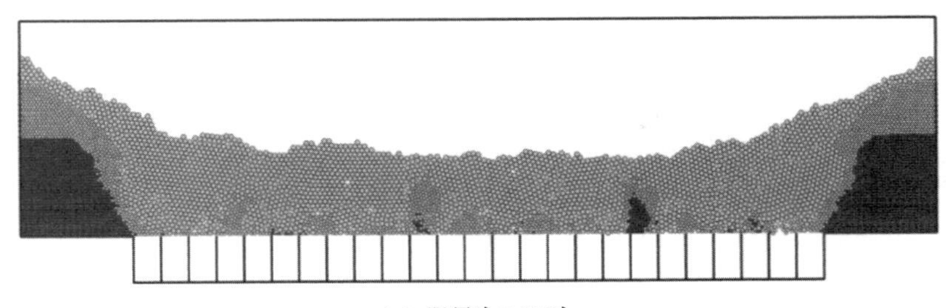

(a) 阻尼为0.01时

图 4-28 不同阻尼条件下第三次放煤结束后煤岩分布形态

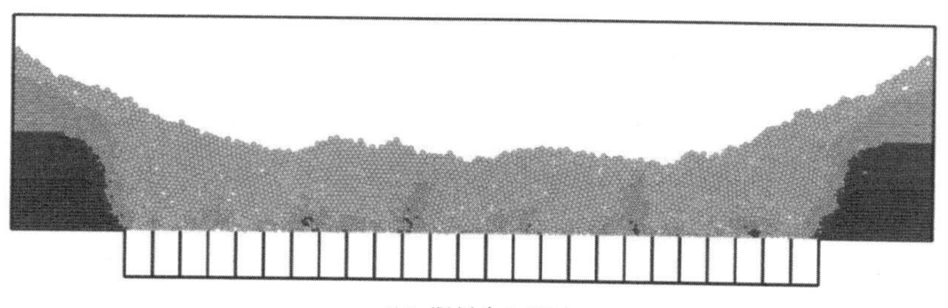

(b) 阻尼为0.03时

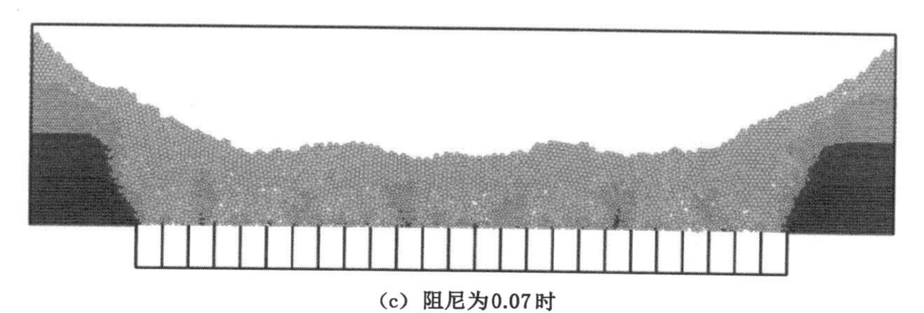

(c) 阻尼为0.07时

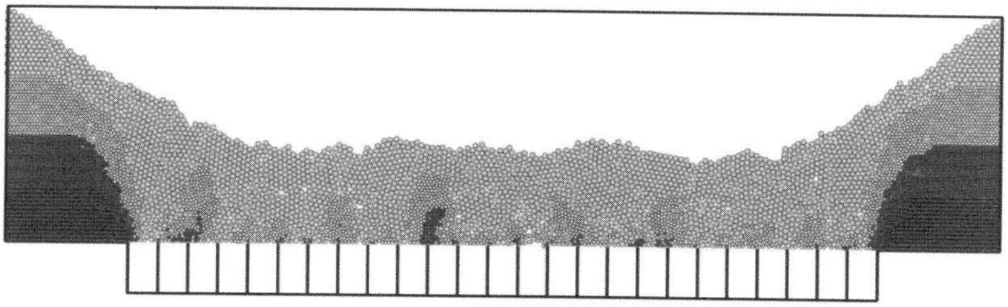

(d) 阻尼为0.11时

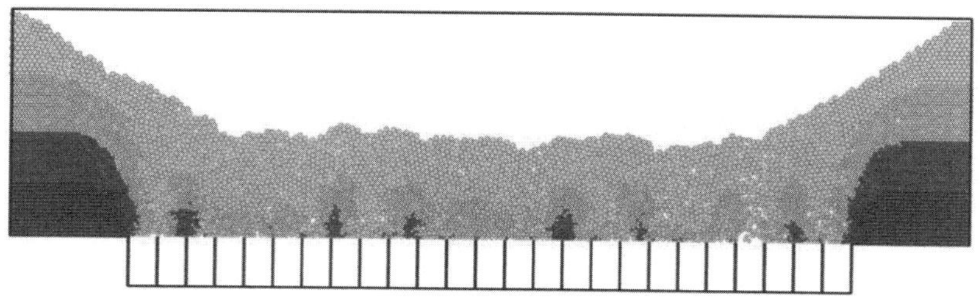

(e) 阻尼为0.15时

图 4-28 （续）

4.5.2.2 数值阻尼确定方法

为了准确描述、比较相似模拟试验和数值模拟试验放煤后煤岩运移形态，需要提取放煤后煤岩分界面特征参数。在第一次和第二次放煤后，煤岩分界线形成“V”形漏斗，“V”形煤岩分界面可近似为直线的下部和曲线的上部，第一次放煤、第二次放煤可通过“V”形角度、“V”形宽度等参数进行表述。由于第三次放煤后所剩煤体较少，放煤漏斗不规则，提取特征参数困难，故不予考虑。

第一次放煤后相似模拟试验和数值模拟试验形成放煤漏斗的相似程度 $X_{1,\alpha}$ 可以用下式表示：

$$X_{1,\alpha}=[(1-\theta_{1,0}/\theta_{1,\alpha})^2+(1-B_{1,0}/B_{1,\alpha})^2]/2 \tag{4-42}$$

式中：$\theta_{1,0}$、$\theta_{1,\alpha}$ 分别为第一次放煤相似模拟试验、数值模拟试验“V”形平均角度，(°)；$B_{1,0}$、$B_{1,\alpha}$ 分别为第一次放煤相似模拟试验、数值模拟试验“V”形宽度，m；数值阻尼可取值 0.01、0.03、0.07、0.11、0.15。

第二次放煤后相似模拟试验和数值模拟试验相似程度 $Y_{2,\alpha}$ 可以用下式表示：

$$Y_{2,\alpha}=[(1-\theta_{2,0}/\theta_{2,\alpha})^2+(1-B_{2,0}/B_{2,\alpha})^2]/2 \tag{4-43}$$

式中：$\theta_{2,0}$、$\theta_{2,\alpha}$ 分别为第二次相似模拟试验、数值模拟试验“V”形平均角度，(°)；$B_{2,0}$、$B_{2,\alpha}$ 分别为第二次相似模拟试验、数值模拟试验“V”形宽度，m。

最后可通过下式确定合理的数值阻尼参数值：

$$\alpha=\{\alpha \mid S(\alpha)=\min S_\alpha\} \tag{4-44}$$

其中 S_α 可表示如下：

$$S_\alpha=(X_{1,\alpha}+Y_{2,\alpha})/2 \tag{4-45}$$

图 4-29 为第一次放煤时不同数值阻尼下的放煤漏斗特征和相似模拟结果。数值模拟结果中，数值阻尼对放煤所形成的漏斗特征有影响，随着数值阻尼的增大，“V”形角度和“V”形宽度均逐渐减小。相似模拟试验中，“V”形角度平均为 34.5°，宽度平均为 8.81 m。数值模拟中：数值阻尼为 0.01 时，“V”形角度平均为 48.50°，宽度平均为 10.90 m；数值阻尼为 0.03 时，“V”形角度平均为 41.25°，宽度平均为 9.47 m；数值阻尼为 0.07 时，“V”形角度平均为 35.50°，宽度平均为 8.69 m；数值阻尼为 0.11 时，“V”形角度平均为 29.25°，宽度平均为 7.43 m；数值阻尼为 0.15 时，“V”形角度平均为 17.00°，宽度平均为 6.43 m。根据第一次放煤相似度公式可得：$X_{1,0.01}=0.060\ 0$、$X_{1,0.03}=0.015\ 8$、$X_{1,0.07}=0.000\ 5$、$X_{1,0.11}=0.033\ 4$、$X_{1,0.15}=0.598\ 3$。从结果对比可知，第一次放煤数值阻尼为 0.07 时，数值模拟结果和相似模拟结果最为相近。

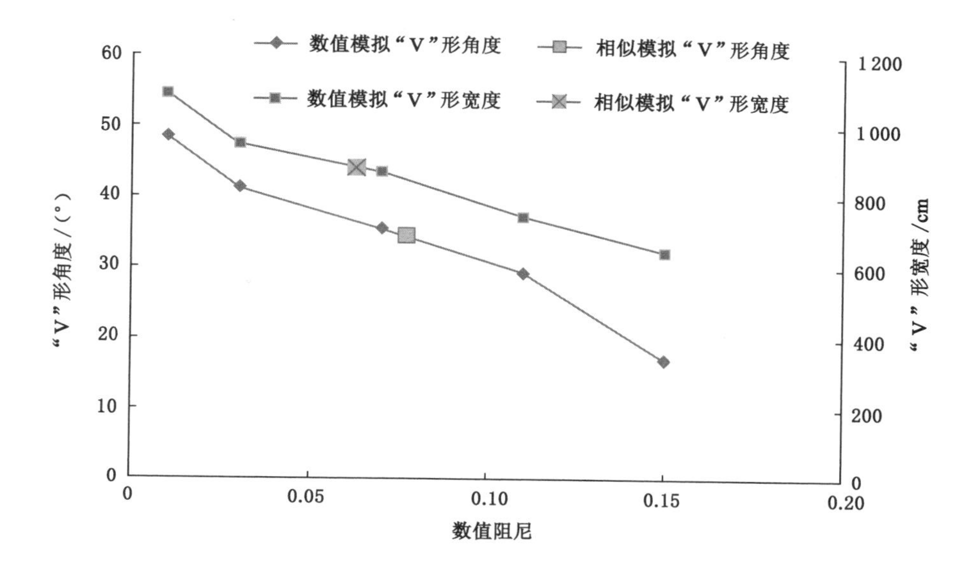

图 4-29 第一次放煤时不同数值阻尼下的放煤漏斗特征和相似模拟结果

第二次放煤时数值模拟和相似模拟结果如图 4-30 所示。相似模拟试验中，"V"形角度平均为 37°，宽度平均为 7.05 m。数值模拟中：数值阻尼为 0.01 时，"V"形角度平均为 64°，宽度平均为 6.88 m；数值阻尼为 0.03 时，"V"形角度平均为 57°，宽度平均为 6.72 m；数值阻尼为 0.07 时，"V"形角度平均为 43°，宽度平均为 7.15 m；数值阻尼为 0.11 时，"V"形角度平均为 31°，宽度平均为 7.74 m；数值阻尼为 0.15 时，"V"形角度平均为 10°，宽度平均为 7.88 m。根据第二次放煤相似度公式可得：$Y_{2,0.01}=0.089\ 3$、$Y_{2,0.03}=0.061\ 4$、$Y_{2,0.07}=0.010\ 8$、$Y_{2,0.11}=0.025\ 3$、$Y_{2,0.15}=3.650\ 5$。从第二次放煤结果相似度公式可知，数值阻尼为 0.07 时，数值模拟结果和相似模拟结果相近。

不同数值阻尼时可得，$S_{0.01}=0.074\ 7$、$S_{0.03}=0.038\ 6$、$S_{0.07}=0.005\ 7$、$S_{0.011}=0.029\ 4$、$S_{0.15}=2.124\ 4$。从综合指标结果可知 $S_{0.07}=0.005\ 7$ 为最小值，则对应数值阻尼 0.07 为最优值。

4.5.2.3 走向方向顶煤放出相似模拟和数值模拟结果对比

特厚煤层走向方向放煤物理模拟平台由河南理工大学研制，如图 4-31 所示，该试验平台由顶煤放置箱体和放煤控制系统构成，可实现二维和三维几何比例 1∶10走向方向顶煤放出的物理模拟。试验平台放煤系统总高度为 3 500 mm，其

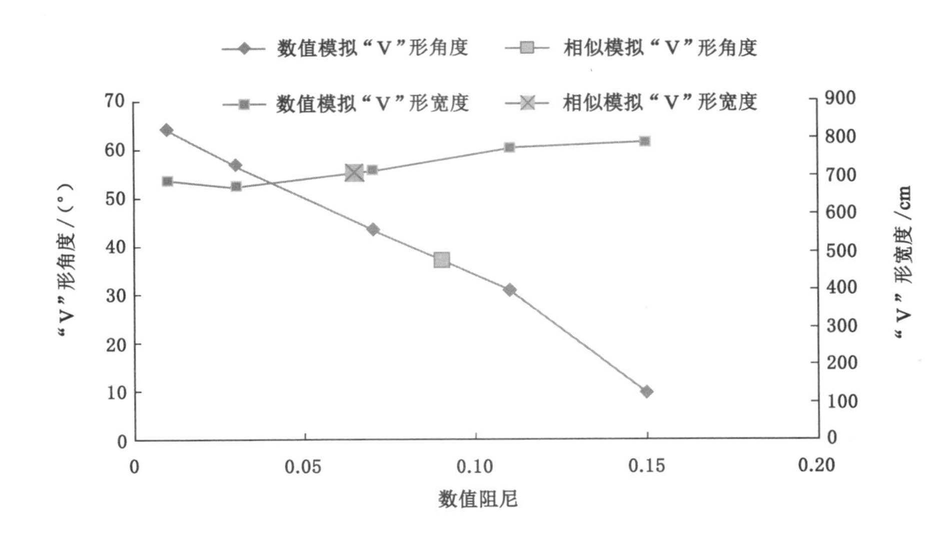

图 4-30　第二次放煤时不同数值阻尼下的放煤漏斗特征和相似模拟结果

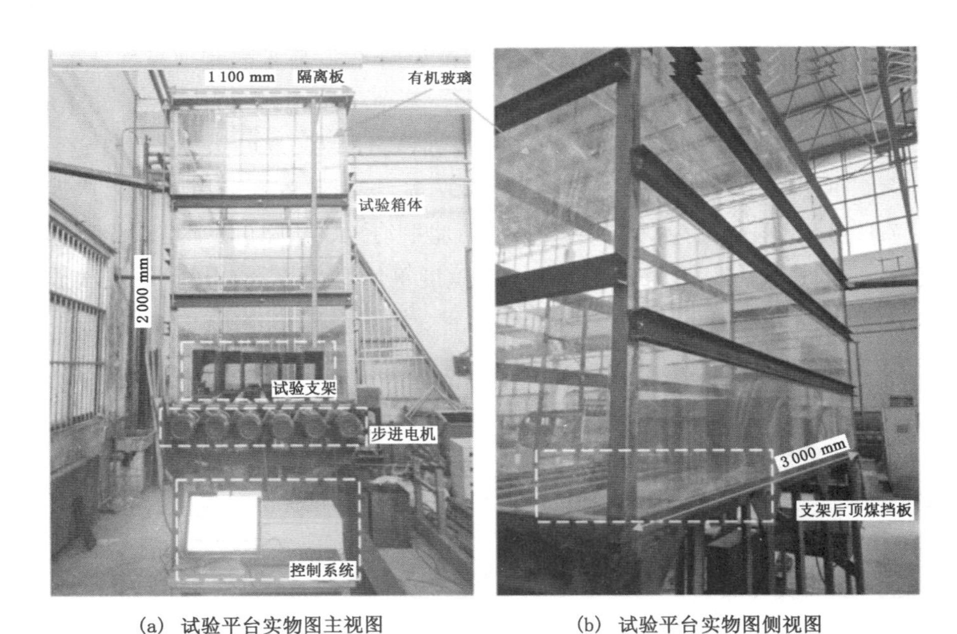

(a) 试验平台实物图主视图　　(b) 试验平台实物图侧视图

图 4-31　走向方向 1∶10 放煤物理模拟平台

中平台试验箱体内部尺寸为:长×宽×高=3 000 mm×1 100 mm×2 000 mm,试验支架高 350 mm,宽 175 mm,共有 6 架。试验支架内部安装有推杆,推杆尾端安装有插板,PLC 控制系统通过控制推杆带动插板的伸缩来模拟支架放煤口的开闭,当推杆收缩时插板收回,放煤口打开,反之放煤口关闭,如图 4-32 所示,放煤口打开后上覆顶煤材料由放煤口放出,收集放出的顶煤材料并称量。

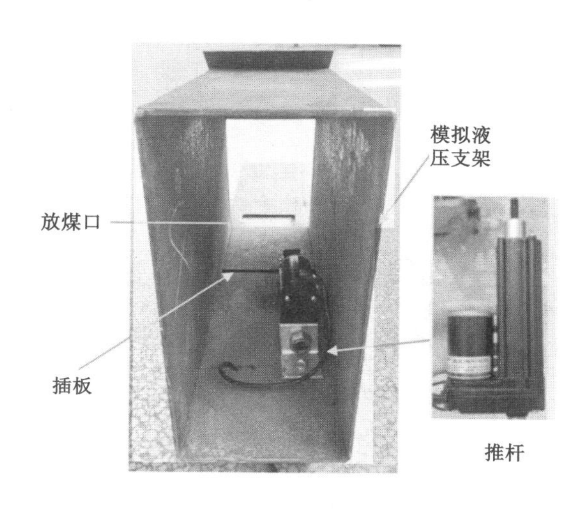

图 4-32 液压支架及放煤口装置

本次试验只涉及二维走向方向顶煤运移规律的研究,故需要在试验架子上安装隔离板,侧视图和俯视图如图 4-33 所示。试验平台顶煤共铺设 1.0 m,其中铺设 3 层粒径不同的黑色砾石模拟特厚煤层顶煤不同破碎程度,每层砾石厚度为 330 mm,自下而上分别为第一层粒径 3~6 mm、第二层粒径 6~9 mm、第三层粒径 9~12 mm。在铺设煤层时,水平方向、垂直方向每隔 50 mm 安置一个标志点,每个标志点标上不同的编号,以为后期顶煤放出体反演提供依据。标志点共铺设 22 层,共计 360 个标志点,标志点编号及安置位置如表 4-6 和图 4-34 所示。同时为了更好更直观地观测顶煤运移及煤岩运动特征,自下而上每 100 mm 铺设 3~6 mm 粒径白色砾石作为观察颗粒运移过程的标志层,顶煤上部铺设 400 mm 厚的 20~30 mm 粒径红色砾石模拟直接顶。

(a) 侧视图　　(b) 俯视图

图 4-33　模型侧视图及俯视图

表 4-6　标志点编号及布置情况

层数	标志点布置	标志点编号	标志点数/个	说明
第 1 层	沿支架推进方向编号由小到大	F1-1、F1-2、…、F1-8	8	FN-1 含义为：N 表示第 N 层，1 表示第 1 列，如 F9-16 表示第 9 层第 16 列
第 2 层		F2-1、F2-2、…、F2-8	8	
第 3 层		F3-1、F3-2、…、F3-8	8	
第 4 层		F4-1、F4-2、…、F4-8	8	
第 5 层		F5-1、F5-2、…、F5-8	8	
第 6 层		F6-1、F6-2、…、F6-9	9	
第 7 层		F7-1、F7-2、…、F7-11	11	
第 8 层		F8-1、F8-2、…、F8-20	20	
……		……	……	
第 N 层		FN-1、FN-2、…、FN-20	20	
……		……	……	
第 22 层		F22-1、F22-2、…、F22-20	20	
合计			360	

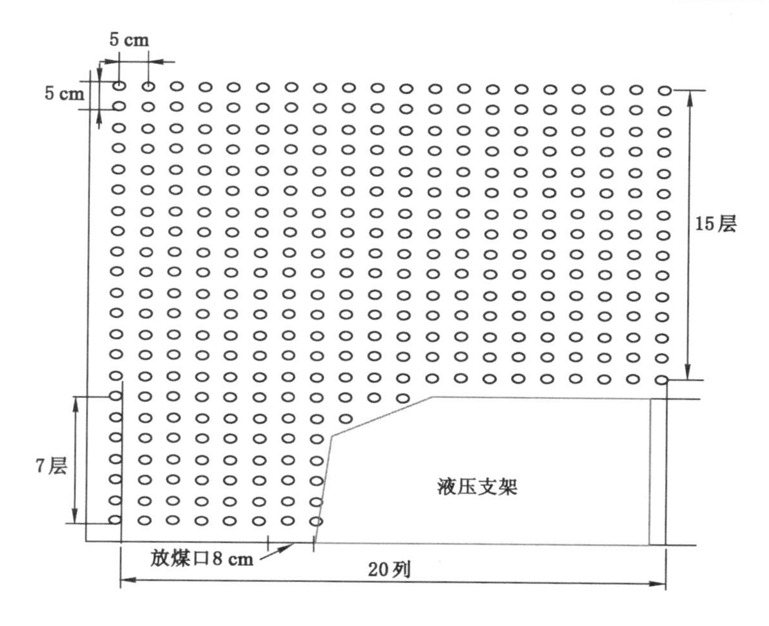

图 4-34 标志点布置示意图

为了消除边界效应，提前将支架移动到 500 mm 处，铺设好的初始模型如图 4-35 所示。利用 PLC 控制系统通过控制推杆打开插板，此时开始放煤，记录标志点掉落的时间和编号；直接顶矸石移动至放煤口时，再次利用 PLC 控制系统反向旋转电机，推动插板，关闭放煤口。

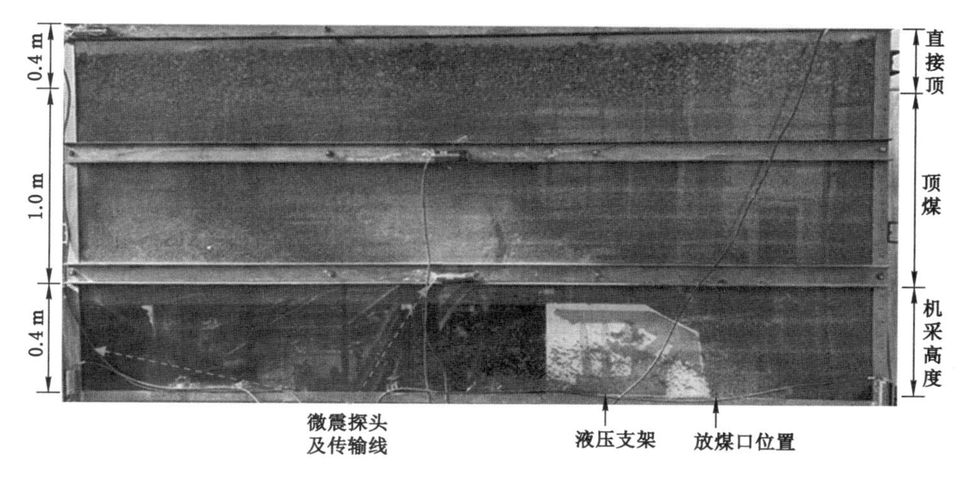

图 4-35 铺设的初始模型

放煤口被打开后，放煤口上方的散体颗粒被放出，提前布置的标志点按照一定顺序被放出，标志点被放出顺序如表 4-7 所示，标志层自下而上依次向下移动，下部的标志层最大下沉值大于上层位的标志层。图 4-36 中最下部的两层标志层下沉不够明显，其原因是放煤口与玻璃板之间有一定尺寸的钢板，存在边界效应的影响，第三层以上的标志层自下而上，最大下沉值依次减小。当煤岩分界面开始下沉时，距放煤口处最近放出的标志点为 F11-7，说明散体颗粒被放出形成的松散体由放煤口发育至煤岩分界面处时，即松散高度为 1.4 m 时，放出椭球体发育高度为 0.55 m，与理论计算结果 0.569 m 相近。煤岩分界面下沉600 mm 时，煤岩分界面已形成比较明显的“V”形漏斗，如图 4-37 所示，继续打开放煤口，直至模拟散体顶煤被放出结束，直接顶矸石到达放煤口，关闭放煤口，此时，煤岩分界面形成的“V”形漏斗不以放煤口为中心完全对称，如图 4-38 所示，“V”形漏斗最下部角度约为 29°，与倾向方向放煤时形成的“V”形漏斗角度略有差别，这是受支架影响的缘故，“V”形漏斗的宽度为 751 mm，小于倾向方向放煤时形成的“V”形漏斗宽度。

表 4-7　标志点被放出顺序

标志点被放出顺序	被放出的标志点编号	标志点被放出顺序	被放出的标志点编号	标志点被放出顺序	被放出的标志点编号	标志点被放出顺序	被放出的标志点编号
1	F1-7	15	F8-7	29	F11-8	43	F12-9
2	F2-7	16	F5-6	30	F11-7	44	F13-6
3	F3-7	17	F3-6	31	F9-9	45	F14-7
4	F4-7	18	F6-6	32	F2-6	46	F13-9
5	F4-8	19	F9-7	33	F6-9	47	F14-8
6	F5-7	20	F9-8	34	F11-6	48	F15-7
7	F3-8	21	F4-6	35	F10-9	49	F14-6
8	F5-8	22	F8-9	36	F12-7	50	F15-8
9	F6-7	23	F9-6	37	F12-8	51	F9-5
10	F2-8	24	F7-9	38	F10-6	52	F10-5
11	F6-8	25	F7-6	39	F11-9	53	F14-6
12	F7-7	26	F8-6	40	F12-6	54	F11-5
13	F7-8	27	F10-7	41	F13-7	55	F13-5
14	F8-8	28	F10-8	42	F13-8	56	F15-6

表 4-7(续)

标志点被放出顺序	被放出的标志点编号	标志点被放出顺序	被放出的标志点编号	标志点被放出顺序	被放出的标志点编号	标志点被放出顺序	被放出的标志点编号
57	F15-9	72	F17-9	87	F17-10	102	F14-4
58	F8-5	73	F18-7	88	F19-9	103	F19-10
59	F16-7	74	F18-8	89	F18-5	104	F22-7
60	F11-10	75	F6-5	90	F20-7	105	F11-4
61	F16-8	76	F16-5	91	F20-8	106	F22-6
62	F12-10	77	F14-10	92	F20-6	107	F13-4
63	F14-5	78	F15-10	93	F19-5	108	F22-8
64	F16-6	79	F18-6	94	F21-7	109	F21-8
65	F13-10	80	F17-5	95	F21-6	110	F9-10
66	F17-7	81	F19-7	96	F15-4	111	F5-5
67	F16-9	82	F18-9	97	F20-5	112	F21-5
68	F17-8	83	F16-10	98	F20-9	113	F21-9
69	F7-5	84	F19-8	99	F1-8	114	F22-9
70	F15-5	85	F10-10	100	F18-10	115	见矸
71	F17-6	86	F19-6	101	F16-4		

图 4-36　煤岩分界线始动时刻

图 4-37　煤岩分界线下沉 600 mm 时

图 4-38　见矸放煤结束时

由图 4-39 可知，通过对相似模拟试验中被放出的标志性颗粒进行反演，被放出的煤体颗粒近似为椭球体，且非对称，放出体前部被放出的量大于放出体后部被放出的量，这是因为放煤口两侧边界条件不同，即液压支架的存在影响了两侧煤的放出，也就是说放煤口一侧是金属支架，另一侧是煤体颗粒，液压支架金属材料与煤体的摩擦系数小于另一侧煤体之间的摩擦系数，导致液压支架上方的煤体更容易被放出，最终导致放出体前方放出的煤量较大。该试验结果与王家臣团队研究的"切割变异椭球体"理论结果一致，如图 4-40 所示，验证了本次相似模拟试验的可靠性。

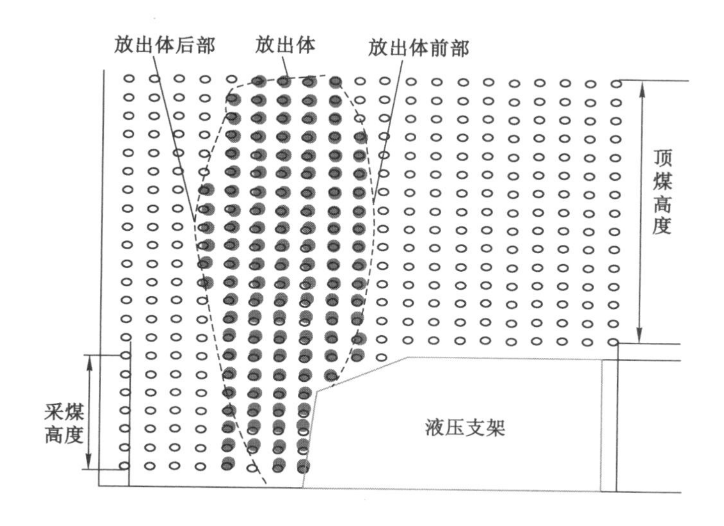

图 4-39 放出体反演示意图

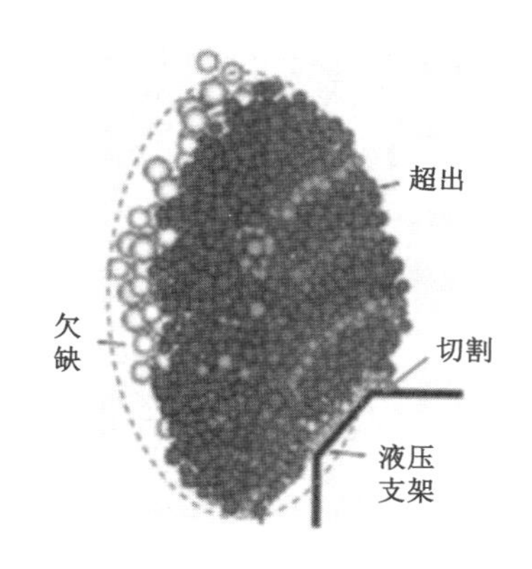

图 4-40 "切割变异椭球体"理论[96]

通过建立的 CDEM 走向方向数值模型，设置不同数值阻尼（数值阻尼分别为 0、0.07、0.15），模拟顶煤走向方向上煤岩运动规律，与相似模拟结果进行比较。不同数值阻尼下走向煤岩运移规律结果见图 4-41，从模拟结果可知：数值阻尼为 0 时，放煤漏斗角度为 47°，煤岩分界面放煤漏斗宽度为 10.94 m；数值阻尼为 0.07 时，放煤漏斗角度为 30°，煤岩分界面放煤漏斗宽度为 7.69 m；数值阻尼为 0.15 时，放煤漏斗角度为 24°，煤岩分界面放煤漏斗宽度为 5.43 m。

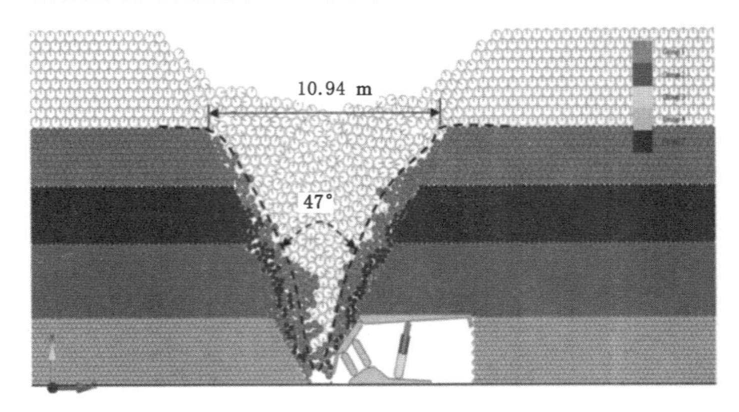

(a) 数值阻尼为 0 时

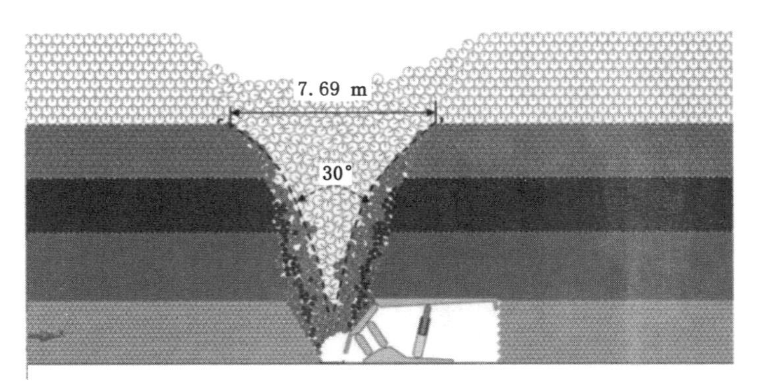

(b) 数值阻尼为 0.07 时

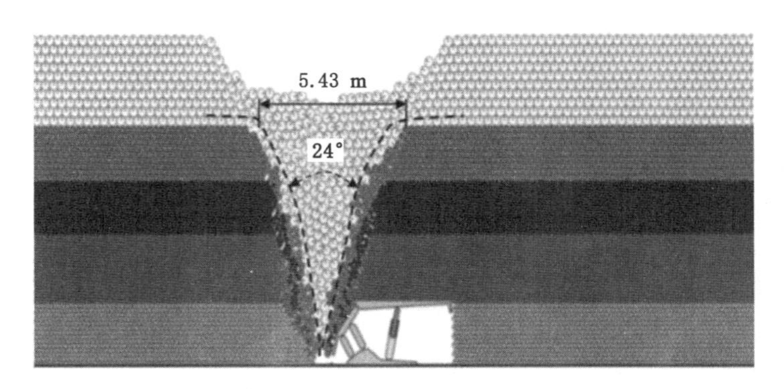

(c) 数值阻尼为 0.15 时

图 4-41　不同数值阻尼下走向煤岩运移规律

根据数值阻尼确定公式(4-44)可得,$S_0=0.122\ 4$、$S_{0.07}=0.000\ 8$、$S_{0.15}=0.095\ 0$,故可知:$S_{0.07}<S_{0.15}<S_0$,则对应数值阻尼0.07为最优值。因此从走向方向煤岩运移特征验证了数值阻尼为0.07时CDEM模拟顶煤放出的可靠性。

4.6 多口协同放煤顶煤放出规律

在矿井原有单轮单口放煤工艺研究的基础上,对多口协同放煤工艺进行深入研究,即群组两口放煤、群组三口放煤、群组三口过量放煤(允许一定的含矸率)、两轮两口放煤及三轮三口放煤,研究不同放煤工艺条件下顶煤运移规律以及放出率、含矸率和放煤时步,为不同放煤工艺优选提供基础数据。

4.6.1 单轮单口放煤顶煤放出特征分析

综放面单轮单口依次顺序放煤时,由于放煤结束条件为"见矸关门",每个放煤口顶煤放出体不同,每个支架放煤结束后煤岩分界线形态及移动幅度不同,存在周期性,顶煤遗留在采空区的煤量也存在周期性的变化,如图4-42所示。由于顶煤厚度较大,除1# 支架放煤口初次见到的矸石为直接顶外,其余支架放煤口初次见到的矸石均为上一支架放煤结束后充填的矸石,这导致支架上方的顶煤未能全部放完,本支架放煤提前结束,总体遗漏在采空区的煤损较大,遗煤量较大的脊背煤损方向与工作面放煤方向相反,残留的小面积煤损形态近似为三角形。

顶煤回收率是工作面顶煤被放出的量与总顶煤量的比值。本模型顶煤回收率是放出顶煤面积与顶煤总面积的比值,顶煤总面积如图4-43所示区域,模型两端各20 m作为边界不放煤,中间为工作面放煤区域,统计中间放煤区域内顶煤放出面积与顶煤区域总面积的比值,即为工作面顶煤回收率。各个支架放出量可通过模型放煤前面积与放煤结束后面积之差求得,也可通过打印放出顶煤的面积求得。本次单轮单口放煤工艺模型共计算3 364 190时步,各支架顶煤放出量如图4-44所示,顶煤回收率为61.23%,工作面总回收率为72.35%,模型放煤口关闭条件为"见矸关门",顶煤回收也存在少量矸石,含矸率为0.5%。各个放煤口放煤量不同、波动较大,第一放煤口放煤量最大,这是因为第一放煤口放出体发育最大,其余放煤口放煤量参差不齐,1# ~68# 放煤口放煤量均方差为3.79。

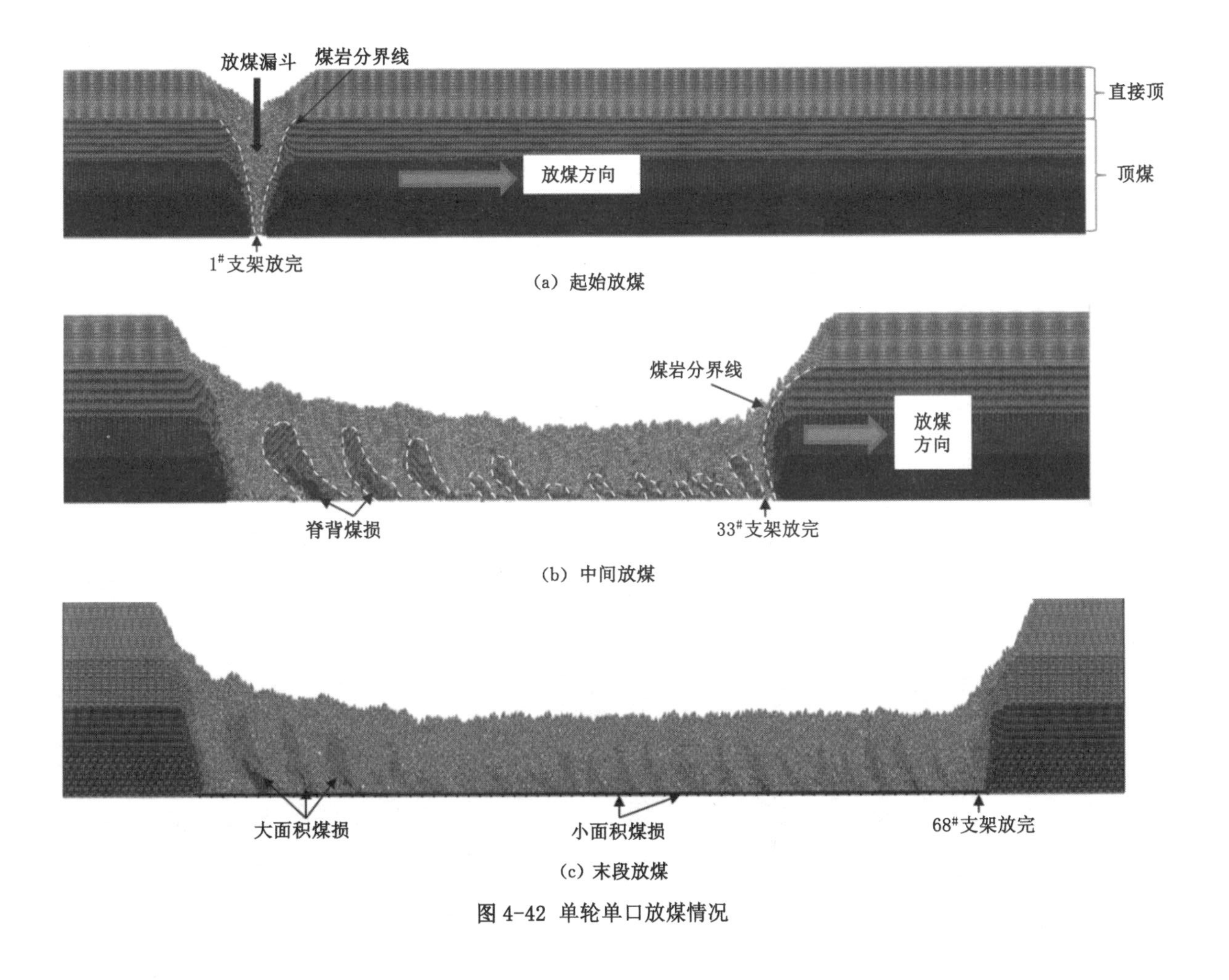

(a) 起始放煤

(b) 中间放煤

(c) 末段放煤

图 4-42 单轮单口放煤情况

图 4-43　顶煤回收率计算示意图

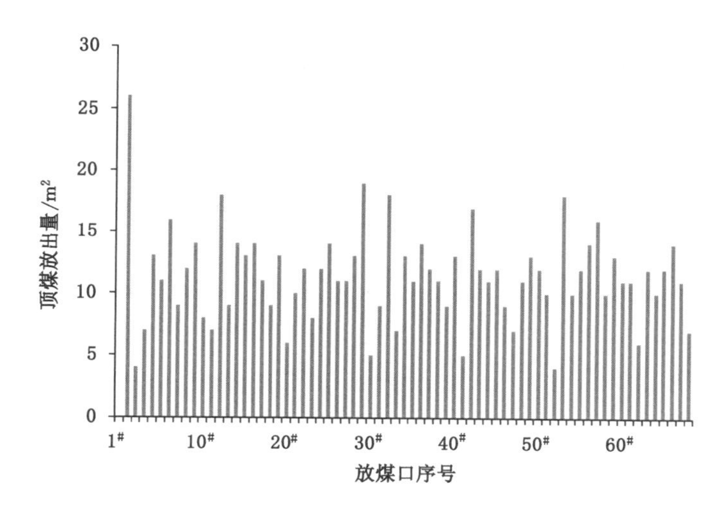

图 4-44　单轮单口放煤各个支架放煤量统计

4.6.2　群组多口放煤顶煤放出特征分析

4.6.2.1　群组两口单轮顺序放煤

群组两口单轮顺序放煤(简称群组两口放煤)是同时打开两个相邻的放煤口,以“见矸关门”为结束标志,依次顺序放煤,直至完成工作面全部支架放煤。群组两口放煤与单轮单口放煤相比,放煤口尺寸增加一倍,放煤漏斗宽度有所增加,除第一组支架(即1#、2#支架)见矸为直接顶矸石外,其余各组支架放煤口见到的矸石均为相邻群组支架已放煤后充填的矸石。遗留在采空区的脊背煤损与单轮单口放煤相似,呈周期性,脊背煤损方向与工作面放煤方向相反,总体遗留在采空区的煤量较多。

如图 4-45 所示,本次群组两口放煤工艺模型共计算 1 443 809 时步,与单轮单口顺序放煤相比,时步明显减少,仅为其 2/5,说明同时打开两个相邻的放煤口不仅增加了放煤口尺寸,同时增加了煤流速度,这是因为放煤口尺寸增加,有效减小了顶煤破碎为不均匀块体下落时形成“咬合”结构的可能性,使块体顶煤

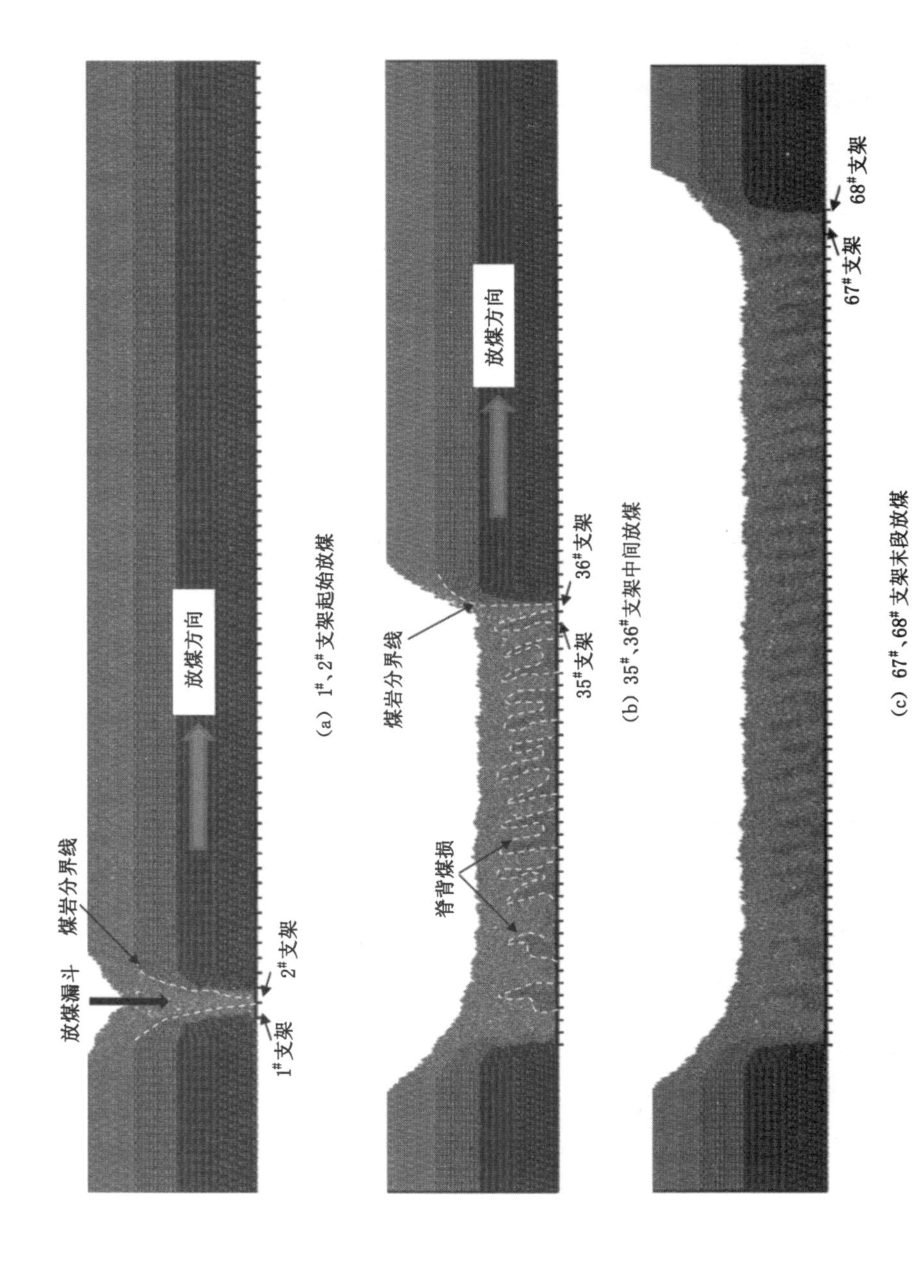

(a) 1#、2#支架起始放煤

(b) 35#、36#支架中间放煤

(c) 67#、68#支架末段放煤

图 4-45 群组两口放煤情况

更加顺利地放出。各群组支架顶煤放出量如图 4-46 所示，工作面顶煤回收率为 74.42%，工作面总回收率为 81.73%，群组支架放煤口关闭条件为“见矸关门”，顶煤回收也存在少量矸石，含矸率为 0.5%。与单轮单口放煤相比，群组两口放煤时各放煤口放煤量波动较小，均方差为 3.33。

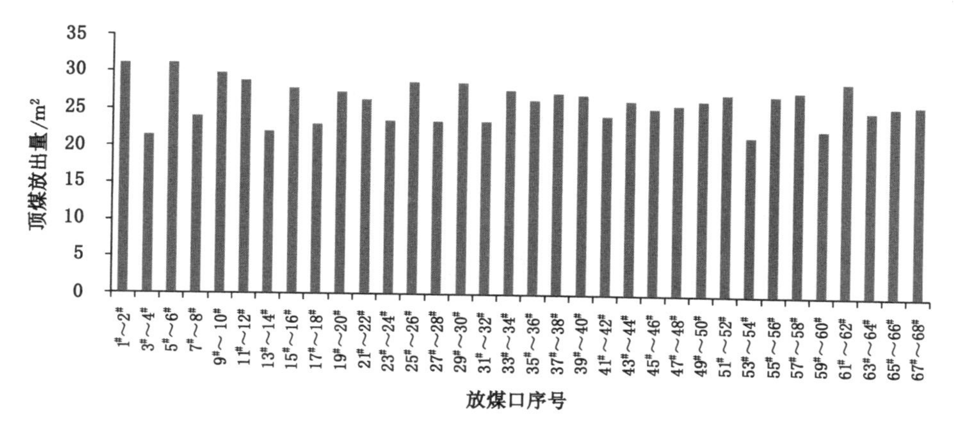

图 4-46　群组两口放煤各群组支架放煤量统计

4.6.2.2　*群组三口单轮顺序放煤*

群组三口单轮顺序放煤(简称群组三口放煤)是同时打开 3 个相邻的放煤口，以“见矸关门”为结束标志，依次顺序放煤，直至完成工作面全部支架放煤。群组三口放煤与单轮单口放煤、群组两口放煤相比，放煤口尺寸是单轮单口放煤的 3 倍，是群组两口放煤的 1.5 倍，放煤漏斗宽度较前面两者明显增加。除第一组支架(即 1#、2#、3# 支架)放煤见矸为直接顶矸石外，其余各组支架放煤见到的矸石均为相邻支架群组已放煤后充填的矸石。遗留在采空区的脊背煤损与单轮单口放煤相似，呈周期性，脊背煤损方向与工作面放煤方向相反。

群组三口放煤模拟结果如图 4-47 所示，本次群组三口放煤工艺模型共计算 851 021 时步，是单轮单口顺序放煤的 1/4，是群组两口放煤的 3/5，群组三口放煤时步减少得更加明显，说明群组三口放煤时，随着放煤口尺寸的扩大，增加了煤流速度，更加减小了顶煤破碎为不均匀块体尤其是顶部大块顶煤下落时形成“咬合”结构的可能性，使块体顶煤更加顺利地放出。各群组三口支架顶煤放出量如图 4-48 所示。经统计，群组三口放煤时顶煤回收率为 78.27%，工作面总回收率为 84.48%，顶煤回收也存在少量矸石，含矸率为 0.5%。群组三口放煤末尾阶段，由于放煤支架总数量不是 3 的倍数，最后为 67#、68# 两个支架放煤口放煤，放煤量明显减少，导致群组三口放煤放煤量波动较大，均方差为 4.82。

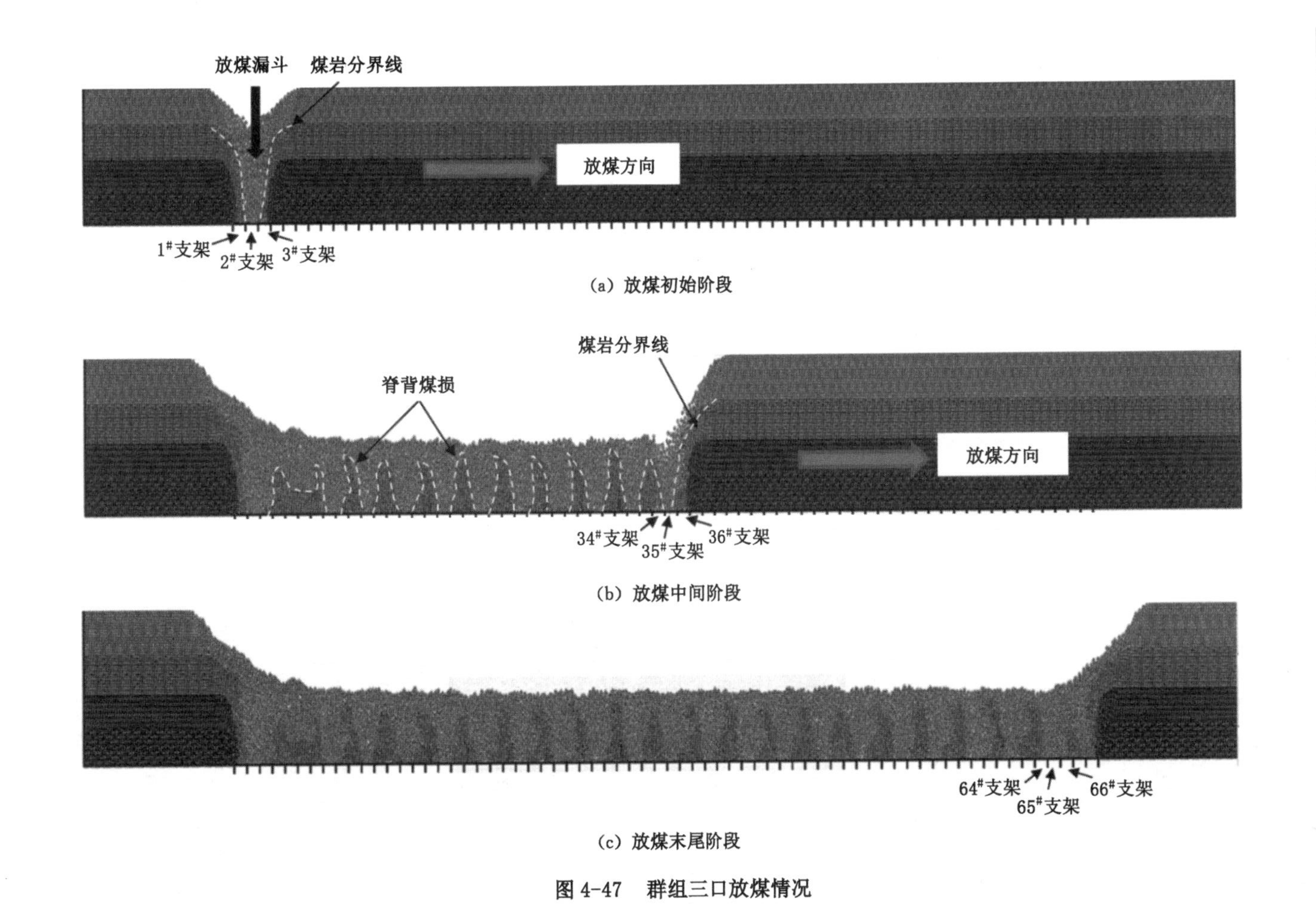

（a）放煤初始阶段

（b）放煤中间阶段

（c）放煤末尾阶段

图 4-47　群组三口放煤情况

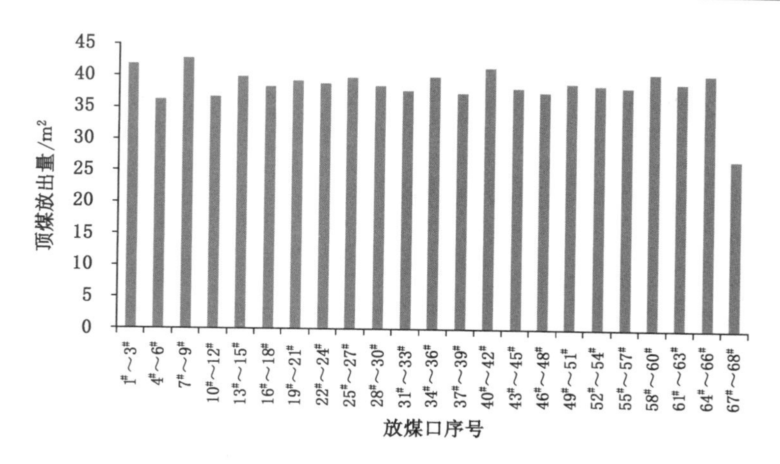

图 4-48　群组三口放煤各组支架放煤量统计

4.6.2.3　群组三口过量单轮顺序放煤

群组三口过量单轮顺序放煤(简称群组三口过量放煤)是同时打开 3 个相邻的放煤口,以“一定含矸率”为结束标志,依次顺序放煤,直至完成工作面全部支架放煤。群组三口过量放煤是在群组两口、群组三口放煤的研究基础上,继承了群组放煤时间短的优点,为克服回收率低的缺点而提出来的。文献[86]详细研究了厚煤层综放开采时顶煤回收率与含矸率的关系,认为顶煤回收率与含矸率呈非线性增长的关系,现场放煤时含矸率控制在一定范围时放煤效果最佳。群组三口过量放煤的特点为放煤漏斗宽度较大,遗留在采空区的脊背煤损存在周期性,零星煤损较少。

由于精准控制含矸率比较困难,控制含矸率在一定范围更为可靠,本书以含矸率 5%～8%为放煤口关闭条件,模拟结果如图 4-49 所示。群组三口过量放煤共计算 919 029 时步,是单轮单口顺序放煤的 0.27 倍,是群组两口放煤的 0.64 倍,是群组三口放煤的 1.08 倍。各群组三口过量放煤放出量如图 4-50 所示。经统计,群组三口过量放煤时顶煤回收率为 85.30%,工作面总回收率为 89.50%,含矸率约为 5%。群组三口过量放煤由于放煤末段最后只有 67#、68# 两个口放煤,放煤量相对较小,整体放煤口放煤量均方差为 4.75。

4.6.3　多轮多口放煤顶煤放出特征分析

多轮多口同时放煤是指将 $m(m\geqslant 2)$ 个间隔一定支架数目(至少大于 1 架)的放煤口同时打开,各放煤口按照一定的逻辑、时间,收或伸插板、摆动尾梁,待各放煤口完成规定指令后,关闭各放煤口,依次顺序同方向在各个支架上完成相

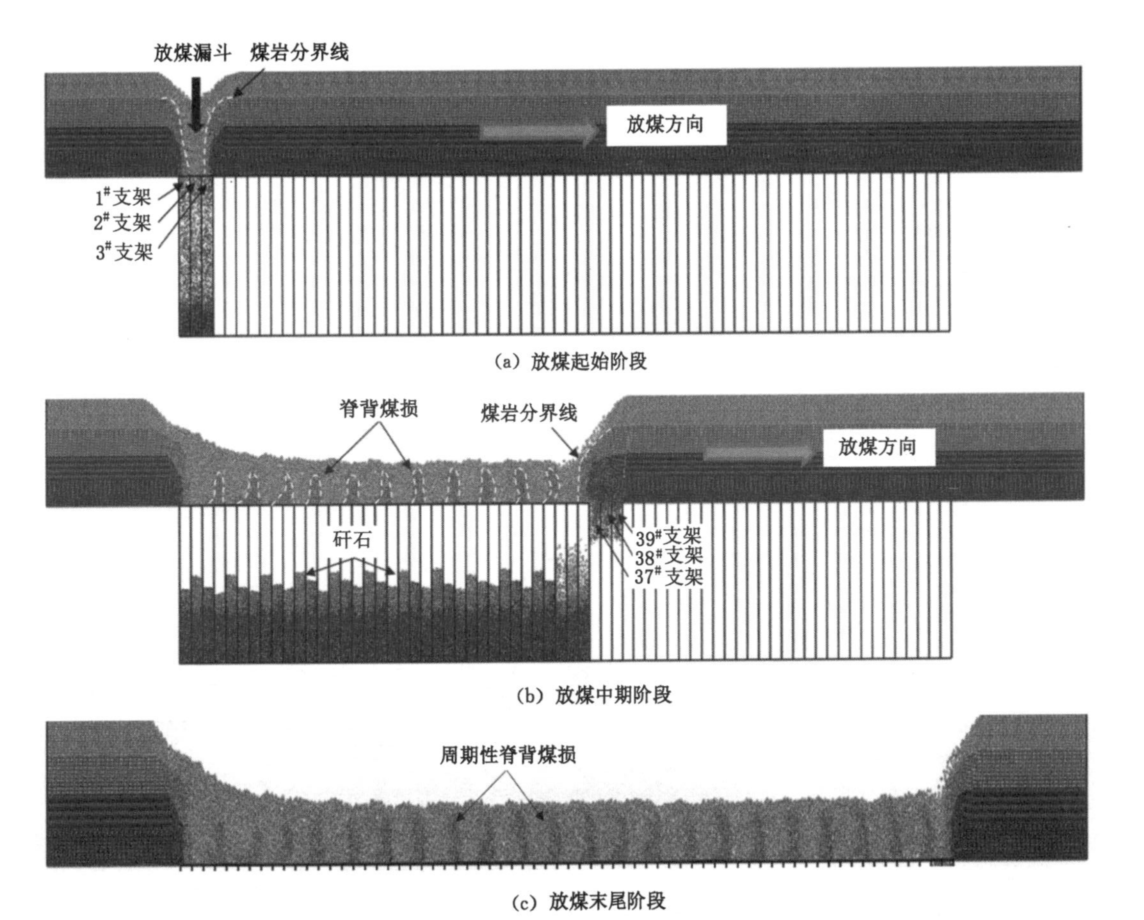

(a) 放煤起始阶段

(b) 放煤中期阶段

(c) 放煤末尾阶段

图 4-49 群组三口过量放煤情况

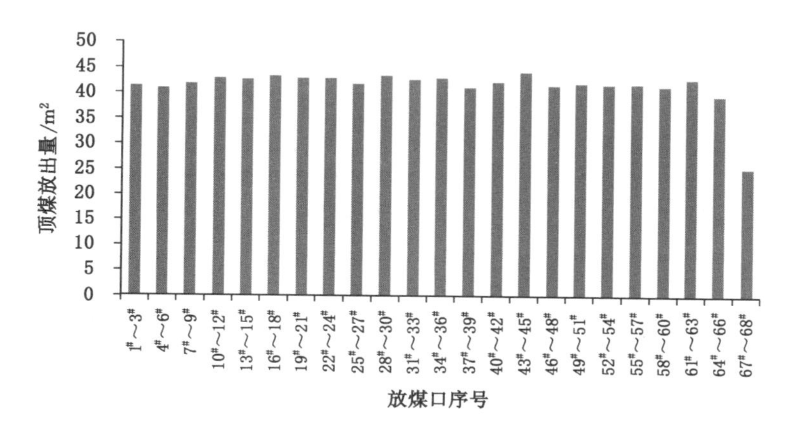

图 4-50 群组三口过量放煤各组支架放煤量统计

同动作指令，直至所有所需支架完成放煤。根据放煤口数量影响因素可知，塔山煤矿 8222 工作面放煤口数量不宜超过 3 个，故本书分别研究三轮三口顺序放煤、两轮两口顺序放煤时顶煤放出特征。

4.6.3.1 三轮三口顺序放煤

三轮三口顺序放煤(简称三轮三口放煤)最多同时打开 3 个放煤口，各个放煤口间隔一定架次距离，按照一定的放煤逻辑依次顺序放煤，直至工作面支架全部完成放煤。三轮三口放煤共需放煤 3 轮，各轮放煤可设置不同参数，本书结合矿上实际情况，以放煤时间控制第一轮和第二轮放煤开停情况，第三轮按照传统的“见矸关门”为放煤终止条件，各个放煤口间隔 5 个架次，即间隔 8.75 m。三轮三口放煤工序为：第一轮从 1# 支架开始放煤，依次放煤至 6# 支架，同时打开 1# 支架，第二轮放煤开始，第一轮放煤至 11# 支架时，第二轮放煤口已到达 6# 支架，同时打开 1# 支架，第三轮放煤开始，各轮依次放煤，直至完成工作面全部支架放煤，数值模拟设置中第一轮各个支架运行放煤 20 000 时步(基本将下层位顶煤放完)，第二轮各个支架运行放煤 20 000 时步(基本将中层位顶煤放完)，第三轮放煤以“见矸关门”为放煤终止条件。

从图 4-51 中可以看出：第一轮放煤后形成类似煤岩分界线的影响边界(实质仍为煤体)，该影响边界较为陡峭；第二轮放煤后形成的影响边界与第一轮相比，坡度较为舒缓，影响边界长度范围较大；第三轮放煤后形成的煤岩分界线更为平缓，趋近于直线。3 轮间隔距离较大，相互影响较小，3 轮同步顺序放煤时，各影响边界依次向前移动。第三轮放煤时，初始煤岩边界近似为直线且比较平缓，放煤口放煤形成的放出椭球体与煤岩分界线之间残留的煤体面积较小，即残煤量较小，则顶煤回收率较高。三轮三口放煤共运算 1 809 065 时步，各放煤口

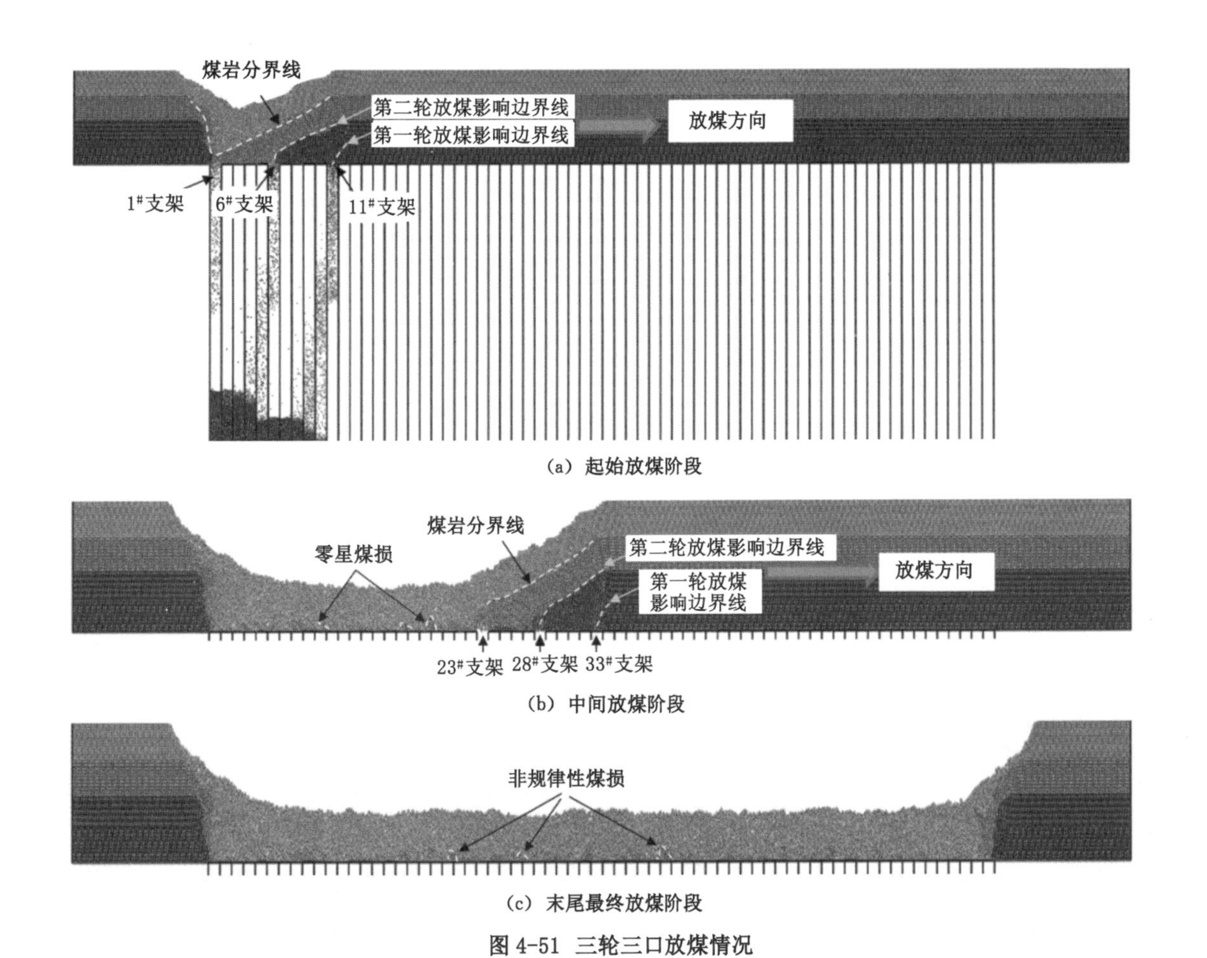

(a) 起始放煤阶段

(b) 中间放煤阶段

(c) 末尾最终放煤阶段

图 4-51 三轮三口放煤情况

顶煤放出量如图4-52所示，经统计可得顶煤回收率为90.34%，工作面总回收率为93.09%。三轮三口放煤时，第一轮、第二轮放煤时各个放煤口放煤量基本相同，第三轮放煤时各个放煤口放煤量存在差别，总体来说，三轮三口放煤结束后，各个放煤口放煤量相对比较均匀，均方差为0.40。

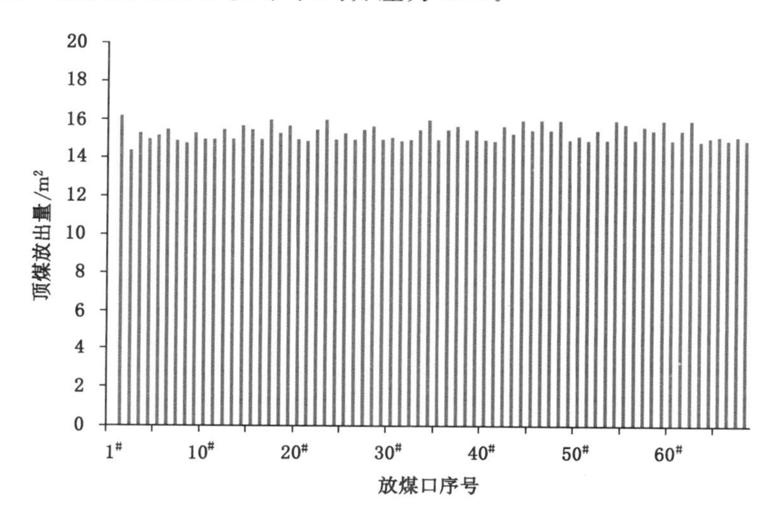

图4-52 三轮三口放煤各组支架放煤量统计

4.6.3.2 两轮两口顺序放煤

两轮两口顺序放煤(简称两轮两口放煤)与三轮三口放煤相似，即最多同时打开两个放煤口，放煤口间隔一定架次距离，按照一定的放煤逻辑依次顺序放煤，直至完成工作面全部放煤。两轮两口放煤工艺为：第一轮从1#支架开始放煤，依次放煤至6#支架时(第一轮各支架放煤执行相同时间)，同时打开1#支架，第二轮放煤开始，第二轮各支架放煤以“见矸关门”为放煤终止条件，两轮同时依次顺序放煤，直至工作面支架全部放完。数值模拟中第一轮各个支架执行放煤运算30 000时步(基本将顶煤厚度一半放完)，第二轮以“见矸关门”为放煤终止条件。

两轮两口放煤模拟结果如图4-53所示，可以看出两轮两口放煤结束后，最终形成的煤岩分界线与单轮单口放煤后形成的煤岩分界线相比更为平缓，与三轮三口放煤后形成的煤岩分界线相比较为陡峭，在采空区残留的不规则的煤损与单轮单口放煤相比明显减少，与三轮三口放煤相比较多。两轮两口放煤模型共运算2 307 662时步，各放煤口顶煤放出量如图4-54所示，经统计可得顶煤回收率为85.60%，工作面总回收率为89.72%。两轮两口放煤时，第一轮放煤时各

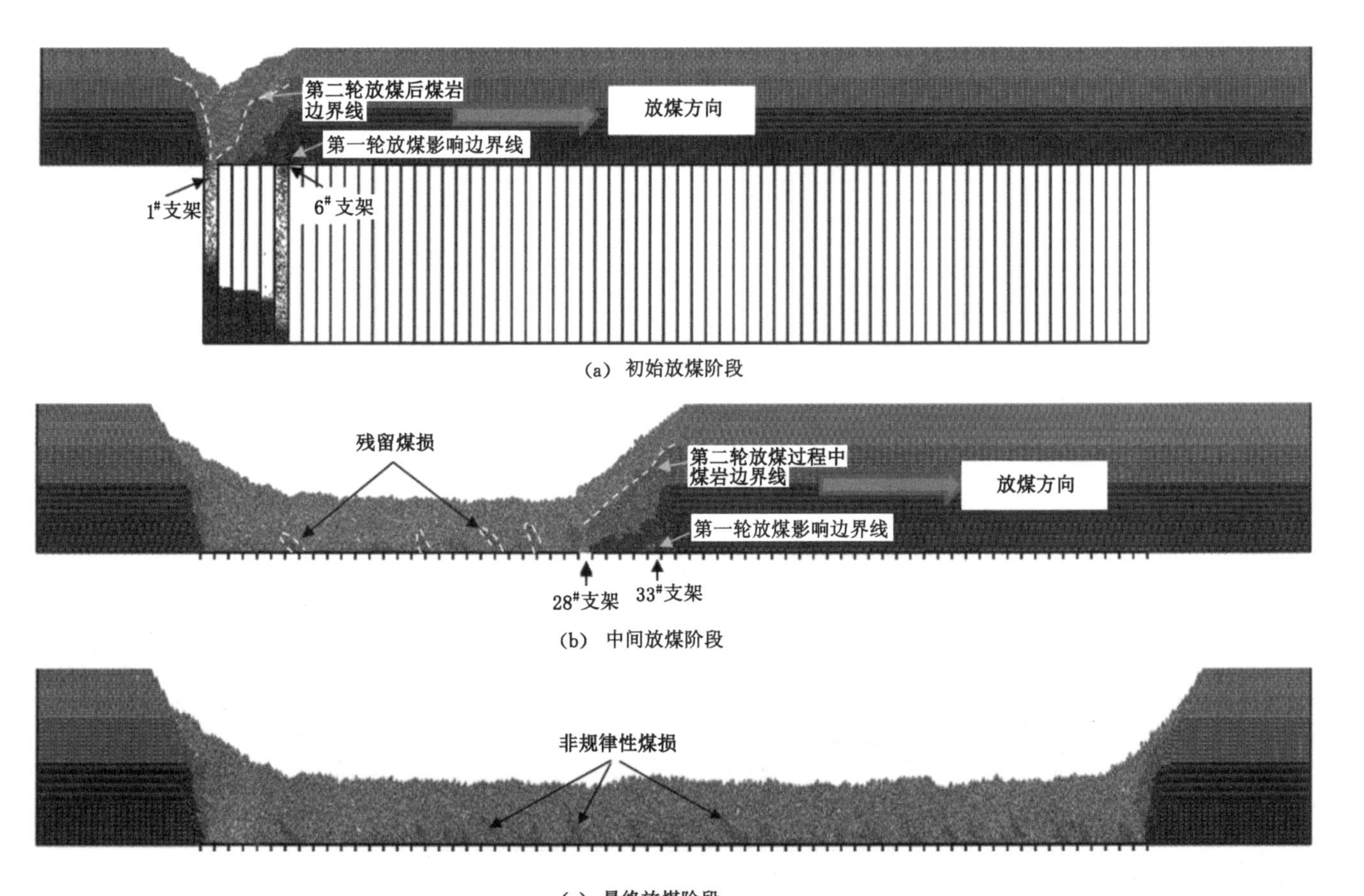

（a）初始放煤阶段

（b）中间放煤阶段

（c）最终放煤阶段

图 4-53 两轮两口放煤情况

个放煤口放煤量基本相同,第二轮放煤时各个放煤口放煤量存在差别,与单轮单口、群组放煤相比两轮两口放煤各个放煤口放煤量波动变小,与三轮三口放煤相比波动较大,各个放煤口放煤量均方差为1.43。

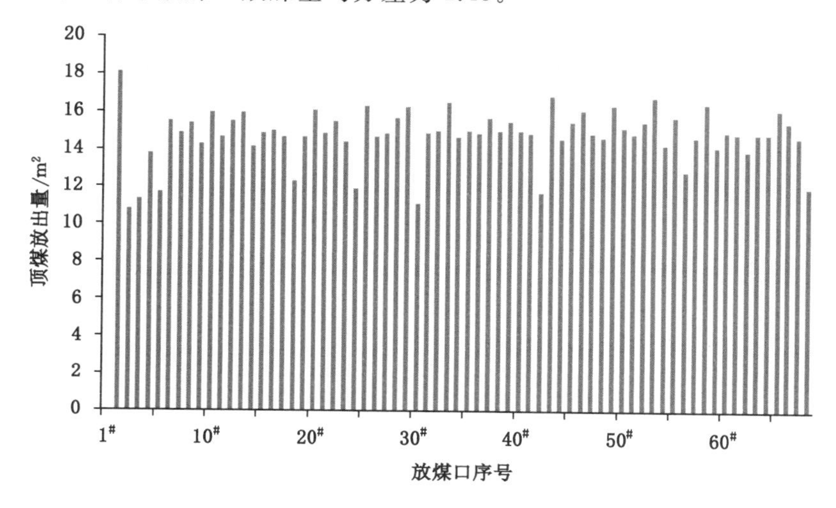

图4-54　两轮两口放煤各组支架放煤量统计

4.6.4　不同放煤工艺放煤特征对比

通过上述对单轮单口、群组两口、群组三口、两轮两口、三轮三口、群组三口过量放煤特征的研究,各放煤工艺放出特征如图4-55所示,其回收率分别为72.35%、81.73%、84.48%、89.72%、93.09%、89.5%,各放煤口放煤量均方差分别为3.79、3.33、4.82、1.43、0.40、4.75,放煤时间指数(某个放煤工艺的放煤步数与所有放煤工艺放煤步数平均值的比值)分别为1.89、0.81、0.48、1.29、0.80、0.52。从结果中可知,单轮单口放煤时放煤回收率最低,放煤时间最长,但由现场经验可知后部刮板输送机过载可能性最小,工作面瓦斯浓度和粉尘浓度最小;两口放煤(两轮两口、群组两口)与单口放煤相比,顶煤回收率较高,且放煤时间较短,但后部刮板输送机过载可能性更高,工作面瓦斯浓度和粉尘浓度更大,两轮两口放煤与群组两口放煤相比,两轮两口放煤顶煤回收率较高,但放煤时间较长;三口放煤(群组三口、群组三口过量、三轮三口)与单口、两口放煤相比,放煤时间明显更短,三轮三口顶煤回收率最高,但三口放煤时后部刮板输送机过载可能性最高,工作面瓦斯浓度和粉尘浓度最大。

单轮单口、两轮两口、三轮三口放煤相比,随着放煤轮数的增加,各放煤口放煤量均方差变小,每个放煤口放煤量更均匀,且煤岩分界面变平缓,回收率升高;

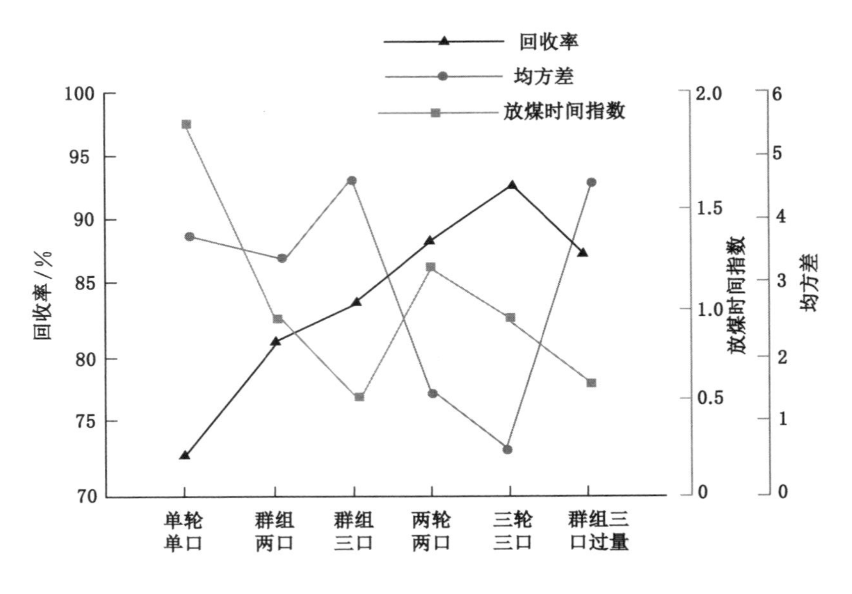

图 4-55　各个放煤工艺放出特征对比

相同放煤口数量的群组放煤与多轮多口放煤相比,回收率相对较低,但放煤时间指数较小,放煤时间较短。

总之,在放煤口数量相同的情况下,多轮多口放煤回收率最高,群组放煤时间相对最少,说明多轮多口放煤的优势在于顶煤回收率高,群组放煤的优势在于放煤时间较短。

4.7　走向方向不同放煤步距放煤特征

放煤步距是厚煤层综放开采放煤工艺的重要参数之一,放煤步距直接影响工作面在走向方向上的顶煤运移、顶煤回收等问题。放煤步距过小时,放出椭球体发育较小,与煤岩分界线相切点偏低,当矸石被放出时顶煤上层位的大量煤体未被放出而遗留在采空区,如图 4-56(a)所示。放煤步距过大时,放出体发育随之变大,但放出体边界与煤岩分界线之间的煤体较多,该部分的煤体与放煤口距离较远而遗留在采空区,最终未被放出,顶煤回收率较低,如图 4-56(b)所示。放煤步距合理时,放出椭球体边界与煤岩分界线重复部分较多,放出椭球体发育较大,且遗留在采空区的煤量较少,如图 4-56(c)所示。

本节内容以建立的走向方向 CDEM 放煤模型为基础,结合煤矿实际生产情况(采煤机截深为 0.8 m),分别模拟放煤步距为 0.8 m、1.0 m、1.2 m、1.4 m、

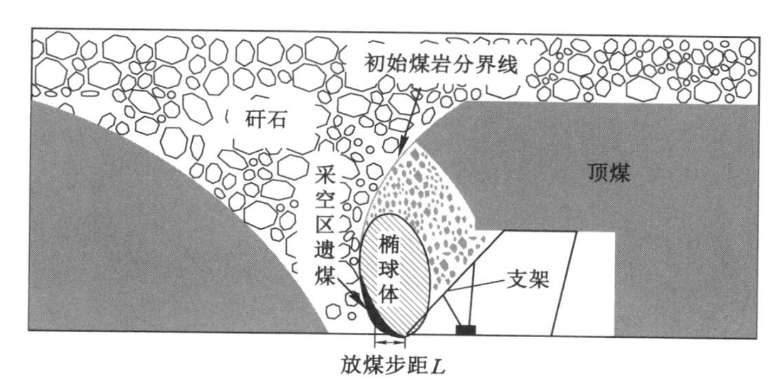

(a) 放煤步距过小时

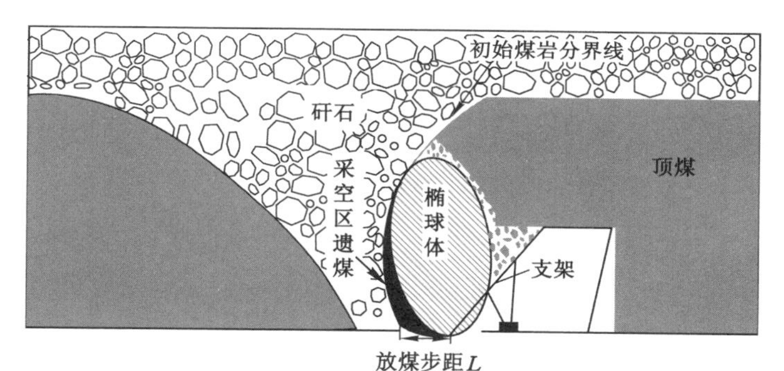

(b) 放煤步距过大时

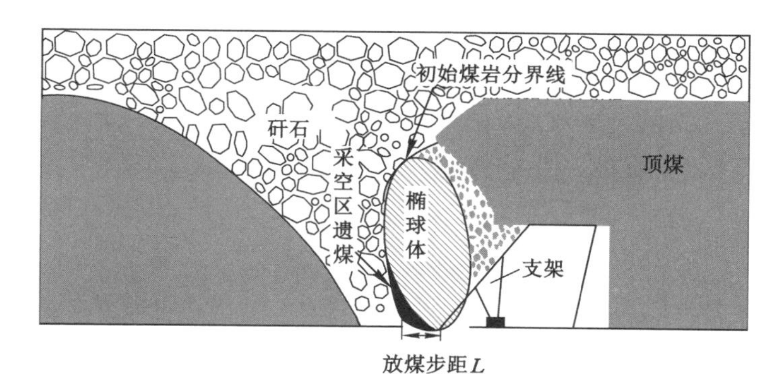

(c) 放煤步距合理时

图 4-56　走向方向不同放煤步距条件下放出体与煤岩分界面关系

1.6 m、2.4 m 时顶煤运移及回收情况。模拟结果如图 4-57 所示，不同放煤步距条件下采空区均出现不同程度的煤损和煤矸互层情况，煤损存在零星煤损和较大量脊背煤损，零星煤损不规则，较大量的脊背煤损周期性间隔一定距离，其方向指向采空区。

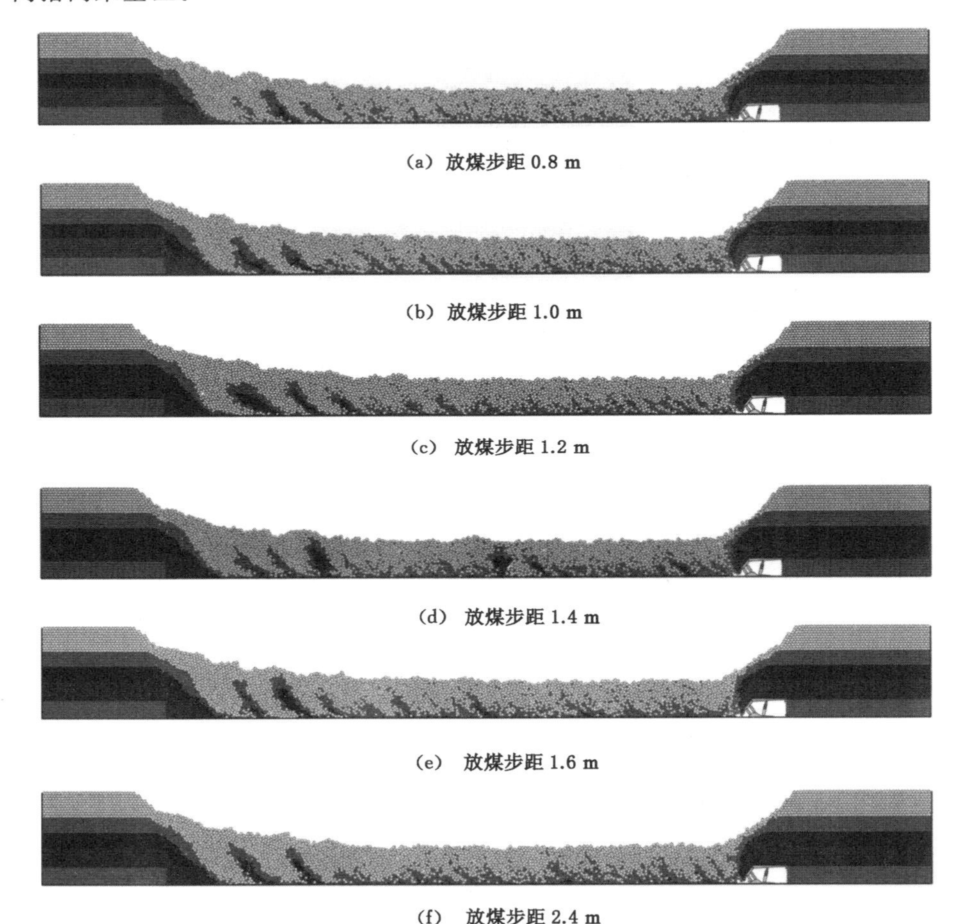

(a) 放煤步距 0.8 m

(b) 放煤步距 1.0 m

(c) 放煤步距 1.2 m

(d) 放煤步距 1.4 m

(e) 放煤步距 1.6 m

(f) 放煤步距 2.4 m

图 4-57　不同放煤步距条件下顶煤放出和煤岩运移结果

为掌握不同放煤步距条件下每一个放煤步距顶煤放出量和工作面总回收率情况，分别统计每次移架后放煤口放煤量，结果如图 4-58 所示。由图可见，同一放煤步距条件下，各支架移架后放煤量各不相同，第一次放煤时放煤量最大，这是因为放煤口见到的矸石为直接顶矸石，放出椭球体发育最大，之后移架后放煤口放煤量大小不同，这是因为放煤口见到的矸石为采空区充填的矸石，放出椭球体和煤岩分界线相切位置不同而造成的。放煤步距分别为0.8 m、1.0 m、1.2 m、1.4 m、1.6 m、2.4 m时，各移架步距放煤口放煤量均方差分别为7.53、8.64、9.99、10.04、10.30、12.92，可以看出放煤步距越大，放煤口放煤量越不均匀，各移架后放煤量均方差越大，波动性越大。

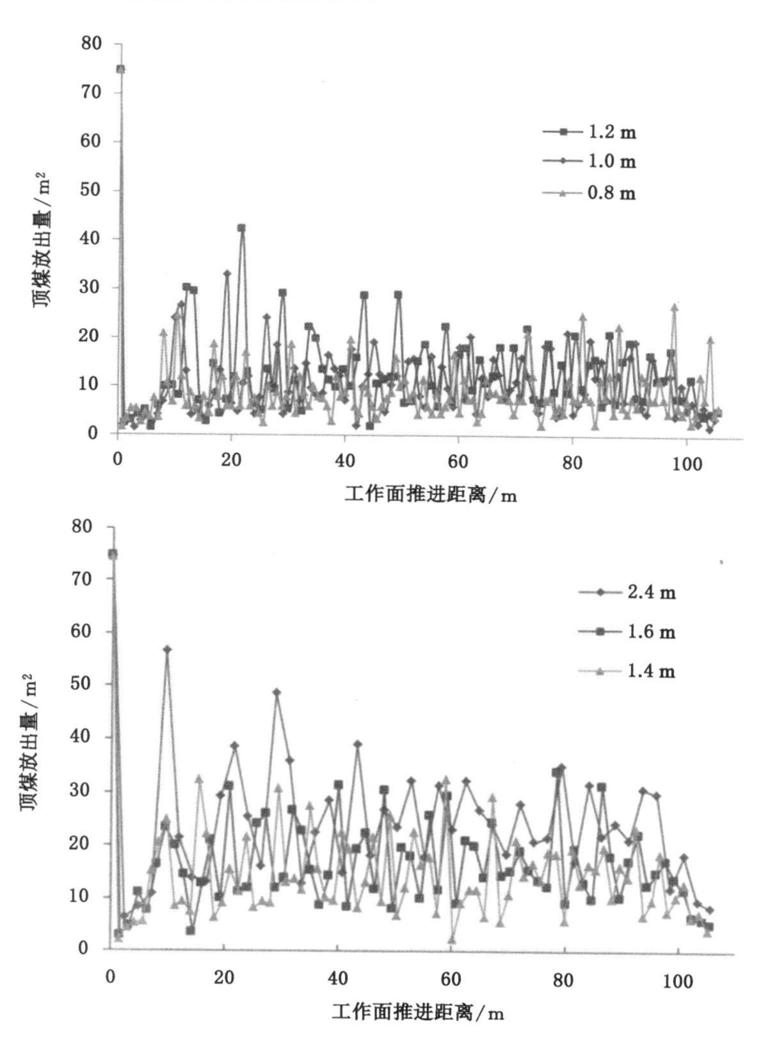

图4-58 不同放煤步距条件下单次放煤量统计

为对比不同放煤步距条件下顶煤回收率，需要对不同放煤步距下顶煤放出量进行统计。综放工作面走向方向顶煤回收率计算与倾向方向顶煤回收率计算略有不同,需统计各支架移架后放煤量总和与原顶煤总量,结果如图 4-59 所示,原顶煤总量为支架第一次放煤前放煤口左 5 m 边界与最后一次放煤放煤口右 5 m边界中间区域内顶煤颗粒总面积。最终各放煤步距条件下回收率大小及相应的运算时步如图 4-60 所示,放煤步距分别为 0.8 m、1.0 m、1.2 m、1.4 m、1.6 m、2.4 m 时,对应的顶煤回收率分别为 91.64%、84.22%、83.61%、81.82%、73.09%、72.25%,运算时步分别为 397.9 万步、378.6 万步、338.7 万步、307.9 万步、294.4 万步和 287.6 万步。从结果可知:放煤步距为 0.8 m 时,回收率最高,随着放煤步距的增大,顶煤回收率逐渐减小;运算步数随着放煤步距的增加逐渐减小,即随着放煤步距的增加,总放煤时间变少。结合现场实际需要,正常生产时放煤步距 0.8 m 为最佳,若加快推进速度,可适当增大放煤步距至 1.4 m,顶煤回收率在 80%以上。

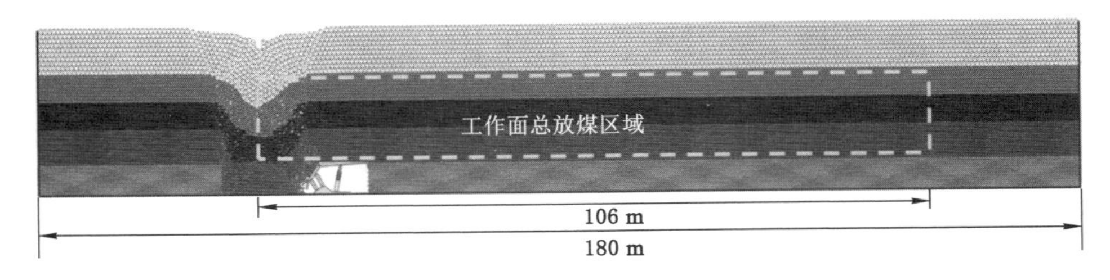

图 4-59　走向方向放煤区域示意图

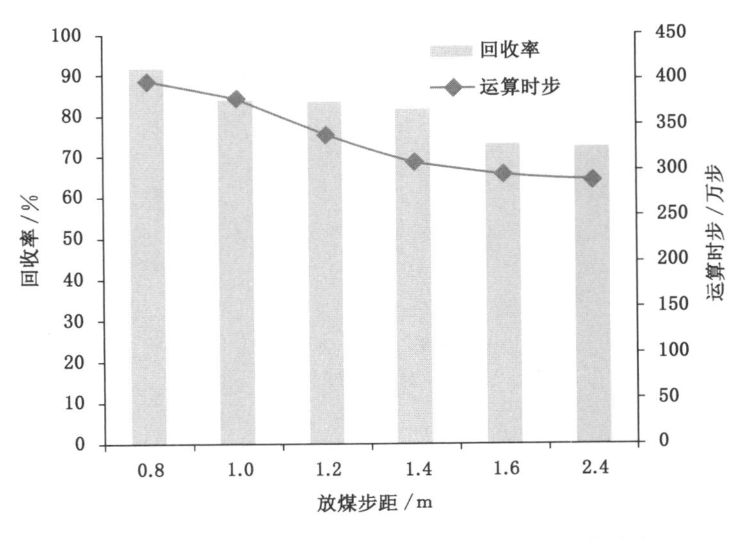

图 4-60　不同放煤步距条件下顶煤回收率及运算时步

4.8 本章小结

本章阐述了多口协同放煤的含义，理论研究了单口、多口放煤煤岩运移规律和放出体特征，分析了影响工作面放煤口数量的主控因素，建立了特厚煤层倾向方向和走向方向顶煤放出规律的数值模型，并通过理论分析和相似模拟验证了模型的可靠性，对不同多口放煤工艺放煤规律进行了研究，得到以下结论：

（1）基于B-R放矿理论，分析了散体顶煤单轮单口、群组多口、多轮多口放煤时倾向方向和走向方向的顶煤运移规律、放出体特征及采空区遗煤形态，得出放煤漏斗半径 D 的计算公式，当放煤高度为10 m时，理论计算的放煤漏斗半径与相似模拟结果相近。发现群组放煤与单口放煤时颗粒加速度略有差异，给出了群组放煤时颗粒加速度修正系数 K_0 的计算公式。

（2）分析了影响放煤口数量的主控因素，即后部刮板输送机运载能力、矿山压力、瓦斯浓度、粉尘浓度及大块度顶煤等，确定了最佳放煤口数量不超过3个。

（3）建立了研究特厚煤层倾向方向和走向方向顶煤放出规律的数值模型，通过与研制的1∶10自动放煤相似模拟试验台试验对比，验证了数值模型的可靠性，通过放煤漏斗特征点提取和对比，给出了CDEM数值模拟中数值阻尼参数的确定方法。

（4）研究了单轮单口、群组两口、群组三口、两轮两口、三轮三口、群组三口过量放煤工艺的特征，其回收率分别为72.35%、81.73%、84.48%、89.72%、93.09%、89.50%，各放煤口放煤量均方差分别为3.79、3.33、4.82、1.43、0.40、4.75，放煤时间指数分别为1.89、0.81、0.48、1.29、0.80、0.52。根据结果可知：三轮三口放煤时各个放煤口放煤量均方差最小，煤岩分界面均匀下沉，顶煤回收率最高；群组三口放煤时，放煤口尺寸增加，有利于顶煤的放出，放煤时间相对最少。

（5）研究了走向方向上不同放煤步距时的放煤特征，即步距分别为0.8 m、1.0 m、1.2 m、1.4 m、1.6 m、2.4 m时，对应的顶煤回收率分别为91.64%、84.22%、83.61%、81.82%、73.09%、72.25%，其中放煤步距为0.8 m时回收率最高。

5 多口协同放煤工艺优选及控制方法

前述章节对多口协同放煤规律进行了研究，分析了不同放煤工艺的优缺点，但仅从单个指标评价和选择放煤工艺不够全面，本章采用模糊数学理论提出基于多因素指标的放煤工艺优选方法，分析评价模型对单因素指标的敏感性，以塔山煤矿8222工作面为例进行多口协同放煤工艺评价及优选，并提出以时间控制为主、人工干预为辅的多口协同放煤控制方法，建立支架放煤前移架是否到位判别模型，提出放煤口大小自适应的控制方法，为智能放煤系统开发提供理论基础。

5.1 多口协同放煤工艺优选方法

智能化放煤技术的发展及初级应用，为多种高效、新型的放煤工艺的使用提供了基础。不同放煤工艺条件下的顶煤回收率、含矸率、放煤时间、后部刮板输送机运行状况等情况存在差异，当前评价和选择某一放煤工艺多数仅采用回收率、含矸率两个参数，忽略了放煤时间、后部刮板输送机承载能力以及瓦斯、粉尘等放煤环境的影响，对放煤工艺的评价不够全面、客观。为了全面评价放煤工艺优劣，为放煤工艺的选择提供可量化的参考依据，本书提出了放煤工艺优选方法。

放煤工艺优选方法是指厚及特厚煤层采用综放开采工艺时，基于顶煤回收率、含矸率、放煤时间指数、后部刮板输送机过载频率（后部刮板输送机运行电流超过设定的阈值即为过载）、瓦斯浓度及粉尘浓度等影响因素，对某一种或多种放煤工艺进行综合评价，根据评价结果进行放煤工艺优先选择。影响放煤工艺综合评价及优选的因素较多，本书结合大量的工程实践和专家意见，主要考虑顶煤回收率、含矸率、放煤时间、后部刮板输送机过载频率、工作面瓦斯浓度及粉尘浓度等。这些因素对放煤工艺的影响在某种程度上是不确定的，具有模糊性，但在研究顶煤放出效率时是必须要考虑的。

1965 年，美国控制论专家 Zadeh 发表了《模糊集》，提出了模糊数学思想[155-156]，此后国内诸多学者对模糊数学方法及应用进行了深入研究和推广。模糊数学的基本思想是根据量化的属于程度最终判别属于或不属于。模糊数学广泛应用于模糊识别、模糊分类、模糊决策、模糊评判、人工智能、系统理论等各个方面，它是将界限不分明甚至模糊的问题给出量化结果的数学工具。

本书借助模糊数学的思想和方法研究放煤工艺优选问题，通过分析影响放煤工艺综合评价的关键因素，对特定厚煤层地质条件下不同放煤工艺进行综合评价和优选[157-158]。

5.1.1　多口协同放煤工艺综合评价及优选

5.1.1.1　放煤工艺综合评价类别的划分

从工程实际出发，在对顶煤放出效率的研究基础上，将放煤工艺综合评价分为 5 类：

Ⅰ类为放煤工艺综合评价极好。即采用某种放煤工艺时顶煤回收率、含矸率、放煤时间、后部刮板输送机运行状态、瓦斯浓度及粉尘浓度等综合情况极佳，能获得极好的经济技术指标，该放煤工艺为优先选择。

Ⅱ类为放煤工艺综合评价较好。即采用某种放煤工艺时顶煤回收率、放煤时间、后部刮板输送机运行状态、瓦斯浓度及粉尘浓度等综合情况较好，能获得较好的经济技术指标，该放煤工艺为建议选择。

Ⅲ类为放煤工艺综合评价中等。即采用某种放煤工艺时顶煤回收率、放煤时间、后部刮板输送机运行状态、瓦斯浓度及粉尘浓度等综合情况一般，能获得一般的经济技术指标，该放煤工艺为备用选择。

Ⅳ类为放煤工艺综合评价差。即采用某种放煤工艺时顶煤回收率、放煤时间、后部刮板输送机运行状态、瓦斯浓度及粉尘浓度等综合情况较差，获得的经济技术指标较差，该放煤工艺不建议选择。

Ⅴ类为放煤工艺综合评价极差。即采用某种放煤工艺时顶煤回收率、放煤时间、后部刮板输送机运行状态、瓦斯浓度及粉尘浓度等综合情况极差，该放煤工艺不适宜采用。

5.1.1.2　放煤工艺综合评价分类指标的选取

根据大量的工程实践，选取评价特定煤层地质条件下综放开采不同放煤工艺的主要因素回收率 w(%)、含矸率 s(%)、放煤时间指数 T、后部刮板输送机过载频率 N(次/h)、工作面瓦斯浓度 a(%)、工作面粉尘浓度 b(mg/m^3)。

在征求大量放煤工程技术人员和长期从事综放开采研究的专家学者意见的基础上，将上述6个放煤工艺的评定因素具体化，制成模糊分类单因素指标，如表5-1所示，作为放煤工艺综合评判的基础。

表5-1　模糊分类单因素指标

分类	回收率 w/%		含矸率 s/%		放煤时间指数 T		后部刮板输送机过载频率 N/(次/h)		瓦斯浓度 a/%		粉尘浓度 b /(mg/m³)	
	平均	范围	平均	范围	平均	范围	平均	范围	平均	范围	平均	范围
Ⅰ	95.0	≥90	2.5	≤5	0.10	≤0.2	0.5	≤1	0.10	≤0.20	0.5	≤1
Ⅱ	87.5	85～90	10.0	5～15	0.35	0.2～0.5	1.5	1～2	0.25	0.20～0.30	2.0	1～3
Ⅲ	77.5	70～85	17.5	15～20	0.75	0.5～1.0	3.0	2～4	0.35	0.30～0.40	3.5	3～4
Ⅳ	65.0	60～70	25.0	20～30	1.25	1.0～1.5	7.0	4～10	0.45	0.40～0.50	4.5	4～5
Ⅴ	50.0	40～60	40.0	30～50	2.00	1.5～2.5	15.0	10～20	0.65	0.50～0.80	6.0	5～10

5.1.1.3　放煤工艺综合评价的模糊数学模型

放煤工艺综合评价分类的评定因素集为：

$$U=\{x_1,x_2,x_3,x_4,x_5,x_6\}=\{w,s,T,N,a,b\} \tag{5-1}$$

放煤工艺综合评价的类别集为：

$$V=\{\text{Ⅰ},\text{Ⅱ},\text{Ⅲ},\text{Ⅳ},\text{Ⅴ}\} \tag{5-2}$$

把第 i 个因素的单因素评价 $R_i=(r_{i1},r_{i2},r_{i3},r_{i4},r_{i5})$ 看作 V 上的模糊子集，其中 r_{ij} 表示第 i 个因素的评价对第 j 个类别的隶属度，则总评价矩阵为：

$$\boldsymbol{R}=\begin{bmatrix} r_{11} & r_{12} & \cdots & r_{1j} & \cdots & r_{1m} \\ r_{21} & r_{22} & \cdots & r_{2j} & \cdots & r_{2m} \\ \vdots & \vdots & & \vdots & & \vdots \\ r_{i1} & r_{i2} & \cdots & r_{ij} & \cdots & r_{im} \\ \vdots & \vdots & & \vdots & & \vdots \\ r_{n1} & r_{n2} & \cdots & r_{nj} & \cdots & r_{nm} \end{bmatrix}$$

其中：$0\leqslant r_{ij}\leqslant 1, i=1,2,\cdots,n; j=1,2,\cdots,m$。对于放煤工艺综合评价总评价矩阵为：

$$\boldsymbol{R}=\begin{bmatrix}\boldsymbol{R}_1\\\boldsymbol{R}_2\\\boldsymbol{R}_3\\\boldsymbol{R}_4\\\boldsymbol{R}_5\\\boldsymbol{R}_6\end{bmatrix}=\begin{bmatrix}r_{11}&r_{12}&r_{13}&r_{14}&r_{15}\\r_{21}&r_{22}&r_{23}&r_{24}&r_{25}\\r_{31}&r_{32}&r_{33}&r_{34}&r_{35}\\r_{41}&r_{42}&r_{43}&r_{44}&r_{45}\\r_{51}&r_{52}&r_{53}&r_{54}&r_{55}\\r_{61}&r_{62}&r_{63}&r_{64}&r_{65}\end{bmatrix}\tag{5-3}$$

对于上述6个因素要进行总的权衡，即分别单独考虑这些评定因素对放煤工艺综合评价类别所起的作用大小，这个问题用模糊子集 Y 来表示：

$$Y=\frac{Y_1}{w}+\frac{Y_2}{s}+\frac{Y_3}{T}+\frac{Y_4}{N}+\frac{Y_5}{a}+\frac{Y_6}{b}\tag{5-4}$$

其中，$0<Y_i<1$，$\sum Y_i=1$，Y_i 为单个影响因素在分类中的权重，则权值的模糊向量为：

$$\boldsymbol{Y}=(Y_1,Y_2,Y_3,Y_4,Y_5,Y_6)$$

当权向量 $\boldsymbol{Y}$ 和总评价矩阵 $\boldsymbol{R}$ 为已知时，通过模糊矩阵合成运算法则，可得：

$$\boldsymbol{C}=\boldsymbol{Y}\times\boldsymbol{R}=(Y_1,Y_2,Y_3,Y_4,Y_5,Y_6)\times\begin{bmatrix}r_{11}&r_{12}&r_{13}&r_{14}&r_{15}\\r_{21}&r_{22}&r_{23}&r_{24}&r_{25}\\r_{31}&r_{32}&r_{33}&r_{34}&r_{35}\\r_{41}&r_{42}&r_{43}&r_{44}&r_{45}\\r_{51}&r_{52}&r_{53}&r_{54}&r_{55}\\r_{61}&r_{62}&r_{63}&r_{64}&r_{65}\end{bmatrix}$$

$$=(c_1,c_2,c_3,c_4,c_5)\tag{5-5}$$

式中：$c_j=\sum_{i=1}^{6}Y_i\cdot r_{ij}(j=1,2,3,4,5)$。对 $\boldsymbol{C}$ 进行归一化处理，得；

$$\boldsymbol{C}'=\left(\frac{c_1}{c},\frac{c_2}{c},\frac{c_3}{c},\frac{c_4}{c},\frac{c_5}{c}\right)=(c_1{}',c_2{}',c_3{}',c_4{}',c_5{}')\tag{5-6}$$

式中，$c=\sum_{j=1}^{5}c_j$，通过评判矩阵 $\boldsymbol{C}'$ 中 $c_j(j=1,2,3,4,5)$ 的大小来判断放煤工艺的好坏。

由于评语属于模糊性，为了定量直观评价，可采用百分制对评语进行量化处理，设评分标准为：

$$D_{\mathrm{I}}=100,D_{\mathrm{II}}=80,D_{\mathrm{III}}=60,D_{\mathrm{IV}}=40,D_{\mathrm{V}}=20$$

则综合评价所得分为：

$$S = \boldsymbol{C}' \times \boldsymbol{D}^{\mathrm{T}} = (c_1', c_2', c_3', c_4', c_5') \times (\boldsymbol{D}_{\mathrm{I}}, \boldsymbol{D}_{\mathrm{II}}, \boldsymbol{D}_{\mathrm{III}}, \boldsymbol{D}_{\mathrm{IV}}, \boldsymbol{D}_{\mathrm{V}})^{\mathrm{T}} \quad (5\text{-}7)$$

根据最后的得分对放煤工艺综合评价结果进行分类，分类标准如表5-2所示，进而可得出放煤工艺优选级别。

表5-2　放煤工艺量化得分及优选级别

类别	量化得分	优选级别
Ⅰ类	$S>85$	优先选择
Ⅱ类	$S=75\sim85$	建议选择
Ⅲ类	$S=60\sim75$	备用选择
Ⅳ类	$S=50\sim60$	不建议选择
Ⅴ类	$S<50$	不适宜采用

5.1.1.4　评定因素隶属函数确定

隶属程度思想是模糊数学的核心基本内容，元素属于模糊集的隶属度已被证明是客观存在的，模糊数学方法应用的关键在于确定符合实际的隶属函数，这个科学问题目前尚未完全解决，以汪培庄教授为代表提出的随机集落影理论解决了一部分模糊集隶属函数的问题，谢季坚等提出了模糊统计法、指派法、二元对比排序法等来确定隶属函数，其中指派隶属度法是目前常用的主观确定的一种方法，该方法充分考虑大量的实践经验，根据实际问题套用现有的某些形式的模糊分布，通过确定分布函数中的参数，最终确定隶属度。

在放煤工艺综合评价的模糊关系矩阵中，需要建立各评定因素对放煤工艺综合评价类别的隶属函数，多因素模糊综合评定以单因素模糊评定为基础。由于放煤工艺综合评价的影响因素的复杂性，建立合理的隶属函数比较困难，需要大量的试验和经验才能得到。在确定该问题隶属度可以看出，在数组$R_{i\mathrm{I}}(x_i)$，$R_{i\mathrm{II}}(x_i)$，…，$R_{i\mathrm{V}}(x_i)$中，若以$R_{ij}(x_i)$为最大，则可以认为仅就第i因素而言，应为第j级，隶属函数$R_{ij}(x_i)$除满足$R_{ij}(x_{ij})=1$外，当x_i远离x_{ij}所在位置时，函数值应变小，因此，放煤工艺综合评价影响因素对放煤工艺综合评价类别的隶属函数可取正态型，即：

$$R(x) = \mathrm{e}^{-\left(\frac{x-a}{\sigma}\right)^2} \quad (5\text{-}8)$$

式中：σ和a为常数；x为各因素的取值。

按式(5-8)中正态型隶属函数，当$x=a$时，$R(x)=1$，此时隶属度最大，所以a就是表5-1中的平均值。又知表5-1中所给的各种级别物理量范围内的边界值介于两种级别，也就是说，当 x 刚好为边界值时，对于两种分类的隶属度相同，令其近似等于 0.5，即：

$$e^{-\left(\frac{x_s-x_1}{2\sigma}\right)^2}=0.5 \tag{5-9}$$

式中，x_s 和 x_1 分别为该级别物理量的上、下边界值。

将式中两边取对数，则得：

$$\sigma=(x_s-x_1)/1.66 \tag{5-10}$$

根据式(5-10)，可求得隶属函数中参数 σ 的值，见表 5-3。

表 5-3 评定因素隶属函数中的参数

分类	回收率 w/%		含矸率 s/%		放煤时间指数 T		后部刮板输送机过载频率 N/(次/h)		瓦斯浓度 a/%		粉尘浓度 b/(mg/m³)	
	a	σ	a	σ	a	σ	a	σ	a	σ	a	σ
Ⅰ	95.0	6.02	2.5	3.01	0.10	0.12	0.5	0.60	0.10	0.12	0.5	0.60
Ⅱ	87.5	3.01	10.0	6.02	0.35	0.18	1.5	0.60	0.25	0.06	2.0	1.20
Ⅲ	77.5	9.04	17.5	3.01	0.75	0.30	3.0	1.20	0.35	0.06	3.5	0.60
Ⅳ	65.0	6.02	25.0	6.02	1.25	0.30	7.0	3.61	0.45	0.06	4.5	0.60
Ⅴ	50.0	12.05	40.0	12.05	2.00	0.60	15.0	6.02	0.65	0.18	6.0	3.01

当已知各放煤工艺综合评价评定因素 x 值时，可按照式(5-8)和表 5-3 中的 a 和 σ 值求出评定因素 x 的隶属度，所有各评定因素的隶属度即为模糊关系矩阵 $\boldsymbol{R}$ 中的 r_{ij}。

根据大量的工程实践经验和专家学者打分，将 6 个因素在放煤工艺评价分类中的权重取为：

$$\frac{Y_1}{w}=0.5;\frac{Y_2}{s}=0.2;\frac{Y_3}{T}=0.1;\frac{Y_4}{N}=0.1;\frac{Y_5}{a}=0.05;\frac{Y_6}{b}=0.05$$

5.1.2 综合评价模型对单因素指标敏感性分析

放煤工艺综合评价模型对单因素指标的敏感性分析是指影响评价模型的 6 个因素中，假定 5 个因素不变，改变其中 1 个因素的值，分析总体评价结果对该因素的敏感程度。如在某种放煤工艺条件下，其回收率 w(%)、含矸率 s(%)、放煤时间指数 T、后部刮板输送机过载频率 N(次/h)、瓦斯浓度 a(%)、

粉尘浓度 b(mg/m^3)分别为 80%、10%、1、0.5 次/h、0.2%、0.5 mg/m^3,则可通过改变不同的影响因素指标值分析模型结果的趋势和敏感程度。

5.1.2.1 回收率的影响

保持含矸率 s、放煤时间指数 T、后部刮板输送机过载频率 N、瓦斯浓度 a、粉尘浓度 b 不变,通过改变回收率分析放煤工艺综合评价模型对回收率的敏感程度,结果如图 5-1 所示。从图 5-1 中可知,回收率与放煤工艺综合评价量化总分近似呈正线性关系,即随着回收率的提高,放煤工艺综合评价量化总分呈增长趋势,回收率越高,放煤工艺综合评价得分越高。回收率分别为 50%、60%、70%、80%、85%、90%、95%时,放煤工艺综合评价量化得分分别为 51 分、56 分、64 分、70 分、76 分、83 分、89 分,如表 5-4 所示,量化得分最大值与最小值相差 38 分,说明放煤工艺综合评价模型对回收率比较敏感,在回收率可取值范围内,对中间数值敏感性较小,对两极数值敏感性较大。

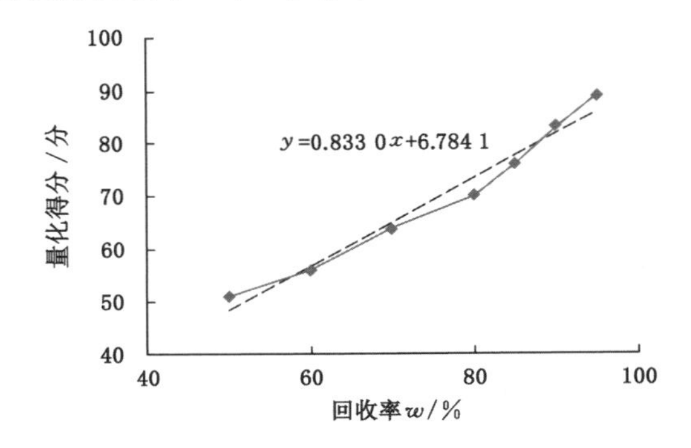

图 5-1 评价模型量化得分对回收率的敏感程度

表 5-4 不同回收率时评价模型量化得分情况

分类指标						量化得分/分
回收率 w/%	含矸率 s/%	放煤时间指数 T	后部刮板输送机过载频率 N/(次/h)	瓦斯浓度 a/%	粉尘浓度 b/(mg/m^3)	
50	10	1	0.5	0.2	0.5	51
60	10	1	0.5	0.2	0.5	56
70	10	1	0.5	0.2	0.5	64
80	10	1	0.5	0.2	0.5	70
85	10	1	0.5	0.2	0.5	76
90	10	1	0.5	0.2	0.5	83
95	10	1	0.5	0.2	0.5	89

5.1.2.2 含矸率的影响

通过改变含矸率大小，分析放煤工艺综合评价模型对含矸率的敏感程度。保持回收率 w、放煤时间指数 T、后部刮板输送机过载频率 N、瓦斯浓度 a、粉尘浓度 b 不变，当含矸率分别为 2%、5%、10%、15%、20%、25%、29%时，从图 5-2 和表 5-5 可知，放煤工艺综合评价模型总量化得分分别为 74 分、72 分、70 分、68 分、64 分、61 分、60 分，含矸率与评价模型量化得分近似呈负线性关系，即含矸率越大，放煤工艺综合评价得分越低，量化得分最大值与最小值相差 14 分，说明放煤工艺综合评价模型对含矸率相对比较敏感。

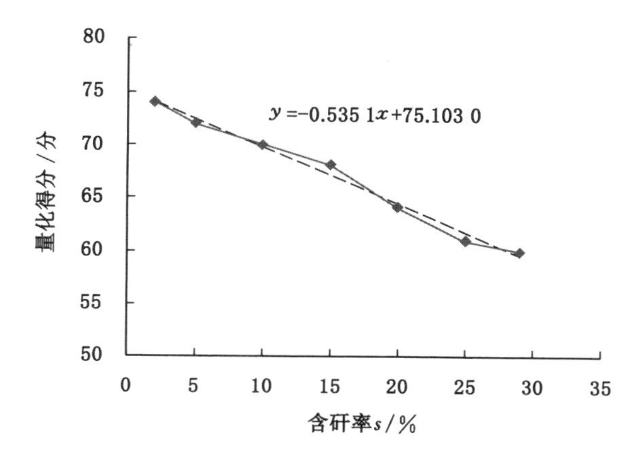

图 5-2 评价模型量化得分对含矸率的敏感程度

表 5-5 不同含矸率时评价模型量化得分情况

分类指标						量化得分/分
回收率 w /%	含矸率 s /%	放煤时间指数 T	后部刮板输送机过载频率 N/(次/h)	瓦斯浓度 a/%	粉尘浓度 b/(mg/m^3)	
80	2	1	0.5	0.2	0.5	74
80	5	1	0.5	0.2	0.5	72
80	10	1	0.5	0.2	0.5	70
80	15	1	0.5	0.2	0.5	68
80	20	1	0.5	0.2	0.5	64
80	25	1	0.5	0.2	0.5	61
80	29	1	0.5	0.2	0.5	60

5.1.2.3 放煤时间指数

保持回收率 w、含矸率 s、后部刮板输送机过载频率 N、瓦斯浓度 a、粉尘浓度 b 不变，通过改变放煤时间指数分析放煤工艺综合评价模型对放煤时间的敏感程度，结果如图 5-3 所示。从图 5-3 中可知，放煤时间指数与放煤工艺综合评价总分近似呈负线性关系，即随着放煤时间指数的增加，放煤工艺综合评价量化得分呈线性减小趋势，说明放煤时间越长，放煤工艺综合评价得分越低。放煤时间指数分别为 0.1、0.5、0.8、1.0、1.4、1.8、2.0 时，放煤工艺综合评价量化得分分别为 76 分、73 分、71 分、70 分、69 分、68 分、67 分，如表 5-6 所示，量化得分最大值与最小值相差 9 分，说明放煤工艺综合评价模型对放煤时间指数的敏感程度相对较低。

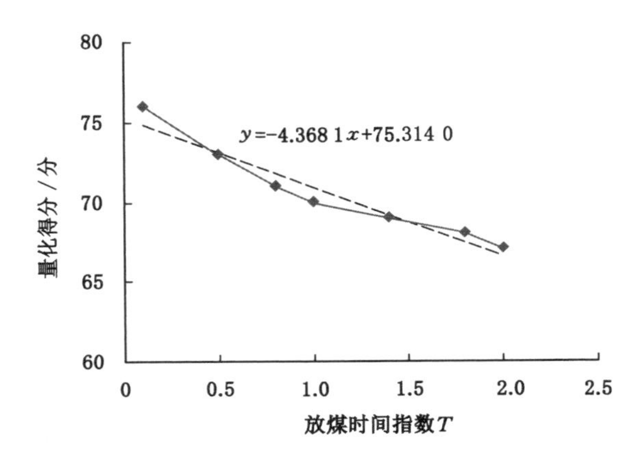

图 5-3 评价模型量化得分对放煤时间指数的敏感程度

表 5-6 不同放煤时间指数时评价模型量化得分情况

分类指标						量化得分/分
回收率 w/%	含矸率 s/%	放煤时间指数 T	后部刮板输送机过载频率 N/(次/h)	瓦斯浓度 a/%	粉尘浓度 b/(mg/m^3)	
80	10	0.1	0.5	0.2	0.5	76
80	10	0.5	0.5	0.2	0.5	73
80	10	0.8	0.5	0.2	0.5	71
80	10	1.0	0.5	0.2	0.5	70
80	10	1.4	0.5	0.2	0.5	69
80	10	1.8	0.5	0.2	0.5	68
80	10	2.0	0.5	0.2	0.5	67

5.1.2.4 后部刮板输送机过载频率的影响

通过只改变后部刮板输送机过载频率大小，分析放煤工艺综合评价模型对后部刮板输送机过载频率的敏感程度。保持回收率 w、含矸率 s、放煤时间指数 T、瓦斯浓度 a、粉尘浓度 b 不变，当后部刮板输送机过载频率分别为 0.5 次/h、1.0 次/h、1.5 次/h、2.0 次/h、3.0 次/h、4.0 次/h、7.0 次/h 时，从图 5-4 和表 5-7 可知放煤工艺综合评价模型总量化得分分别为 70 分、69 分、68 分、67 分、66 分、65 分、64 分，后部刮板输送机过载频率与模型量化得分近似呈负线性关系，即后部刮板输送机过载频率越大，放煤工艺综合评价得分越低。量化得分最大值与最小值相差 6 分，说明放煤工艺综合评价模型对后部刮板输送机过载频率敏感性较弱。

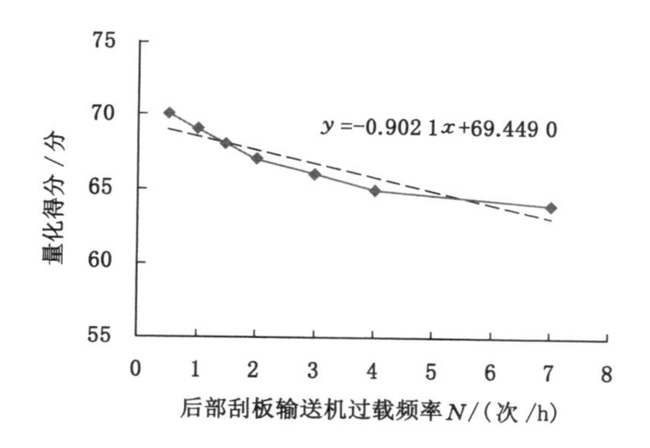

图 5-4 评价模型量化得分对后部刮板输送机过载频率的敏感程度

表 5-7 不同后部刮板输送机过载频率时评价模型量化得分情况

分类指标						量化得分/分
回收率 w /%	含矸率 s /%	放煤时间指数 T	后部刮板输送机过载频率 N/(次/h)	瓦斯浓度 a/%	粉尘浓度 b/(mg/m^3)	
80	10	1	0.5	0.2	0.5	70
80	10	1	1.0	0.2	0.5	69
80	10	1	1.5	0.2	0.5	68
80	10	1	2.0	0.2	0.5	67
80	10	1	3.0	0.2	0.5	66
80	10	1	4.0	0.2	0.5	65
80	10	1	7.0	0.2	0.5	64

5.1.2.5 瓦斯浓度的影响

保持回收率 w、含矸率 s、放煤时间指数 T、后部刮板输送机过载频率 N、粉尘浓度 b 不变，通过改变瓦斯浓度分析放煤工艺综合评价模型对瓦斯浓度的敏感程度。从图 5-5 和表 5-8 中可知，瓦斯浓度与放煤工艺综合评价量化得分呈负线性关系，即随着瓦斯浓度的增加，放煤工艺综合评价量化得分呈线性减小趋势，说明瓦斯浓度越大，放煤工艺综合评价得分越低。瓦斯浓度分别为 0.2%、0.3%、0.4%、0.5%、0.6%、0.7%时，放煤工艺综合评价量化得分分别为 70 分、69 分、68 分、67 分、67 分、66 分，量化得分最大值与最小值相差 4 分，说明放煤工艺综合评价模型对瓦斯浓度的敏感程度较低。

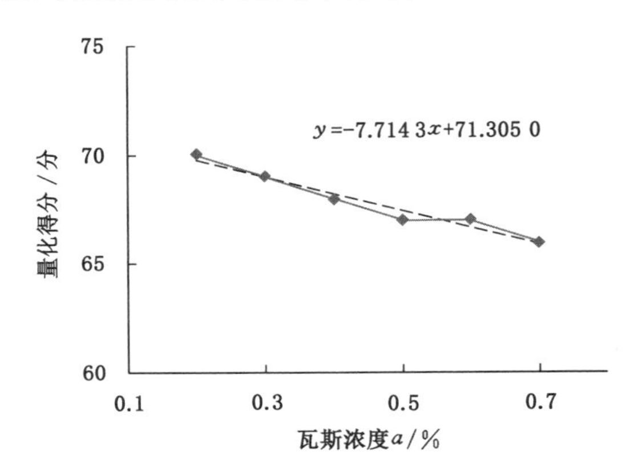

图 5-5 评价模型量化得分对瓦斯浓度的敏感程度

表 5-8 不同瓦斯浓度时评价模型量化得分情况

分类指标						量化得分/分
回收率 w /%	含矸率 s /%	放煤时间指数 T	后部刮板输送机过载频率 N/(次/h)	瓦斯浓度 a/%	粉尘浓度 b/(mg/m³)	
80	10	1	0.5	0.2	0.5	70
80	10	1	0.5	0.3	0.5	69
80	10	1	0.5	0.4	0.5	68
80	10	1	0.5	0.5	0.5	67
80	10	1	0.5	0.6	0.5	67
80	10	1	0.5	0.7	0.5	66

5.1.2.6　粉尘浓度的影响

通过只改变粉尘浓度大小，分析放煤工艺综合评价模型对粉尘浓度的敏感程度。保持回收率 w、含矸率 s、放煤时间指数 T、后部刮板输送机过载频率 N、瓦斯浓度 a 不变，当粉尘浓度分别为 0.5 mg/m³、1.0 mg/m³、2.5 mg/m³、3.0 mg/m³、4.0 mg/m³、4.5 mg/m³、5.0 mg/m³ 时，从图 5-6 和表 5-9 可知放煤工艺综合评价模型量化得分分别为 70 分、70 分、69 分、68 分、66 分、66 分、66 分，说明粉尘浓度与模型量化得分近似呈负线性关系，即粉尘浓度越大，放煤工艺综合评价得分越低。量化得分最大值与最小值相差 4 分，说明放煤工艺综合评价模型对粉尘浓度敏感性较弱。

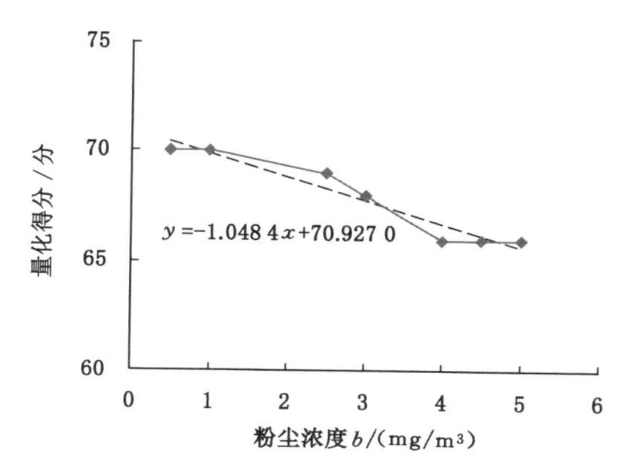

图 5-6　评价模型量化得分对粉尘浓度的敏感程度

表 5-9　不同粉尘浓度时评价模型量化得分情况

分类指标						量化得分/分
回收率 w/%	含矸率 s/%	放煤时间指数 T	后部刮板输送机过载频率 N/(次/h)	瓦斯浓度 a/%	粉尘浓度 b/(mg/m³)	
80	10	1	0.5	0.2	0.5	70
80	10	1	0.5	0.2	1.0	70
80	10	1	0.5	0.2	2.5	69
80	10	1	0.5	0.2	3.0	68
80	10	1	0.5	0.2	4.0	66
80	10	1	0.5	0.2	4.5	66
80	10	1	0.5	0.2	5.0	66

5.1.3 放煤工艺优选案例分析

以塔山煤矿 8222 工作面为工程背景，以原有单轮单口顺序放煤工艺为基础，提出了群组两口、群组三口、群组三口过量、两轮两口、三轮三口等多口协同放煤工艺，现采用放煤工艺优选方法对各个放煤工艺进行综合评价及优选。

5.1.3.1 放煤工艺综合评价参数确定

放煤工艺综合评价中考虑了顶煤回收率、含矸率、放煤时间指数、后部刮板输送机过载频率、瓦斯浓度及粉尘浓度等 6 个因素的影响，通过在采用不同放煤工艺时这 6 个影响因素的值对该放煤工艺的好坏进行综合评价。不同放煤工艺的回收率、含矸率已通过上一章内容进行了研究。在文献[159]中已发现 CDEM 模拟顶煤放出中运算时步与放煤时间存在一定的关系，故可通过不同工艺条件下运算时步反映工作面实际放煤时间，经计算可得单轮单口、群组两口、群组三口、两轮两口、三轮三口和群组三口过量放煤(含矸率 5%)时间指数分别为 1.89、0.81、0.48、1.29、0.80、0.52。不同放煤工艺条件下后部刮板输送机过载频率、瓦斯浓度及粉尘浓度的值无法通过数值模拟来研究，需要在现场进行测试得到。

井下现场在测试不同放煤工艺，即采用单轮单口、群组两口、群组三口、两轮两口、三轮三口时实时监测并分别统计了后部刮板输送机过载频率、瓦斯浓度及粉尘浓度的值，见图 5-7～图 5-9 和表 5-10。单轮单口放煤时后部刮板输送机过载频率、瓦斯浓度及粉尘浓度平均值分别为 0.60 次/h、0.06%、0.68 mg/m^3，群组两口放煤时后部刮板输送机过载频率、瓦斯浓度及粉尘浓度平均值分别为 1.30 次/h、0.26%、2.18 mg/m^3，群组三口放煤时后部刮板输送机过载频率、瓦斯浓度及粉尘浓度平均值分别为2.10 次/h、0.42%、5.36 mg/m^3，两轮两口放煤时后部刮板输送机过载频率、瓦斯浓度及粉尘浓度平均值分别为 0.92 次/h、0.21%、2.08 mg/m^3，三轮三口放煤时后部刮板输送机过载频率、瓦斯浓度及粉尘浓度平均值分别为 0.70 次/h、0.22%、3.04 mg/m^3，群组三口过量放煤与群组三口放煤相同，后部刮板输送机过载频率、瓦斯浓度及粉尘浓度平均值分别为 2.10 次/h、0.42%、5.36 mg/m^3。

5.1.3.2 不同放煤工艺综合评价及优选

根据单轮单口、群组两口、群组三口、群组三口过量、两轮两口、三轮三口 6 种放煤工艺的回收率、含矸率、放煤时间指数、后部刮板输送机过载频率、瓦斯浓度和粉尘浓度的结果，结合放煤工艺综合评价模型，最终可计算得到各个放煤工艺的量化得分，分别为 67 分、70 分、69 分、77 分、76 分、89 分，对应的

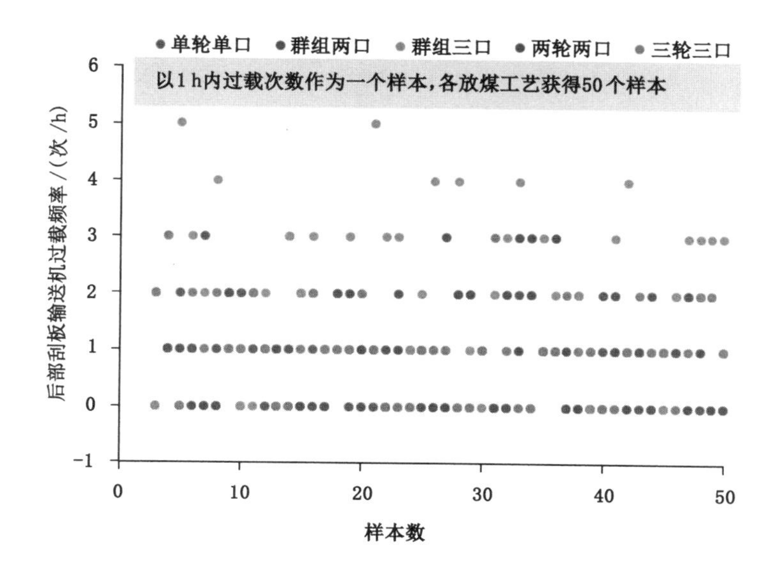

图 5-7 不同放煤工艺后部刮板输送机过载频率统计

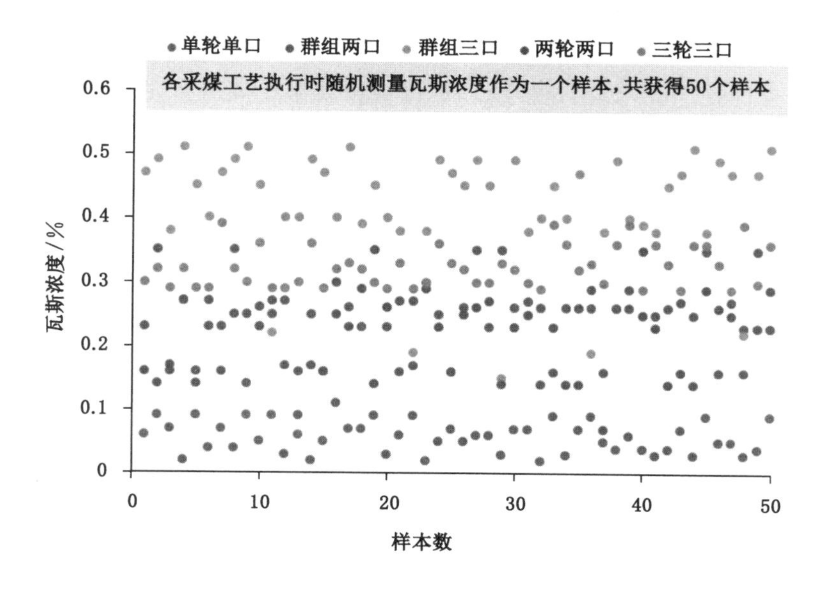

图 5-8 不同放煤工艺瓦斯浓度统计

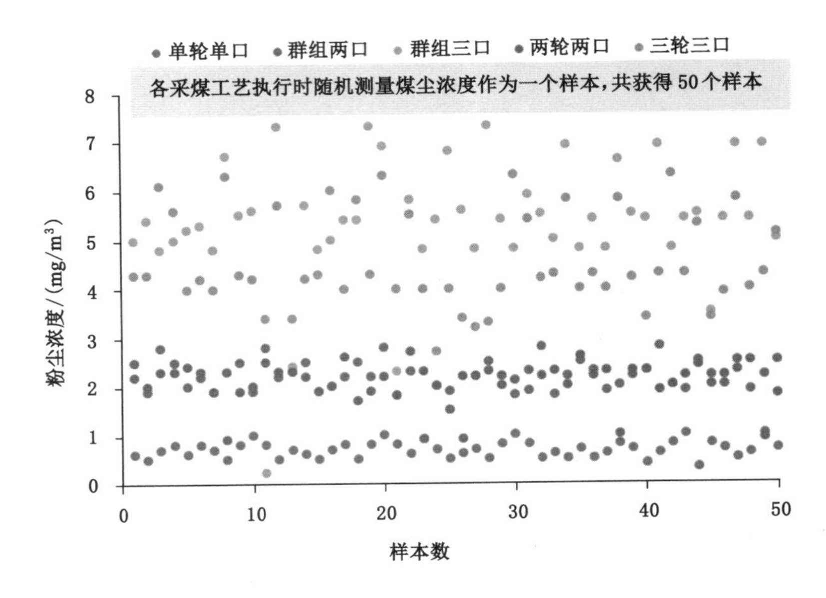

图 5-9　不同放煤工艺粉尘浓度统计

类别分别为Ⅲ、Ⅲ、Ⅲ、Ⅱ、Ⅱ、Ⅰ，如表 5-10 所示，即该 6 种放煤工艺优选类别分别为备用选择、备用选择、备用选择、建议选择、建议选择、优先选择，即三轮三口放煤为优先选择，其次是群组三口过量放煤为建议选择，故工作面可采用以三轮三口放煤为主、群组三口过量放煤(可含 5%的矸石)为辅的放煤策略。

表 5-10　不同放煤工艺综合评价指标及优选结果

放煤工艺名称	分类指标						量化得分/分	类别
	回收率 w /%	含矸率 s /%	放煤时间指数 T	后部刮板输送机过载频率 N/(次/h)	瓦斯浓度 a/%	粉尘浓度 b/(mg/m³)		
单轮单口	72.35	0.5	1.89	0.60	0.06	0.68	67	Ⅲ
群组两口	81.73	0.5	0.81	1.30	0.26	2.18	70	Ⅲ
群组三口	84.48	0.5	0.48	2.10	0.42	5.36	69	Ⅲ
两轮两口	89.72	0.5	1.29	0.92	0.21	2.08	76	Ⅱ
三轮三口	93.09	0.5	0.80	0.70	0.22	3.04	89	Ⅰ
群组三口过量	89.50	5.0	0.52	2.10	0.42	5.36	77	Ⅱ

5.2 多口协同放煤控制方法

智能化放煤是实现智能化综放的关键环节，科学的决策方法与切合实际的操作指令是实现智能放煤的重点[160-162]。目前，由于煤矸识别技术尚未完全成熟，识别精度低，以煤矸识别为放煤控制条件的智能放煤尚未完全推广应用，以时间控制为主、人工干预为辅的放煤控制方法是进行初级智能化放煤的有效措施。

5.2.1 多口协同放煤时间控制方法

综放开采时采放工艺流程为采煤机割煤—液压支架移架—推前部刮板输送机—液压支架放煤—拉后部刮板输送机顺序作业。液压支架放煤需在采煤机割煤、液压支架移架、推前部刮板输送机一系列动作完成后进行，各个环节之间存在着时间、空间上的先后关系。首先采煤机按照一定的运行速度进行割煤，在采煤机后滚筒位置滞后 1～3 架开始移架，采煤机后滚筒位置滞后约 15 m 推移前部刮板输送机，放顶煤工序与割煤工序采用平行作业方式，滞后拉支架距离为 8～10 个支架，相邻两个放煤工相距 3～5 个支架，放煤后，顺序将后部刮板输送机拉前一个循环的距离，滞后放煤作业约 10 架支架进行，如图 5-10 所示。

采煤机割煤速度、支架移架时间、多轮放煤时间存在一定的逻辑关系。若多轮放煤时，某轮放煤时间较短，单架放煤速度超过采煤机割煤速度和移架速度，会造成因支架放煤过快与推刮板输送机、移架工作混乱，或者因放煤时间过短，放煤量不大，影响放煤效率；若某轮支架放煤时间过长，会造成放煤支架与采煤机或推刮板输送机移架区域距离越来越远，增长工作面整体生产时间。多轮放煤时放煤时间如何分配，需要在现场对采煤机割煤速度、移架时间、放煤时间等进行大量统计的基础上，科学合理地分配每一轮支架的放煤时间。

5.2.1.1 割煤速度、移架时间、放煤时间关系现场实测

(1) 采煤机割煤速度现场实测

在塔山煤矿 8222 工作面将每 20 架区间范围，即 35 m 作为一个测试样本，监测采煤机割煤速度，共获得 98 个样本。采煤机割煤速度也可以转化为采煤机通过单个支架的时间，即支架宽度与采煤机割煤速度的比值。监测结果如图 5-11 所示，采煤机正常割煤时最小割煤速度为 1.90 m/min，最大割煤速度为 7.56 m/min，平均割煤速度为 4.43 m/min，即采煤机割煤状态下通过一个支架的平均时间为

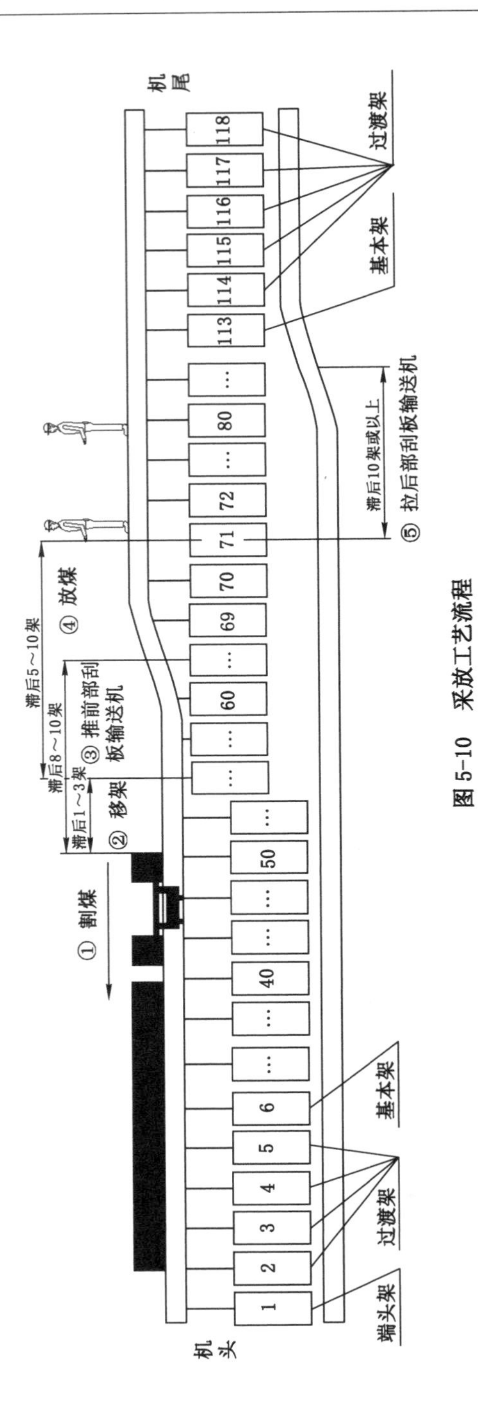

机尾
机头
过渡架
基本架
端头架
① 割煤
② 移架
滞后1～3架
③ 推前部刮板输送机
滞后8～10架
④ 放煤
滞后5～10架
⑤ 拉后部刮板输送机
滞后10架或以上
1
2
3
4
5
6
40
50
60
69
70
71
72
80
113
114
115
116
117
118

图 5-10 采放工艺流程

0.395 min，约 23.7 s。在监测过程中发现：采煤机在端头斜切回刀割煤时速度偏低，平均割煤速度为 3.50 m/min；在工作面中间正常区域割煤时速度较快，平均为 4.90 m/min。

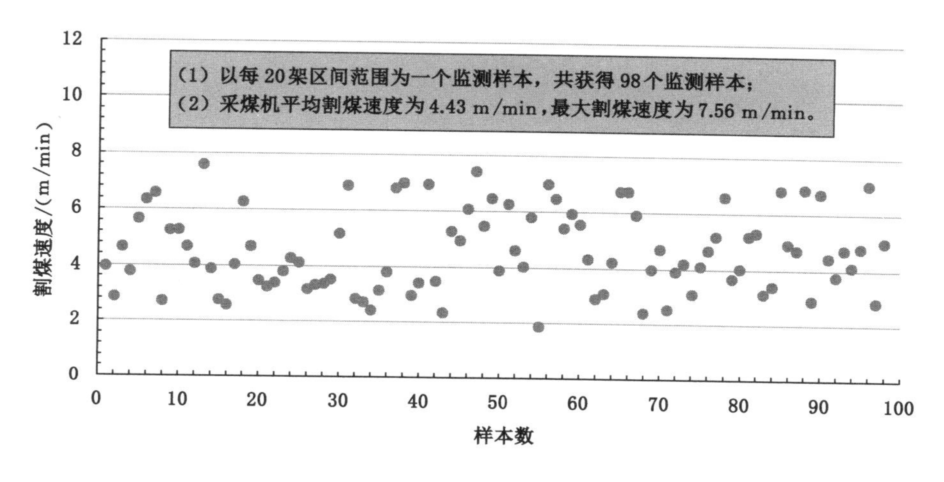

图 5-11　采煤机割煤速度统计

(2) 移架时间现场实测

对 8222 工作面液压支架移架时间进行统计，如图 5-12 所示，共统计 417 次支架移架时间，分别由 7 名经验丰富的放煤工进行统计，对应采集的数据分别为样本 1～样本 7。统计结果显示，工作面支架平均移架时间为 0.54 min，其中：移架时间在 1.5 min 以上的共计 5 架次，占比 1.2%；移架时间为 1.0～1.5 min 的共计 30 架次，占比 7.2%；移架时间为 0.5～1.0 min 的共计 110 架次，占比 26.4%；移架时间在 0.5 min 以内的共计 272 架次，占比 65.2%。

(3) 单个支架放煤时间现场实测

在 8222 工作面顶煤厚度为 10.9 m 条件下，统计液压支架平均放煤时间，如图 5-13 所示，共统计 543 个放煤时间样本。统计时，采用一轮放煤时间统计的为样本 1～样本 10，采用两轮放煤时间统计的为样本 11。统计结果显示，支架平均放煤时间为1.2 min，其中：放煤时间在 0.5 min 以下的共 99 次，占比 18.2%；放煤时间为 0.5～1.0 min 的共 189 次，占比 34.8%；放煤时间为 1.0～2.0 min 的共 180 次，占比 33.1%；放煤时间为 2.0～3.0 min 的共 52 次，占比 9.6%；放煤时间在 3.0 min 以上的共 23 次，占比 4.2%。支架的放煤时间主要集中在 0.5～2.0 min。

总之，从 8222 工作面现场统计的采煤机割煤速度、移架时间、放煤时间来看，

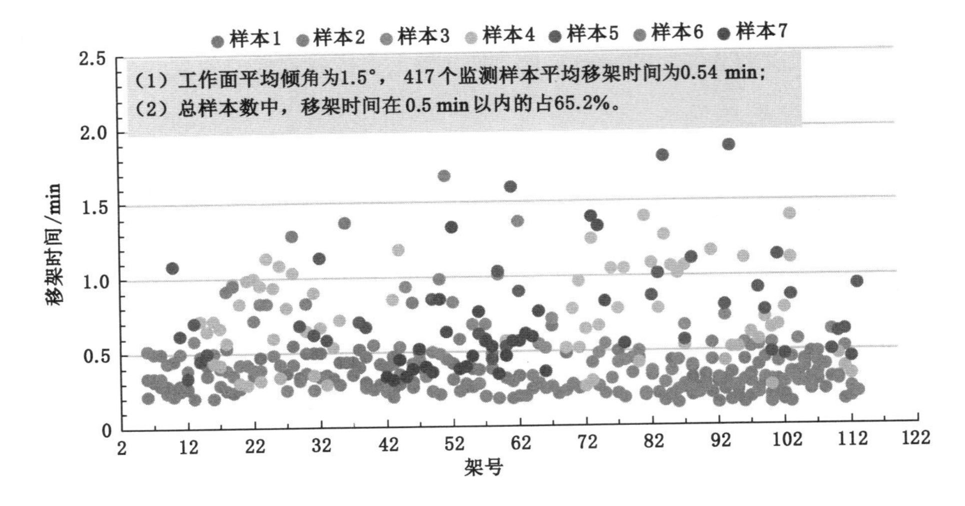

图 5-12　支架移架时间统计

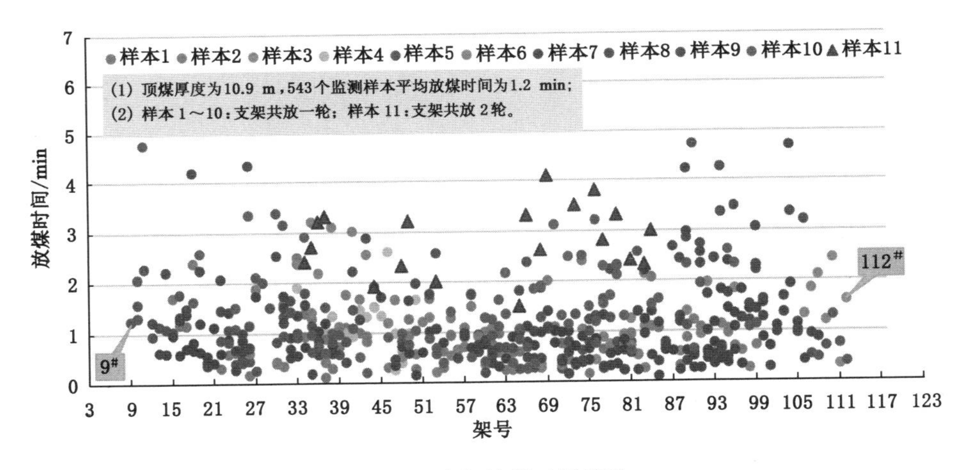

图 5-13　支架放煤时间统计

各时间具有一定的波动性，从实测的平均数据来看，单个支架放煤时间 1.2 min>单个支架移架时间 0.54 min>采煤机通过单个支架的时间 0.395 min。

5.2.1.2　多口协同放煤时间控制方法

目前，由于煤矸识别技术尚未完全成熟，以煤矸识别为放煤控制条件的智能放煤尚未完全推广应用，现阶段以时间控制为主、人工干预为辅的放煤控制方法是进行初级智能化放煤的有效措施。结合多口协同放煤研究成果，以及放煤工艺流程中支架放煤前需要满足的必要条件,需要建立支架是否满足放煤条件的判别方法,同时提出三轮三口放煤、群组三口放煤时间控制方法。

(1) 支架是否满足放煤条件判别方法

放煤前必须对支架是否满足放煤条件进行判断。支架放煤需要在采煤机割煤、液压支架移架、推前部刮板输送机 3 个动作完成后才可以进行,故支架能否放煤的第一判断条件为支架移架是否到位,需要根据支架动作及电信号等参数进行综合判断。

支架移架动作既可由支架监控系统远程控制,也可由采煤工作面的工人通过支架上的电液控制装置现场控制,因此支架监控系统对支架移架开始的判断应从两方面考虑:若由支架监控系统远程发出移架指令,则即刻开始执行移架判断;若由采煤工作面的工人通过支架上的电液控制装置现场控制移架,放顶煤支架监控系统应在收到支架上的电液控制装置传输过来的降架、移架、升架的信号后,开始执行移架判断。由于支架监控系统接收降架、移架、升架信号存在指令丢失的现象,即支架发生了降架、移架、升架指令,但传输到支架监控系统时,可能仅有一个或两个指令。为消除这种通信的干扰影响,设置放顶煤支架监控系统在收到支架上的电液控制装置传输过来的降架、移架、升架信号中的至少任意两个指令后,开始执行移架判断。

由支架监控系统远程控制时,为保证移架指令下发后支架能够执行移架动作,需将行程传感器的测量数值加入判断进行观测。由于行程传感器的数值存在随机的跳变,为消除该影响,移架指令下发后,若行程传感器在一段时间的数值发生连续的递减变化,则认为支架移架动作开始执行。

考虑人工调架的影响,在支架移架判断开始后,还要检测是否会有支架上的电液控制装置传输过来降架、移架、升架信号,如果收到任意一个即可判断出此时人工正在进行调架,此时的调架可能是粗调或者是微调。

当放顶煤支架进入支架粗调到位区时,人工还会对支架位置进行反复的微调,直至支架移架到位。因此,此时对支架移架完成的判断,需滤除行程传感器数值跳变的干扰与人工调架的干扰,可在一段时间内判断行程传感器的数值是否发生了连续的递增或递减变化:如果存在,则存在人工微调,需要延时一段时间等待人工调节结束;如果没有,则人工微调结束,支架移架到位。放顶煤支架移架到位判别流程如图 5-14 所示。

(2) 三轮三口放煤时间控制方法

工作面在无特殊地质条件,煤层夹矸较少的正常放煤阶段,放煤工艺采用三

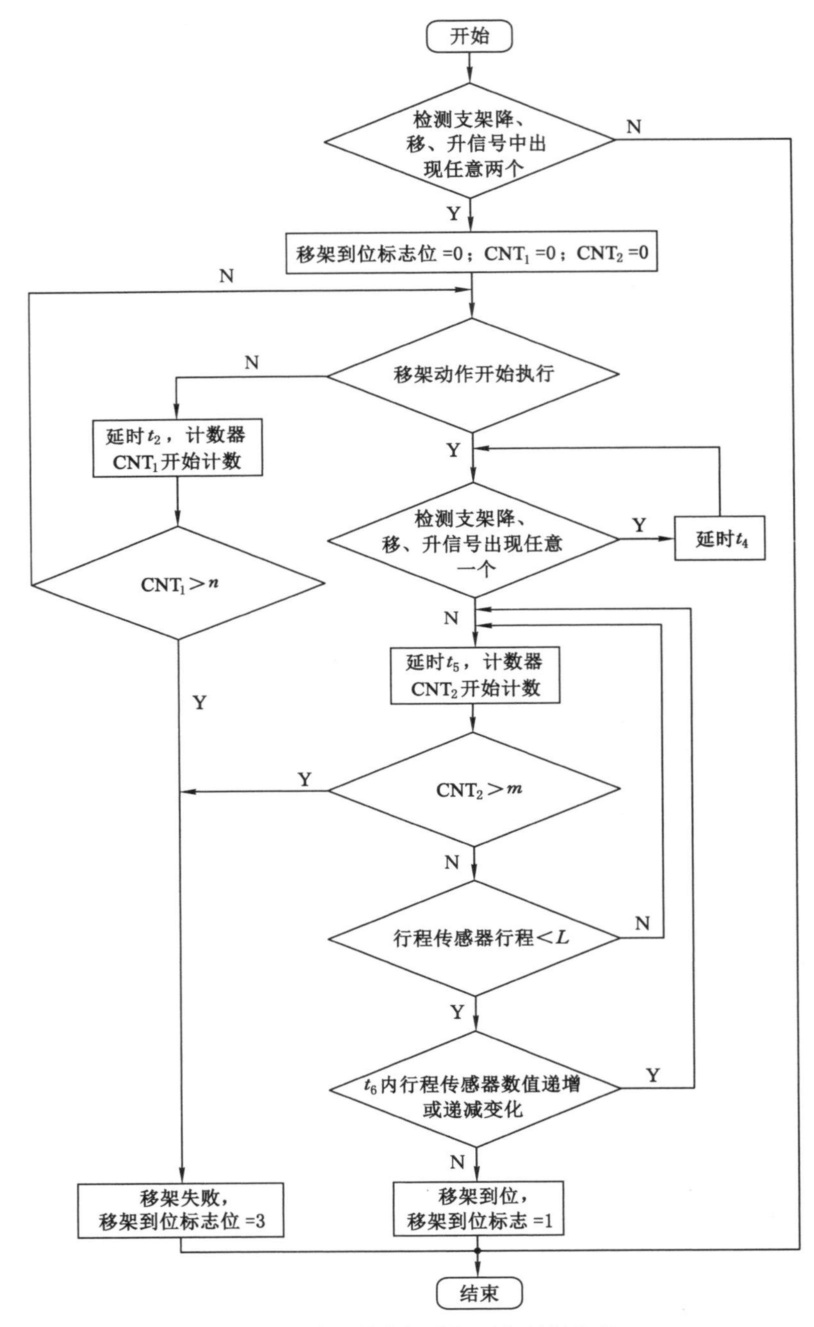

图 5-14　放顶煤支架移架到位判别流程

轮三口放煤，煤层厚度为 H 时，单口放煤总时间为 t_0，放煤的支架总数为 n，放煤轮数为 3 轮，第 1 轮、第 2 轮、第 3 轮之间放煤口间隔支架数为 L，最后一个有移架动作的支架号为 P。三轮三口放煤时间控制方法为：当采煤和放煤方向由机头向机尾时，即支架号由小到大，首先判断支架 P 是否满足放煤条件，不满足时结束，满足放煤条件时，支架 P 执行放煤时间 $t_0/3$，然后判断支架($P-L$)是否满足放煤条件，不满足时结束，满足时支架($P-L$)执行放煤时间 $t_0/3$，然后判断支架($P-2L$)是否满足放煤条件，不满足时结束，满足时支架($P-2L$)预执行放煤时间 $t_0/3$，并且人工干预，以见矸为最终结束条件；继续判断支架($P+1$)是否满足放煤条件，不满足时结束，满足放煤条件时，支架($P+1$)执行放煤时间 $t_0/3$，然后判断支架($P+1-L$)是否满足放煤条件，不满足时结束，满足时支架($P+1-L$)执行放煤时间 $t_0/3$，然后判断支架($P+1-2L$)是否满足放煤条件，不满足时结束，满足时支架($P+1-2L$)预执行放煤时间 $t_0/3$，并且人工干预，以见矸为最终结束条件。依此类推，当工作面所有放煤支架依次执行 3 次放煤时完成放煤指令，如图 5-15 所示。

当采煤和放煤方向由机尾向机头时，即支架号由大到小，首先判断支架 P 是否满足放煤条件，不满足时结束，满足放煤条件时，支架 P 执行放煤时间 $t_0/3$，之后判断支架($P+L$)是否满足放煤条件，不满足时结束，满足时支架($P+L$)执行放煤时间 $t_0/3$，之后判断支架($P+2L$)是否满足放煤条件，不满足时结束，满足时支架($P+2L$)预执行放煤时间 $t_0/3$，并且人工干预，以见矸为最终结束条件；继续判断支架($P-1$)是否满足放煤条件，不满足时结束，满足放煤条件时，支架($P-1$)执行放煤时间 $t_0/3$，之后判断支架($P-1+L$)是否满足放煤条件，不满足时结束，满足时支架($P-1+L$)执行放煤时间 $t_0/3$，之后判断支架($P-1+2L$)是否满足放煤条件，不满足时结束，满足时支架($P-1+2L$)预执行放煤时间 $t_0/3$，并且人工干预，以见矸为最终结束条件。依此类推，当工作面所有放煤支架依次执行 3 次放煤时完成放煤指令。

(3) 群组三口放煤时间控制方法

在特殊地质条件下，如煤层夹矸较多时，多轮多口放煤中的每个单口支架放煤时顶煤和夹矸容易成拱，此时可以采用群组三口放煤，该放煤工艺有利于大块顶煤的顺利放出，减小成拱的概率，提高放煤效率。

群组三口放煤，煤层厚度为 H 时，放煤的支架总数为 n，群组三口将顶煤放出的时间为 t_0，若最后一个有移架动作的支架号为 P，群组三口放煤时间控制方法为：当采煤和放煤方向由机头向机尾时，即支架号由小到大，首先判断支架 P 是否满足放煤条件，不满足时，延迟时间 t_1 继续判断，满足放煤条件时，判断($P-1$)是否满足放煤条件，不满足时结束，满足放煤条件时，继续判断($P-2$)

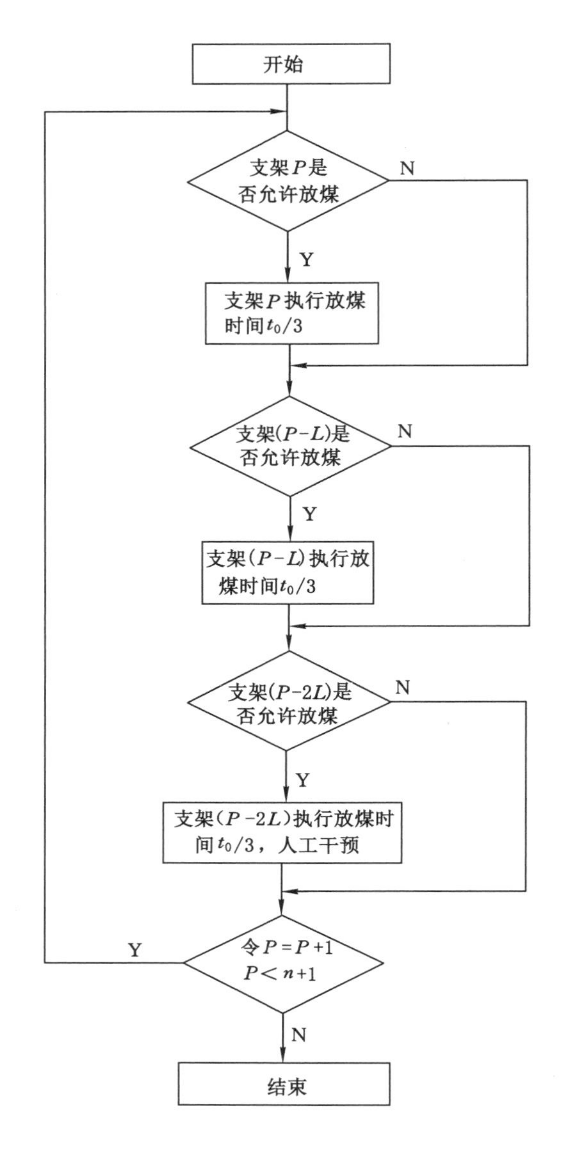

图 5-15　三轮三口放煤时间控制方法

是否满足放煤条件，不满足时结束，满足放煤条件时，支架 P、$(P-1)$、$(P-2)$ 同时打开放煤口执行放煤时间 t_0，且人工干预，以见矸为最终结束条件；继续判断支架$(P+3)$是否满足放煤条件，不满足时结束，满足放煤条件时，继续判断$(P+2)$是否满足放煤条件，不满足时结束，满足放煤条件时，继续判断$(P+1)$

是否满足放煤条件，不满足时结束，满足放煤条件时，支架($P+3$)、($P+2$)、($P+1$)打开放煤口执行放煤时间 t_0，且人工干预，以见矸为最终结束条件。依此类推，当工作面所有支架依次完成放煤动作后结束。当群组三口过量放煤时，即放煤结束不以见到矸石为关闭放煤口条件，而是允许一定的含矸率，由于目前煤矸识别以及放煤量三维扫描实时统计等技术不成熟，目前以见到矸石后再放一定时间 t_2 的矸石作为结束条件。群组三口过量放煤时间控制方法如图 5-16 所示。t_2 的大小可根据最终含矸率大小来调节，含矸率偏大时则适当减小 t_2 的值，含矸率偏小时则适当增大 t_2 的值。

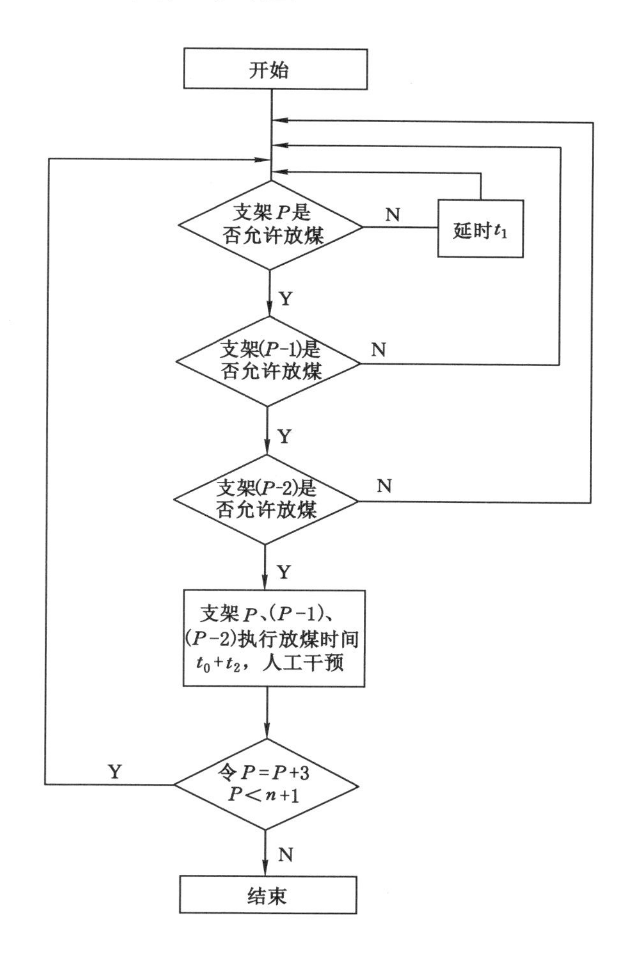

图 5-16 群组三口过量放煤时间控制方法

当采煤和放煤方向由机尾向机头时，即支架号由大到小，首先判断支架 P 是否满足放煤条件，不满足时结束，满足放煤条件时，继续判断($P+1$)是否满足放煤条件，不满足时结束，满足放煤条件时，继续判断($P+2$)是否满足放煤条件，不满足时结束，满足放煤条件时，支架 P、($P+1$)、($P+2$)打开放煤口执行放煤时间 t_0，且人工干预，以见矸为最终结束条件；继续判断支架($P-3$)是否满足放煤条件，不满足时结束，满足放煤条件时，继续判断($P-2$)是否满足放煤条件，不满足时结束，满足放煤条件时，继续判断($P-1$)是否满足放煤条件，不满足时结束，满足放煤条件时，支架($P-3$)、($P-2$)、($P-1$)同时打开放煤口执行放煤时间 t_0，且人工干预，以见矸为最终结束条件。依此类推，当工作面所有支架依次完成放煤动作后结束。群组三口过量放煤方法与上述方法相同。

总之，在工作面正常放煤阶段采用三轮三口放煤模式，第一轮放煤时每个放煤支架放煤时间为单口放煤总时间 t_0 的 1/3，第二轮放煤时每个放煤支架放煤时间同样为总时间 t_0 的 1/3，第三轮放煤时，采用人工干预，每个放煤口见矸关门。当夹矸较多、顶煤块度较大、放煤口容易成拱，三轮三口放煤效率降低时，工作面可切换成群组三口放煤模式，每个群组放煤时间为 t_0，采用人工干预，以见到矸石为结束放煤条件。当采用群组三口过量放煤，即放煤时允许混入一定比例的矸石时，放煤结束条件为见到矸石后再放一定时间 t_2，t_2 可根据混矸率的大小调节。简言之，工作面可采用三轮三口放煤为主、群组三口过量放煤为辅的放煤策略。

5.2.2 放煤口大小自适应控制方法

5.2.2.1 支架放煤模式

支架放煤模式可分为 3 种：初始放煤模式 F_1、破煤放煤模式 F_2、收尾模式 F_3。支架收到相应的指令后可执行对应的模式。

初始放煤模式 F_1 如图 5-17 所示，该模式下尾梁有两个动作，一是收插板，二是下摆尾梁。收插板时间可设定开始时间为 t_{n0}，结束时间为 t_{n1}，动作总时间为 t_{n01}(其值为结束时间与开始时间的差值)；尾梁下摆开始角度为 θ_{n1}(尾梁和垂线 L 之间的夹角)，结束角度为 θ_{n2}，尾梁下摆角度为 θ_{n12}(其值为开始角度与结束角度的差值)，尾梁下摆后停顿开始时间为 t_{n2}，结束时间为 t_{n3}，停顿总时间为 t_{n23}(其值为结束时间与开始时间的差值)。

破煤放煤模式 F_2 如图 5-18 所示，该模式下尾梁有两个动作，一是尾梁

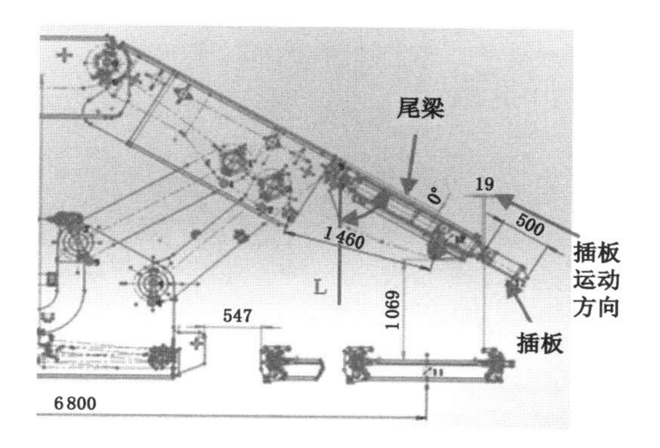

(a) 放煤前初始状态

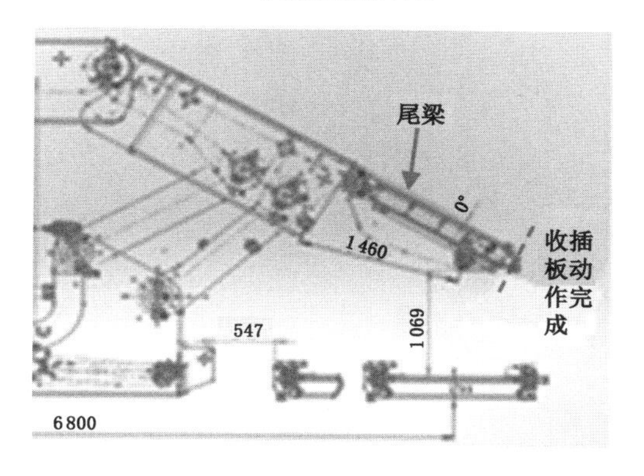

(b) 收插板，开始放煤

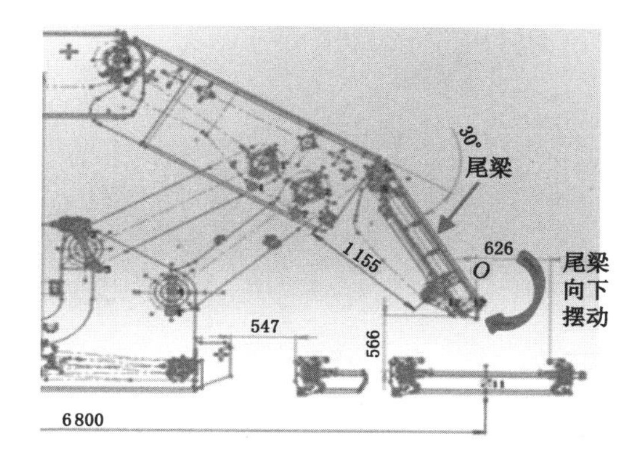

(c) 下摆尾梁，增大放煤口

图 5-17 初始放煤模式 F_1 流程示意图

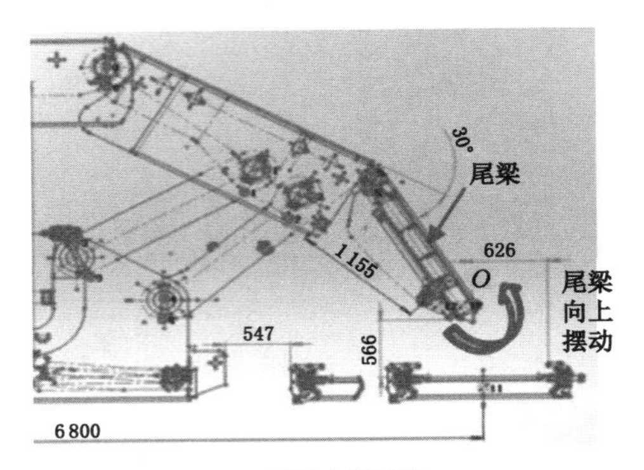

(a) 开始上摆尾梁

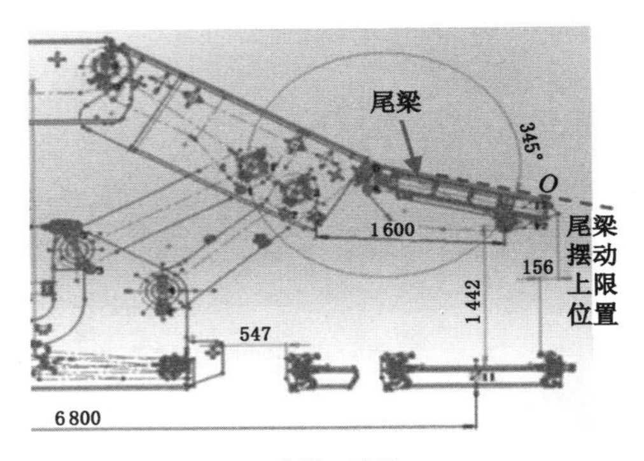

(b) 破煤、破矸

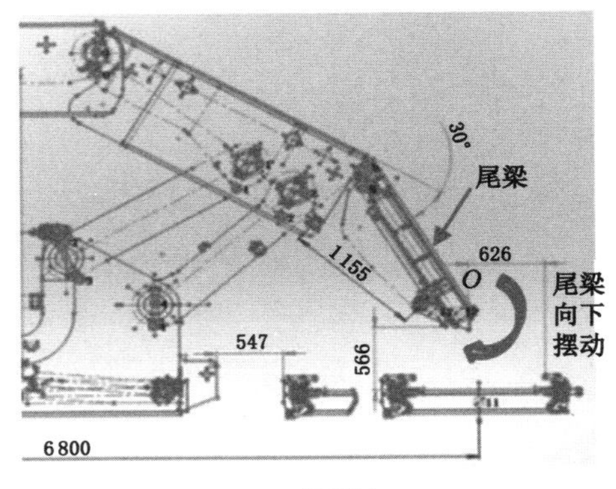

(c) 下摆尾梁

图 5-18 破煤放煤模式 F_2 流程示意图

上摆，二是尾梁下摆。支架收到指令后，开始上摆尾梁，初始尾梁角度为θ_{n2}，上摆结束角度为θ_{n3}，尾梁共上摆的角度为θ_{n23}（其值为上摆结束角度与初始角度的差值）；尾梁随后下摆，由初始角度θ_{n3}下摆至θ_{n2}结束，尾梁下摆角度为θ_{n32}。

收尾模式F_3如图5-19所示，该模式下尾梁有两个动作，一是尾梁上摆或下摆，二是伸插板。收到放煤模式F_3指令后，判断此时尾梁角度与初始尾梁角度关系，若大于初始尾梁角度，尾梁执行下摆，若小于初始尾梁角度，尾梁执行上摆；尾梁上摆或下摆至初始尾梁角度后，伸插板，开始时间为t_{n3}，结束时间为t_{n4}，总时间为t_{n34}（其值为结束时间与开始时间的差值）。

5.2.2.2 放煤口大小自适应控制方法

采用多口放煤时，支架执行放煤命令，在地质构造带区域顶煤比较破碎，某时刻多个放煤口流入后部刮板输送机的煤量可能过大，超出后部刮板输送机运载能力，造成压刮板输送机的情况，故需要对放煤口大小进行实时调节。

支架收到放煤指令后开始执行放煤模式$F_1 \rightarrow F_2 \rightarrow F_3$，执行不同放煤模式时，每个模式条件下插板和尾梁均有固定参数，在放煤过程中可根据后部刮板输送机运载情况改变尾梁、插板动作的参数进行放煤口大小调节，即可以调节插板伸和收的长度、尾梁上摆和下摆的角度等实现放煤口大小调节，进而调节放煤口放煤量的大小，达到调节后部刮板输送机实时运载情况的目的。放煤口大小调节与后部刮板输送机实时煤流有直接联系，后部刮板输送机实时煤流大小直接反映了放煤口参数的合理与否，且为下一步放煤口参数条件的确定提供了依据。

工作面运输系统正常运行时，后部刮板输送机上的煤量多少与两类因素相关：一类是可控因素，如放顶煤支架放煤操作；另一类是不可控因素，如地质条件、顶板破碎程度等。因此，对后部刮板输送机上的煤量调节只能是通过可控因素来进行，在小时间尺度下，可以通过调节放煤口大小来控制后部刮板输送机上的煤量，放煤口大小调节则可以通过调节插板收缩量来实现，也可以通过调节尾梁上摆、下摆角度来实现，如图5-20所示。在生产过程中，插板一般全部收缩，然后进行放煤，这是因为如果插板未全部收缩，支架姿态处于不利情况时，尾梁下摆时容易插入后部刮板输送机，造成事故，故通过控制尾梁上摆、下摆角度调节放煤口大小更为容易和安全。

为实现放煤口大小与刮板输送机运输能力相适应，将放顶煤支架放煤口的大小分成G_3、G_2、G_1、G_0共4个挡位。G_3对应的是最大的放煤口，其上摆角度

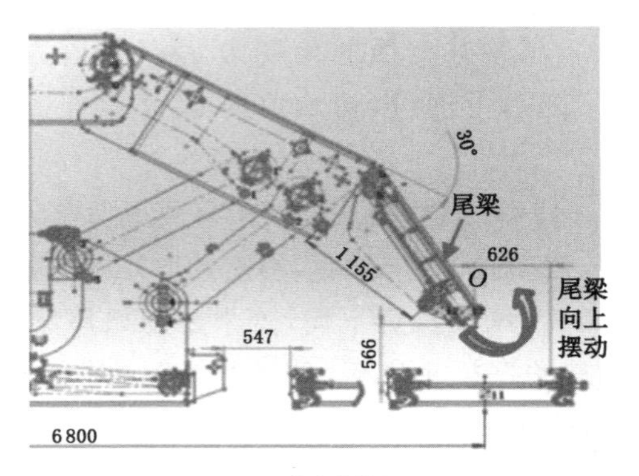

(a) 上摆尾梁

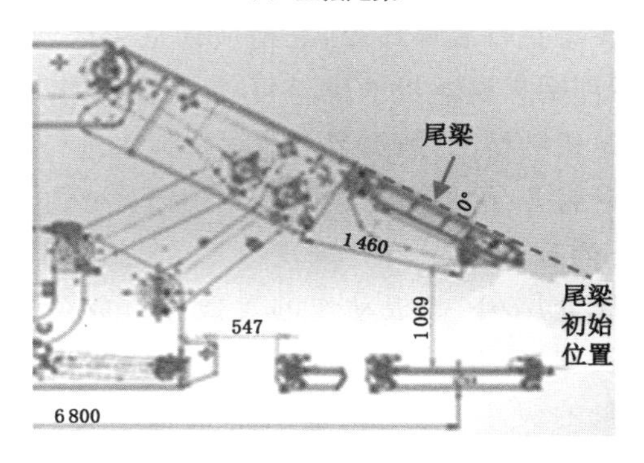

(b) 尾梁恢复原始角度

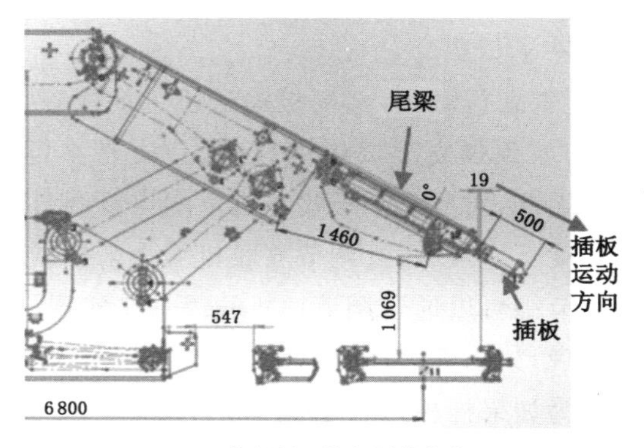

(c) 伸插板，恢复原始状态

图 5-19 收尾模式 F_3 流程图

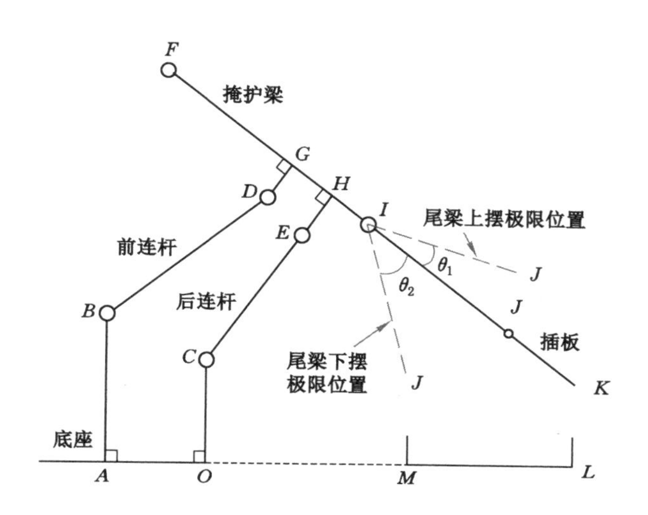

图 5-20 支架放煤时尾梁动作简图

为 θ_1，下摆角度为 θ_2；G_2 对应的是中等的放煤口，其上摆角度为 θ_3，下摆角度为 θ_4；G_1 对应的是最小的放煤口，其上摆角度为 θ_5，下摆角度为 θ_6；G_0 对应的是完全闭合的放煤口，其上摆、下摆角度都为 0°。G_3、G_2、G_1 3 个挡位上摆角度满足 $\theta_1>\theta_3>\theta_5>0°$，下摆角度满足 $\theta_2>\theta_4>\theta_6>0°$。

后部刮板输送机实时煤流大小可用后部刮板输送机实时电流来反映。I_{max} 表示后部刮板输送机允许的最大运行电流，$I_{阈}$ 为后部刮板输送机安全运行最大电流，$I_{阈}$ 的值为允许最大运行电流 I_{max} 除以一定的安全系数。根据后部刮板输送机实时的电流 I_t 大小与安全运行最大电流 $I_{阈}$ 进行比较，判断某时刻后部刮板输送机运载煤量大小，从而决策放煤口执行的挡位。具体执行过程如下：放煤口执行 G_3 挡位，实时判断电流 I_t 与 $I_{阈}$ 大小，若 $I_t<I_{阈}$ 则继续执行 G_3 挡位，若 $I_t>I_{阈}$ 则执行 G_2 挡位，此时实时判断电流 I_t 与 $I_{阈}$ 大小，若 $I_t<I_{阈}$ 则重新执行 G_3 挡位，若 $I_t>I_{阈}$ 则执行 G_1 挡位，此时实时判断电流 I_t 与 $I_{阈}$ 大小，若 $I_t<I_{阈}$ 则重新执行 G_3 挡位，若 $I_t>I_{阈}$ 则执行 G_0 挡位。放煤口与后部刮板输送机负载自适应控制流程如图 5-21 所示。

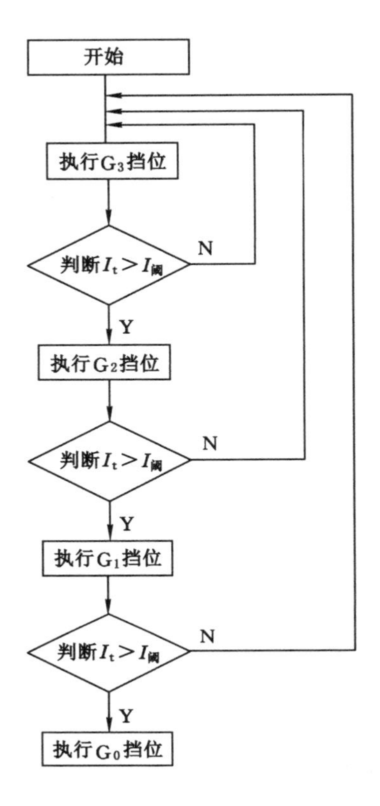

图 5-21 放煤口与后部刮板输送机负载自适应控制流程图

5.3 本章小结

本章在多口协同放煤规律研究的基础上，采用模糊数学理论提出了基于多因素指标的放煤工艺优选方法，分析了放煤工艺评价模型对单因素指标的敏感性，为规划放煤策略提供了依据，并提出了多口协同放煤控制方法，得出结论如下：

(1) 利用模糊数学理论，综合考虑了顶煤回收率、含矸率、放煤时间指数、后部刮板输送机过载频率、瓦斯浓度、粉尘浓度等指标对放煤的影响，提出了基于多因素指标的放煤工艺优选方法，为后续放煤策略规划提供了依据。

(2) 分析了放煤工艺评价模型对单因素指标的敏感程度，得出回收率与放煤工艺评价模型综合评价得分呈线性正相关关系，含矸率、放煤时间指数、后部刮板输送机过载频率、瓦斯浓度、粉尘浓度与放煤工艺评价模型综合评价得分呈线性负相关关系,模型对回收率的敏感性最高,其次是对含矸率的敏感性。

(3) 以塔山煤矿 8222 工作面为研究背景,利用放煤工艺优选方法对单轮单口、群组两口、群组三口、群组三口过量、两轮两口、三轮三口等放煤工艺进行了综合评价,各工艺评价得分分别为 67 分、70 分、69 分、77 分、76 分、89 分,对应的类别分别为Ⅲ、Ⅲ、Ⅲ、Ⅱ、Ⅱ、Ⅰ,优选级别分别为备用选择、备用选择、备用选择、建议选择、建议选择、优先选择。

(4) 提出了以时间控制为主、人工干预为辅的多口协同放煤控制方法,以及支架是否移架到位的判别方法和放煤口大小自适应的控制方法,为放煤系统开发提供了理论基础。

6 多口协同放煤工业性试验

基于前述章节对多口协同放煤规律、放煤工艺优选及控制方法等的研究，依托本课题组承担的国家重点研发计划项目“千万吨级特厚煤层智能化综放开采关键技术及示范”之课题二“特厚煤层采放协调智能放煤工艺模型及方法”，以塔山煤矿生产技术条件为基础，开发了智能放煤决策系统，并进行了工业性试验，得出多口协同放煤工艺在保证生产环境安全可靠的前提下，提高了顶煤回收率，降低了劳动强度，基本实现了“远程自动化放煤、人工巡检干预”多口协同初级智能放煤目标。

6.1 工作面生产技术条件

塔山煤矿 8222 工作面走向长度为 2 644 m，倾斜长度为 230 m，煤层倾角平均为 2°，平均煤厚为 14.11 m，机采高度为 4.0 m，放煤高度为 10.11 m，采放比为 1∶2.53，全部垮落法管理顶板，原定的放煤工艺为单轮单口放煤，一刀一放。

为了实现 8222 综放工作面自动、智能控制放煤，在原有 SL-500AC 型采煤机、PF6/1142 型前部刮板输送机、PF6/1542 型后部刮板输送机、ZF17000/27.5/42D 型放顶煤支架等设备基础上，进行了一系列升级改造，工作面主要设备配套参数见表 6-1。在液压支架底座、前连杆、顶梁等位置布置倾角传感器，可实现底座与水平面夹角、前连杆与水平面夹角、顶梁与水平面夹角的实时监测，在液压支架尾梁布置掩护梁千斤顶行程传感器，可实现尾梁与掩护梁之间千斤顶位移实时监测，为支架姿态监测及放煤口大小自适应控制提供基础。工作面布置了以千兆以太网为主干、辅以自组 Wi-Fi 无线网，集成 CAN、RS232、RS485、模拟量输入、频率量和电液控制系统用隔离耦合器功能的综合通信平台，实现了总线数据传输延迟时间不大于 300 ms，保障了操作指令实时传输、及时反馈。平巷转载机处安装放煤量扫描装置，能对转载机瞬时煤量进行实时扫描及统计。工作面主要设备布置见图 6-1。

表 6-1 工作面主要设备配套参数

名称	型号	技术参数	数量
采煤机	SL-500AC	1 715 kW,3.3 kV,2 700 t/h	1 台
中部支架	ZF17000/27.5/42D	支护强度 1.45 MPa,50 t/架	125 架
过渡支架	ZFG14000/29/42DA	支护强度 1.20 MPa,47.5 t/架	8 架
端头支架	ZTZ30000/25/50D	支护强度 0.52 MPa,100 t/架	1 架
前部刮板输送机	PF6/1142	2×1 050 kW,3.3 kV	1 台
后部刮板输送机	PF6/1542	2×1 600 kW,3.3 kV	1 台
ST 转载机	PF6/1742	800/400 kW,3.3 kV,6 236 t/h	1 台
破碎机	SK1422	700 kW,3.3 kV,6 000 t/h	1 台
自移列车	YZC/40/235		1 套

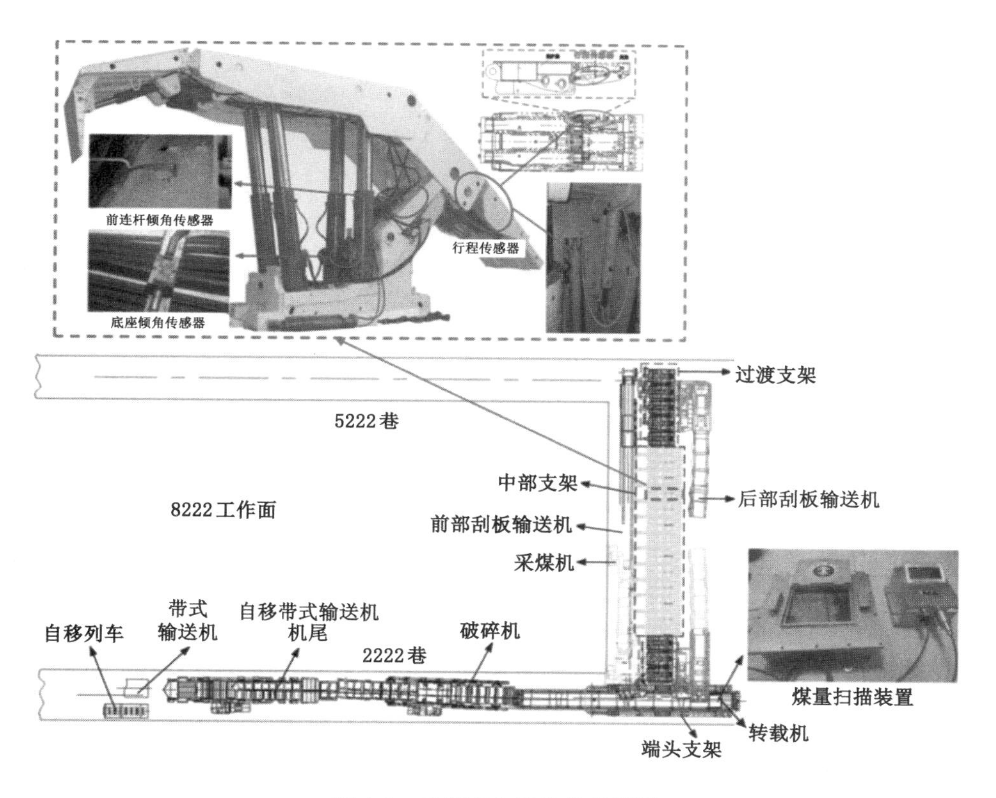

图 6-1 工作面主要设备布置图

液压支架控制系统主要采用天玛 SAC 型电液控制系统。该系统主要包括支架控制器、电液控换向阀组、电磁阀驱动器、各类支架传感器、信号转换器、电源箱、隔离耦合器及监控主机等。其中支架控制器为核心部件，操作人员可通过液压支架携带的人机操作界面或远程操作指令通过电缆传输达到控制支架动作的目的，支架收到控制器命令后，打开相应的电磁阀驱动电路，控制相应的电磁阀动作。

6.2 多口协同放煤控制系统

基于多口协同放煤规律，依托本课题组承担的国家重点研发计划项目，融合了放煤工艺优选方法、放煤时间控制方法及放煤口大小自适应控制方法等，开发了智能放煤决策系统，为多口协同放煤的智能化实现提供技术支撑。

6.2.1 放煤决策系统概述

放煤决策系统主要由数据层、建模层、业务层、展示层组成。① 数据层：该系统基于综采工作面自动化系统，通过共同约定的数据传输方式及协议，如 OPC、MQTT、Websocket，对自动化系统产生的多种类型数据进行采集与整合，打破信息孤岛，实现数据共享，为建模层奠定基础。② 建模层：针对数据特征，建立数据过滤模型，针对各类型数据逻辑关系，建立关联分析模型，为业务层服务。③ 业务层：围绕不同部门、科室、管理人员，梳理现场业务需求，准确定位功能，将监测、预警、分析结果推送至展示层，供用户快速获取信息，做出正确决策。④ 展示层：以简单直观的图表展示方式（图 6-2）、灵活多样的人机交互方式，将分析结果呈现给决策层。

智能放煤决策系统界面如图 6-3 所示，可实现六大功能。① 工作面各台液压支架前柱、后柱压力监测。放煤系统以柱状图形式向用户展示工作面各台液压支架前柱、后柱压力情况，根据支架压力大小，将其分为 3 个区间，即未达标初撑力区间、正常压力区间、较高承压压力区间。可预先在系统设置达标初撑力阈值和安全阀调定压力，以 8222 工作面为例，达标初撑力阈值和安全阀调定压力分别设定为 24.0 MPa、45.8 MPa，根据系统界面显示的颜色可快速分辨支架压力情况。② 放煤参数规划。可在放煤参数设置区域对放煤工艺、放煤支架号、放煤时间、尾梁摆动角度等进行预设，各支架将按照预设放煤参数执行。③ 采煤机位置监测。以采煤机模型的可视化形式向用户展示采煤机当前在工作面的位置，即采煤机所在的支架号，通过对采煤机位置的监测，为放煤参数规划提供决策依据。④ 输送机负载监测。对工作面前部刮板输送机、后部刮板输送机、转载机、破碎机、带式输送机电流进行实时监测与前端显示。根据电流大小及变化趋势，实时监测运行状态，将

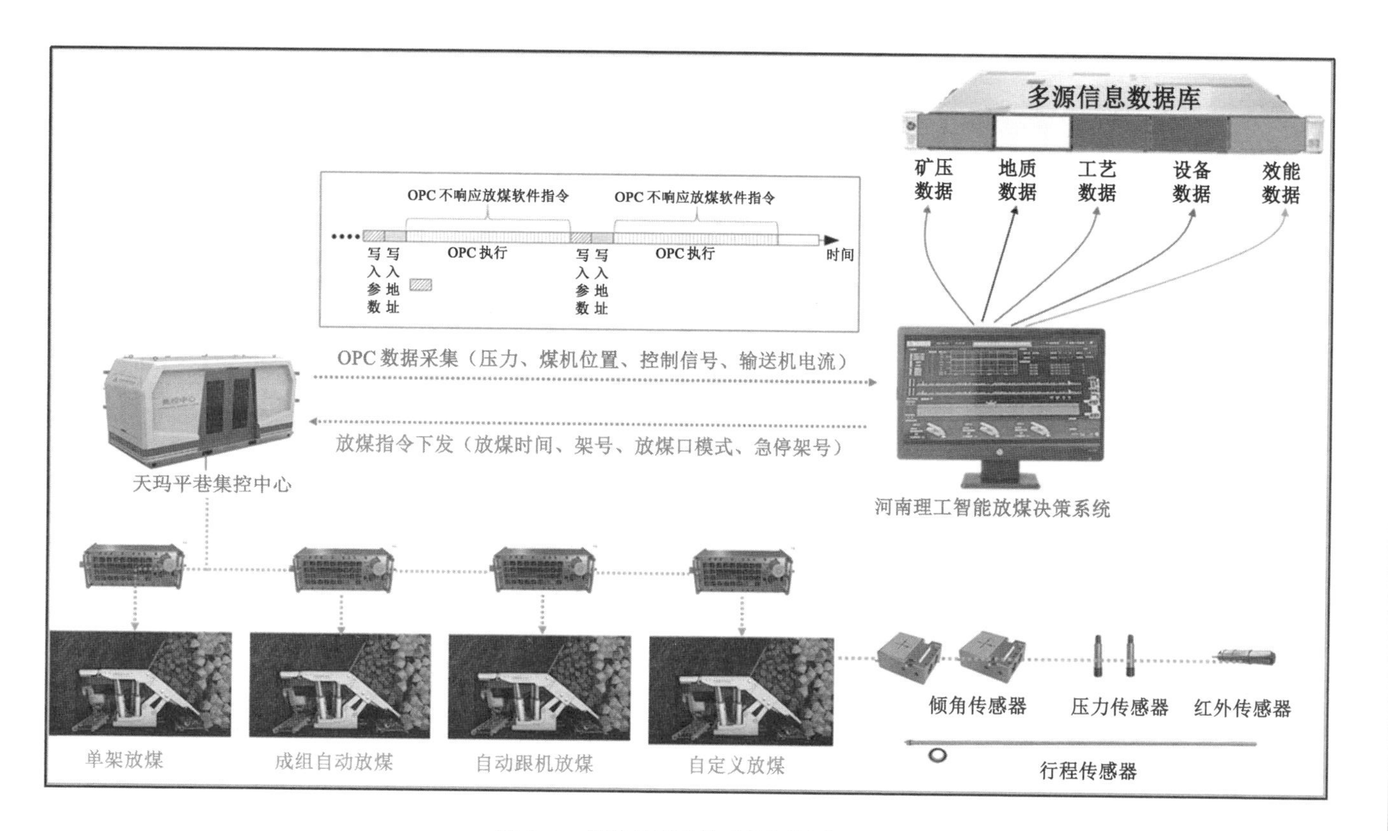

图6-2 智能放煤决策系统架构图

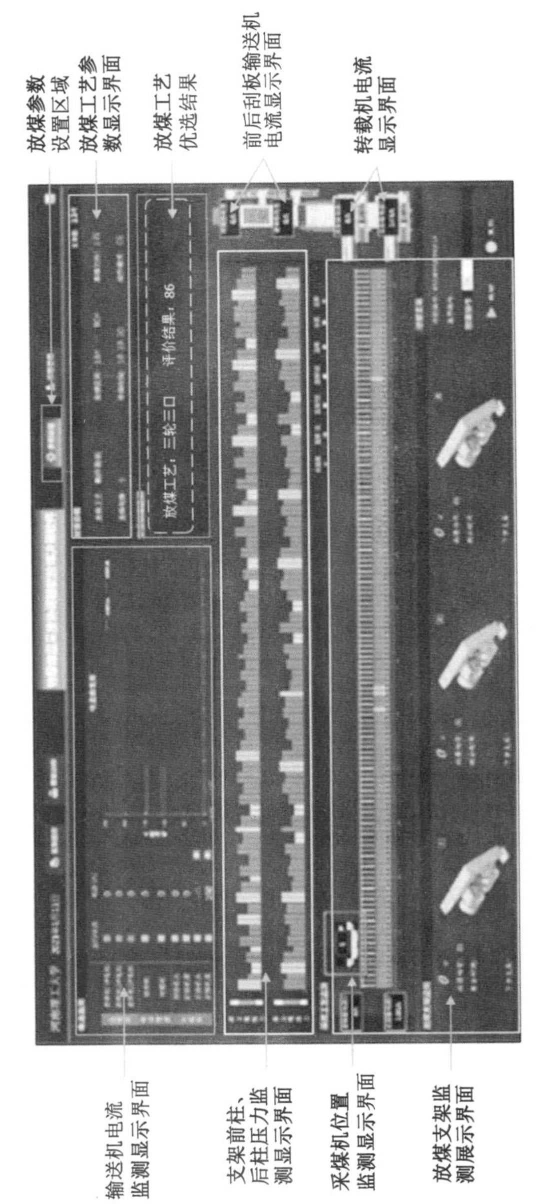

图 6-3　智能放煤决策系统界面

运行状态划分为停机、正常运行、过载 3 种类型，分别用红色、绿色、黄色 3 种颜色表示。同时，在电流监测区域右侧，以折线图的形式，实时显示最近 2 h 后部刮板输送机机头、机尾电机电流变化趋势。⑤ 放煤支架监测。该项功能主要用于监测正在放煤的支架，以平面图与立体模型图的形式分别从不同角度展示工作面支架状态。平面图展示内容包括未放煤的支架、放煤 1 次支架、放煤 2 次支架、放煤 3 次支架、正在放煤支架、闭锁支架和急停支架等；立体模型图主要展示内容包括正在放煤的支架、放煤动作、剩余放煤时间和下一台要放煤的支架。⑥ 放煤工艺评价及优选。该功能可以实现在放煤过程中，对刮板输送机负载、瓦斯涌出量、粉尘浓度等安全信息进行实时判别，对放煤工艺进行量化打分评价，可动态调整放煤策略。放煤工艺及放煤口参数规划界面如图 6-4 所示。

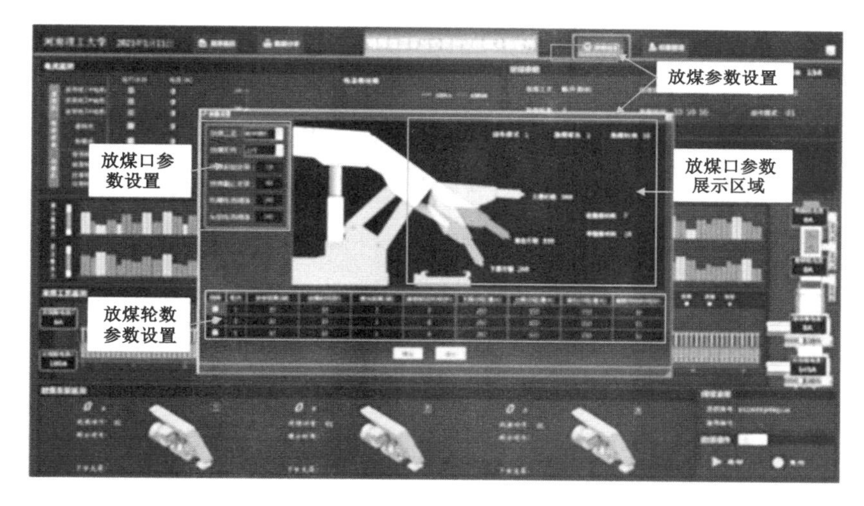

图 6-4 放煤工艺及放煤口参数规划界面

6.2.2 放煤系统仿真测试

放煤决策系统的可靠性是决定放煤系统成败和保证井下安全生产的关键，放煤决策系统如何科学合理测试是决定系统可靠性的关键，其中仿真测试是最有效、最可靠的方法之一。根据综放工作面放煤工艺参数，放煤决策系统需要实现对液压支架动作的精确控制以及上位机对工况准确无误的检测与显示。该仿真系统包括放顶煤液压支架电液控制系统和嵌入式人机交互系统两部分，可实现对放煤决策系统部分功能的检测。

根据 8222 工作面实际情况，放顶煤液压支架模型按照实际 ZF17000/27.5/42D 型放顶煤液压支架仿真制作。采用液压驱动，能真实模拟液压支架的基本动作。

支架模型与实际支架比例为 1∶4,模型支架最大支撑高度为 1 075 mm,支架间距为 437.5 mm,模型底座尺寸为 1 800 mm×2 790 mm×500 mm,如图 6-5 所示。液压支架模型共 3 架,前部刮板输送机 3 个中部槽、后部刮板输送机 4 个中部槽。所有设备全部采用金属材料仿真制作,表面采用金属烤漆工艺,液压系统全部采用国标配件,各部结构仿真制作,工作原理高度仿真,过程清晰准确。支架模型主要设备情况如表 6-2 所示。

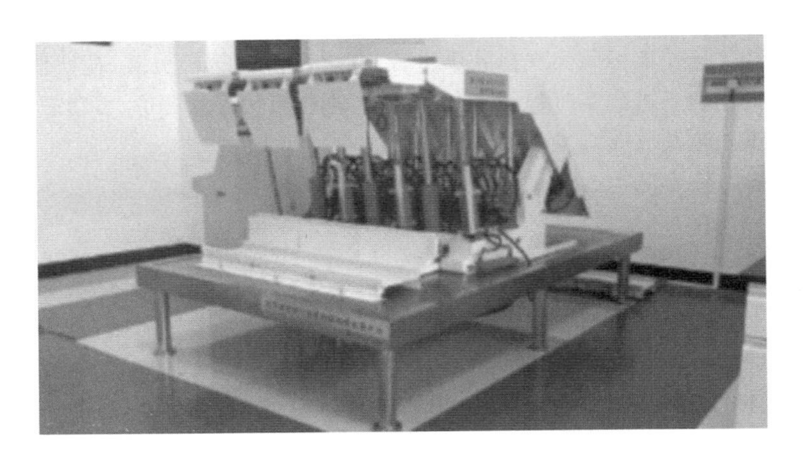

图 6-5 支架模型实物图

表 6-2 支架模型主要设备配置表

设备名称	单位	数量	备注
放顶煤液压支架模型	架	3	金属材料仿真制作,液压驱动
前部刮板输送机中部槽	个	3	金属材料仿真制作
后部刮板输送机中部槽	个	4	金属材料仿真制作
控制阀组	套	3	电控阀
液压泵站	台	1	液压系统压力:10 MPa
集中控制系统	套	1	提供 RS485 通信接口
模型底座	台	1	金属材料制作

该仿真系统控制可通过操作人机交互界面完成,通过人机交互界面对放煤工艺的一些参数进行设置,可实现放顶煤工作面液压支架的单支架控制、单轮顺序跟机放煤控制、多轮顺序放煤控制。人机交互系统操作界面和逻辑如图 6-6 所示。

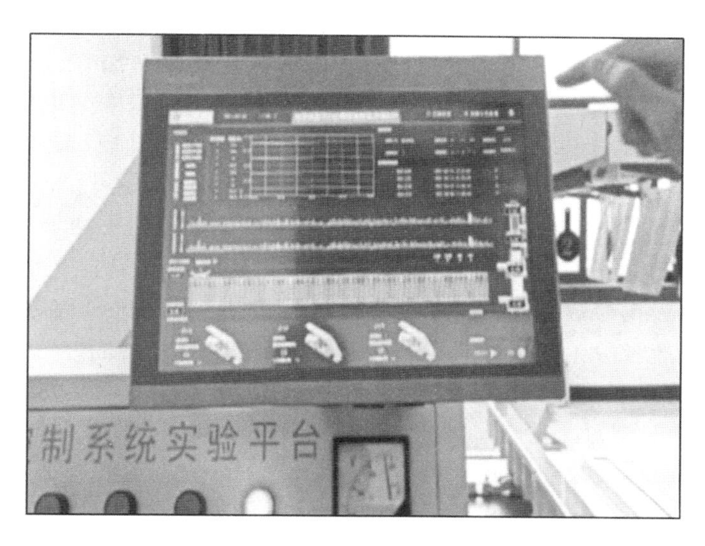

(a) 人机交互系统操作界面

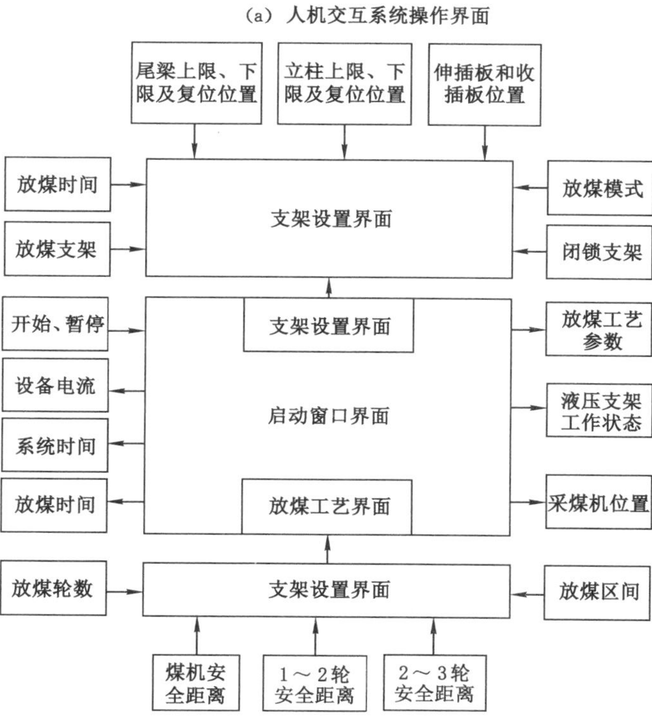

(b) 人机交互系统操作逻辑

图 6-6 放煤系统仿真平台操作界面及逻辑

利用放煤系统仿真平台对单架放煤控制、自动顺序跟机放煤控制进行了测试。① 单架放煤控制测试。在支架设置界面输入工作支架编号、放煤时间、放煤口参数,包括尾梁摆动角度、插板动作时间等,执行后观测支架模型实际动作的时间、尾梁和插板动作参数是否与设置参数一致。② 自动顺序跟机放煤控制测试。顺序跟机界面设置放煤区间、放煤轮数、煤机安全间距、3 轮时各轮安全间距,液压支架的工作模式、工作时间,执行后观察实际工作支架编号是否与上位机显示相符,并检验液压支架的工作模式、工作时间以及安全距离,观测控制器是否按照所设定参数运行。经过对单架放煤和自动顺序跟机放煤测试,仿真平台均按照设置参数正常执行。

6.3 工业性试验

历经一年,在塔山煤矿 8222 工作面进行多口协同智能放煤工业性试验。为保证放煤系统安全可靠,首先对放煤系统进行现场测试,测试内容分为 3 个阶段,第一个阶段为单个支架放煤测试,第二个阶段为多个支架自动跟机顺序放煤测试,第三个阶段为多个支架多口协同放煤测试。测试人员分为两组,一组为调度组,在井上负责下发指令,另一组为井下巡检组,负责监控记录支架放煤动作,两组人员通过矿用手机实时联系,井下巡检组观测下发指令的支架动作情况,包括插板动作、尾梁摆动、放煤等情况及相应的时间,与下发指令动作参数进行对比,记录出现的问题。对遇到的突发情况,如插板未收缩开始下摆等,井下巡检组及时手动控制支架停止放煤。井上远程操作如图 6-7 所示。

图 6-7　井上远程操作

6.3.1　放煤系统测试过程

6.3.1.1　单个支架放煤测试

（1）测试内容

单个支架在接收指令后是否自动完成下发参数的所有动作，包括插板收和伸的时间、尾梁下摆行程、放煤时间、停止指令等是否正常执行。

（2）测试方案

调度组、井下巡检组就位后开始测试，调度组向指定的1台支架发送放煤命令，下发放煤参数设定为：插板回收时间为5 s、尾梁下摆行程为220 mm、尾梁上摆行程为300 mm、尾梁复位行程为340 mm、插板伸出时间为4 s、放煤时间为60 s。井下巡检组观测后，反馈支架放煤情况：若支架放煤动作执行正常，则进行下一架放煤测试；若放煤参数不合适，修改参数后进行下一架的放煤测试；若支架不动作，分析原因，例如放煤系统下发参数不成功、OPC接收下发参数不成功等，调试程序后进行下一架放煤测试，直至随机5台支架均能顺利执行系统下发命令后，单架测试结束。测试流程如图6-8所示。

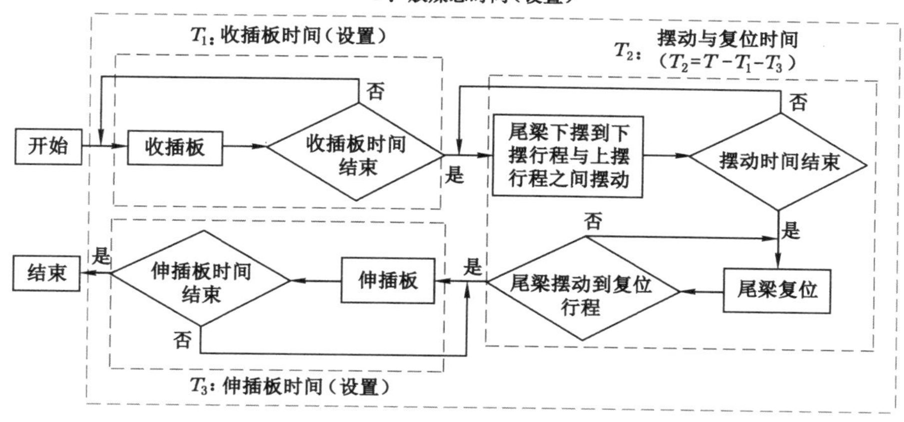

图6-8　单个支架放煤测试流程

（3）测试结果

测试初期，下发指令无法写入支架控制系统、执行动作与下发动作不一致、支架停止命令不执行等，经过系统优化后，支架接收指令，尾梁、插板按照设定动作执行，支架停止放煤动作按照指令及时执行，某个支架人工停止或闭锁后，下一个支架仍可以接收放煤系统指令执行动作。

6.3.1.2　多个支架自动跟机顺序放煤测试

（1）测试内容

放煤系统开启后，能否判断采煤机位置及支架是否满足放煤条件，并下发放煤参数；后部刮板输送机电流超过阈值后能否自动调节放煤口大小或者停止放煤；人工干预停止某一支架放煤时，后续支架是否按照放煤指令执行。

（2）测试过程

采煤机割煤方向由 5# 支架到 129# 支架（或由 129# 支架到 5# 支架），割煤速度保持在 4 m/min，下发自动跟机顺序放煤指令，放煤支架是否由 5# 支架到 129# 支架（或由 129# 支架到 5# 支架）执行放煤。顺序放煤流程图及各个支架动作参数如图 6-9 所示，如果正常执行，测试结束，如果不执行，分析问题优化系统后继续进行测试，直至顺利完成放煤指令。

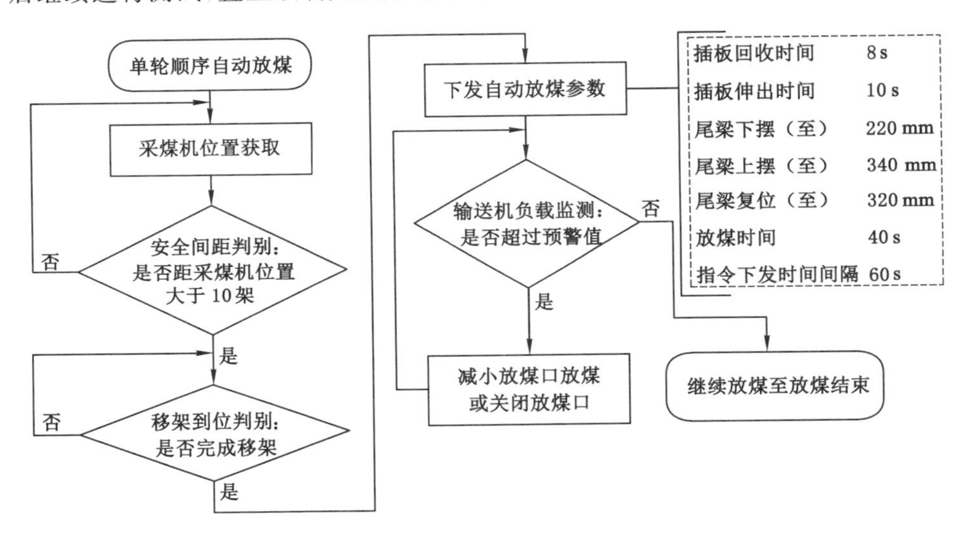

图 6-9　多个支架自动跟机顺序放煤流程及各支架动作参数图

（3）测试结果

放煤系统下发命令后，能准确判断采煤机位置、割煤方向、支架是否满足放煤条件，并按照指令执行放煤动作，人工干预停止某一支架放煤后，下一支架能继续执行放煤系统下发的指令。

6.3.1.3　多个支架多口协同放煤测试

（1）测试内容

放煤系统下发指令后支架能否执行三轮三口（或群组三口）放煤，后部刮板输送机电流超过阈值后能否自动调节放煤口大小或停止放煤，放煤工艺是否实时综合评价。

（2）测试过程

① 三轮三口放煤测试过程。采煤机割煤方向由5#支架到129#支架（或由129#支架到5#支架），割煤速度为4 m/min，下发三轮三口放煤指令，设置每轮放煤口间隔4架，放煤支架是否由5#支架到129#支架（或由129#支架到5#支架）执行三轮三口放煤，每轮每个支架执行放煤时间设置为20 s，每轮放煤口间隔4架，如果正常执行，测试结束，如果不执行，分析问题优化系统后继续进行测试，直至顺利完成放煤指令。

② 群组三口放煤测试。采煤机割煤方向由5#支架到129#支架（或由129#支架到5#支架），割煤速度为4 m/min，下发群组三口放煤指令，每个支架放煤动作参数和单个支架放煤测试参数一样，如果正常执行，测试结束，如果不执行，分析问题优化系统后继续进行测试，直至顺利完成放煤指令。如果采用群组三口过量放煤，放煤口关门条件为见矸后继续放煤5 s，人工干预停止支架放煤动作。

（3）测试结果

三轮三口放煤时，正常执行放煤命令，但由于工作面煤厚变化，第三轮放煤时间为20 s时存在顶煤未放完的情况，放煤系统可适当增长第三轮放煤时间，直至顶煤全部被放出。群组三口放煤时，后部刮板输送机经常出现负载激增现象，放煤参数优化方法为适当减小尾梁下摆行程，其他参数不变，后部刮板输送机过载情况减少。

6.3.2　现场应用效果分析

历经近一年的工业性试验，塔山煤矿8222工作面基本达到了“远程自动放煤、人工巡检干预”常态化初级智能放煤目标，实现了以三轮三口放煤为主、群组三口过量放煤为辅的多口协同放煤策略，放煤系统通过对放煤工艺进行实时判别及优选、放煤口大小自动调节等，取得了良好的技术效益和经济效益。

6.3.2.1　回收率和综合评价量化得分

现场对三轮三口、群组三口过量、单轮单口放煤进行了应用，放煤步距为0.8 m（一刀一放）。不同放煤工艺回收率及综合评价量化得分见图6-10、图6-11。在采用三轮三口放煤时，工作面回收率平均为91.20%，放煤工艺综合评价量化得分平均为86.8分，与理论分析的回收率93.09%、评价得分89分结果相近。群组三口过量放煤回收率平均为87.50%，综合评价量化得分平均为75.8分，与理论分析的回收率89.50%、评价得分77分结果相近。单轮单口放煤回收率平均为73.00%，综合评价量化得分平均为65.5分，与理论分析的回收率

72.35%、评价得分67分结果相近。在实际生产过程中放煤工艺综合评价量化得分与理论相比偏小，其主要原因为顶煤夹矸以及人为因素混矸偏多，含矸率偏高造成评价分数偏低。

故正常生产过程中，采用三轮三口放煤方式能够显著提高煤炭资源采出率、减少资源浪费，在夹矸较多放煤容易出现成拱时，可切换成群组三口过量放煤，有效减少成拱难放煤的情况。

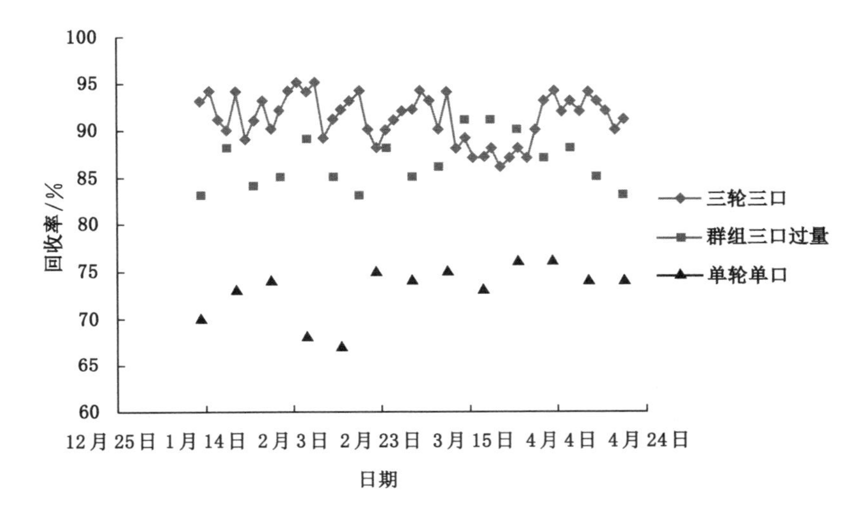

图6-10　不同放煤工艺回收率情况

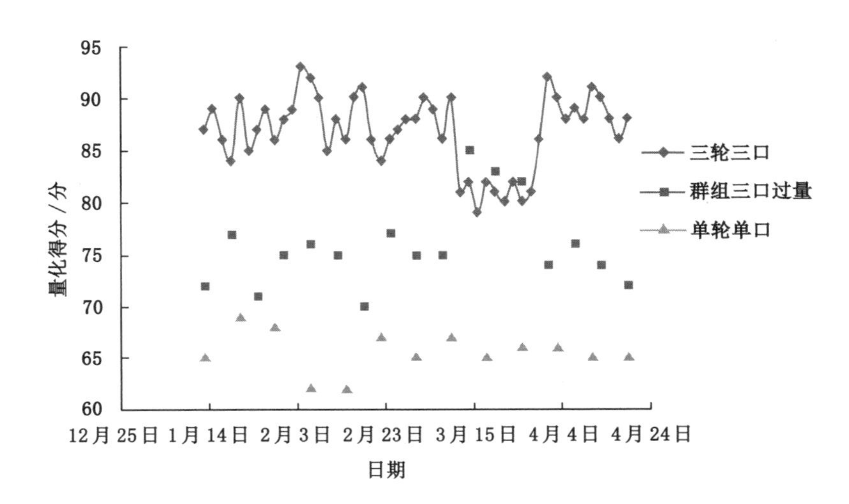

图6-11　不同放煤工艺综合评价量化得分统计

6.3.2.2　技术效益和经济效益

(1) 技术效益

① 减少了人工放煤的随意性。利用智能放煤系统提前设定放煤模式及放煤参数,使支架按照标准放煤程序进行放煤,人工只需巡视放煤过程,减少了人工操作的随意性与主观性。

② 煤岩界面均匀下沉,避免了大漏斗出现。放煤系统均匀分配支架放煤轮数与放煤时间,使每台支架的顶煤放出量均匀、合理,保证了煤岩界面均匀、平缓下沉,避免了大漏斗的出现。

③ 提高了自动化、智能化放煤过程的安全保障能力。本系统建立了放煤环境实时判别和放煤工艺实时评价及决策系统,在放煤过程中,对刮板输送机负载、瓦斯涌出量、粉尘浓度等安全信息进行实时判别,动态调整放煤策略,使放煤过程安全、高效。

(2) 经济效益

在塔山煤矿 8222 综放工作面采用三轮三口放煤工艺工业性试验期间,原每班放煤作业人员 3～4 人减为 1～2 人,人力成本节省 79.2 万元/年,同时显著降低了工人的劳动强度,改善了工人的作业环境,保障了工人的劳动安全,降低了事故发生率,工作面回收率提高超 7 个百分点,年新增利润约 0.68 亿元。

6.4　本章小结

本章基于多口协同放煤规律,融合了放煤工艺优选方法、放煤时间控制方法及放煤口大小自适应控制方法等,开发了特厚煤层智能放煤决策系统,结合塔山煤矿 8222 工作面现有的支架控制系统、通信系统以及传感器数据实时采集系统,构建了远程放煤控制平台,在井下进行了单个放煤口到多个放煤口、支架单一动作到多口协同、放煤由易到难的现场测试,在放煤系统测试安全可靠的前提下进行了三轮三口自动放煤应用,应用结果表明,三轮三口自动放煤与人工放煤相比,后部刮板输送机运行状态、瓦斯浓度、粉尘浓度等生产环境良好,顶煤均匀被放出,顶煤回收率更高,含矸率更容易被控制,综合评价结果为Ⅰ类,为优先选择级别。三轮三口自动放煤基本达到了“远程自动化放煤、人工巡检干预”多口协同初级智能放煤目标。

7 结论与展望

7.1 主要结论

本书以特厚煤层综放开采理论与多口协同高质量放煤为研究背景，综合采用理论分析、室内试验、数值模拟、相似模拟及工业性试验等手段，研究了特厚煤层顶煤不同层位应力演化规律、顶煤破碎机理、多口协同放煤规律、多口协同放煤工艺优选及智能放煤控制等问题，并在塔山煤矿8222特厚煤层综放工作面进行了工业性试验。主要结论如下：

(1) 受采动影响，煤壁前方顶煤不同层位均出现应力集中现象，主应力值的峰值拐点在煤壁前方12 m附近。在煤壁前方约35 m范围内，在同一竖直方向上，主应力σ_2、σ_3从顶煤上层位→中层位→下层位呈现出先减小后增大的趋势。在液压支架控顶区范围内，同一竖直方向，主应力σ_2、σ_3从顶煤上层位→中层位→下层位呈现线性减小的趋势，最大主应力σ_1的值在同一竖直方向差别较小。

(2) 基于顶煤应力演化规律，将顶煤距煤壁由远及近分为原岩应力区、应力缓慢升高区、应力显著升高区、应力加速降低区和应力降低区，根据应力演化过程在不同分区中提取特征点，得到了不同层位顶煤由原岩到破碎的应力驱动路径，为后续顶煤真三轴加卸载破碎试验提供理论基础。

(3) 基于特厚煤层不同层位应力演化路径，开展了真三轴加卸载试验，对不同加载路径下的煤岩变形行为和声发射活动特征进行了研究，结果表明，煤岩试件在加载过程中经历了压密、线弹性、塑性破坏的过程，试件破坏时的应力状态与数值模拟结果相近；不同应力路径下声发射事件数不同，中层位应力路径条件下声发射事件数最多，内部破裂程度最大，其次是下层位，上层位应力路径条件下声发射事件数最少，内部破裂程度最小；运用畸变能密度理论，综合考虑了主应力σ_1、σ_2、σ_3对顶煤破碎的影响，揭示了顶煤破碎程度不同的原因，结合液压支架控顶区顶煤再破碎过程，构建了特厚煤层“水平四阶段-竖直多级破碎”破坏结构模型,即在水平方向分为原岩阶段、裂隙发育阶段、破碎阶段、再破碎阶段,在竖直方向由于特厚顶煤不同层位主应力不同呈现多级破碎规律。

(4) 基于B-R放矿理论,分析了散体顶煤单轮单口、群组多口、多轮多口放煤时倾向方向和走向方向的顶煤运移规律,给出了群组放煤时颗粒加速度修正系数 K_0 的计算公式;分析了后部刮板输送机运载能力、矿山压力、瓦斯浓度、粉尘浓度、大块度顶煤等影响放煤口数量的主控因素,确定了最佳放煤口数量不超过3个。

(5) 建立了研究特厚煤层倾向方向和走向方向顶煤放出规律的数值模型,通过与研制的1∶10相似模拟试验台试验对比,验证了数值模型的可靠性,通过放煤漏斗特征点提取和对比,给出了确定CDEM数值模拟中数值阻尼的方法。利用数值模型研究了单轮单口、群组两口、群组三口、两轮两口、三轮三口、群组三口过量放煤工艺的特征,其回收率分别为72.35%、81.73%、84.48%、89.72%、93.09%、89.50%,各放煤口放煤量均方差分别为3.79、3.33、4.82、1.43、0.40、4.75,放煤时间指数分别为1.89、0.81、0.48、1.29、0.80、0.52。根据结果可知:三轮三口放煤时各个放煤口放煤量比较均匀,煤岩分界面均匀下沉,回收率最高;群组三口放煤时,放煤口尺寸成倍增加,有利于顶煤的放出,放煤时间相对最少。研究了走向方向上不同放煤步距时的放煤特征,确定了最佳放煤步距为0.8 m。

(6) 利用模糊数学理论,综合考虑了顶煤回收率、含矸率、放煤时间指数、后部刮板输送机过载频率、瓦斯浓度、粉尘浓度等指标对放煤的影响,提出了放煤工艺优选方法,分析了放煤工艺综合评价模型对单因素指标的敏感程度,为规划放煤策略提供了依据;对单轮单口、群组两口、群组三口、群组三口过量、两轮两口、三轮三口放煤工艺进行了综合评价,量化得分分别为67分、70分、69分、77分、76分、89分,对应的优选级别分别为备用选择、备用选择、备用选择、建议选择、建议选择、优先选择。

(7) 基于现场监测和统计的割煤速度、移架时间、单个支架放煤时间,提出了以时间控制为主、人工干预为辅的多口协同放煤控制方法,并提出了支架是否移架到位的判别方法以及放煤口大小自适应的控制方法,开发了特厚煤层智能放煤决策系统,并通过仿真平台进行了测试。现场应用表明,采用三轮三口放煤时工作面回收率平均为91.20%,放煤工艺综合评价量化得分平均为86.8分,与理论分析的回收率93.09%、评价得分89分结果相近;工业性试验期间,三轮三口放煤使原每班放煤作业人员减少了50%,人力成本节省79.2万元/年,工作面回收率提高超7个百分点,年新增利润约0.68亿元,工作面基本达到了“远程自动化放煤、人工巡检干预”多口协同初级智能放煤目标。

7.2 主要创新点

本书主要有以下3个创新点：

（1）基于特厚煤层综放开采顶煤应力演化规律及其应力路径下真三轴实验，综合考虑主应力σ_1、σ_2、σ_3对顶煤破碎的影响，揭示了顶煤破碎程度不同的内在原因，建立了特厚煤层顶煤“水平四阶段-竖直多级破碎”破坏结构模型。

（2）基于顶煤破坏结构模型，研制了沿工作面倾向方向、走向方向1∶10自动放煤二维试验平台，研究了多口协同放煤煤岩运动规律，提出了基于回收率、含矸率、放煤时间指数、后部刮板输送机过载频率、瓦斯浓度和粉尘浓度等综合指标的放煤工艺优选方法。

（3）提出了以时间控制为主、人工干预为辅的多口协同放煤控制方法，建立了支架移架到位判别模型以及放煤口大小自适应的控制方法，开发了智能化放煤控制系统，对刮板输送机负载等安全信息进行实时判别和对放煤工艺进行综合评价及优选，动态调整放煤策略。

7.3 展望

本书围绕特厚煤层应力演化规律、顶煤破碎特征、多口协同智能放煤等问题，运用数值模拟、理论分析和相似模拟等方法开展了研究，由于试验条件有限，本书存在一些不足和需要进一步研究的内容，总结如下：

（1）书中对特厚煤层单口、多口放煤时顶煤运移规律进行了大量的理论研究，也通过自主研制的顶煤放出模拟试验平台（仅使用了二维试验）进行了验证，但是由于顶煤放出模拟试验平台的三维智能放煤试验条件不够成熟，多种放煤工艺条件下的三维智能放煤相似模拟试验未能开展，未能与现场情况更好地验证，后续将继续完善智能放煤三维模拟试验平台。

（2）智能放煤系统是一个复杂的，需要多信息化融合的，能够快速传输、决策、反馈的综合性系统。放顶煤实现智能控制需要及时获得顶煤厚度探测、精准的煤矸识别等信息，本书只提出了以时间控制为主、人工干预为辅的多轮多口自动放煤控制方法，建立了支架移架到位判别模型以及放煤口大小自适应的控制方法，与真正实现智能放煤高级阶段还存在差距，下一步将继续围绕智能放煤关键技术开展研究,实现真正的高级智能化放煤。

(3) 多口协同放煤已逐渐成为综放工作面炙手可热的研究重点,本书也对6种放煤工艺进行了研究,随着后部刮板输送机运载能力的增加、工作环境的进一步改善,超过三口的多口放煤也成为可能,更多的多口协同放煤工艺的优缺点存在未知,需要进一步研究。

参考文献

[1] 王国法，刘合，王丹丹，等.新形势下我国能源高质量发展与能源安全[J].中国科学院院刊，2023，38(1)：23-37.

[2] 王国法，任世华，庞义辉，等.煤炭工业“十三五”发展成效与“双碳”目标实施路径[J].煤炭科学技术，2021，49(9)：1-8.

[3] 王国法，李世军，张金虎，等.筑牢煤炭产业安全 奠定能源安全基石[J].中国煤炭，2022，48(7)：1-9.

[4] 国家统计局.2021 中国统计年鉴[M].北京：中国统计出版社，2021.

[5] 宋选民，朱德福，王仲伦，等.我国煤矿综放开采 40 年：理论与技术装备研究进展[J].煤炭科学技术，2021，49(3)：1-29.

[6] 于斌，徐刚，黄志增，等.特厚煤层智能化综放开采理论与关键技术架构[J].煤炭学报，2019，44(1)：42-53.

[7] 王国法.“碳中和”不是零碳，“碳达峰”也绝不是能源达峰[J].山西煤炭，2021，41(3)：1-2.

[8] 康志鹏，赵靖，段昌瑞.分层开采厚硬顶板覆岩结构破坏及移动规律研究[J].煤炭工程，2022，54(8)：78-83.

[9] 刘继芳.特厚煤层分层综放开采技术可行性研究[J].煤炭技术，2022，41(11)：66-69.

[10] 鞠文君，郑建伟，魏东，等.急倾斜特厚煤层多分层同采巷道冲击地压成因及控制技术研究[J].采矿与安全工程学报，2019，36(2)：280-289.

[11] 杨俊哲.8.8 m 智能超大采高综采工作面关键技术与装备[J].煤炭科学技术，2019，47(10)：116-124.

[12] 庞义辉，王国法.大采高液压支架结构优化设计及适应性分析[J].煤炭学报，2017，42(10)：2518-2527.

[13] 杨俊哲，孙红发.特厚煤层一次采全高开采技术可行性研究[J].煤炭科学技术，2019，47(增刊 2)：1-4.

[14] KHANAL M, ADHIKARY D, BALUSU R. Prefeasibility study: geotechnical studies for introducing longwall top coal caving in Indian mines[J]. Journal of mining science, 2014, 50(4): 719-732.

[15] 樊运策.法国煤炭生产与科研情况[J].煤炭科学技术,1983(4):57.

[16] 王金华.特厚煤层大采高综放开采关键技术[J].煤炭学报,2013,38(12):2089-2098.

[17] 何光辉,冉玉玺,高佳星.放顶煤液压支架在土耳其 IMABT 煤矿现场的应用[J].能源与环保,2020,42(1):132-136,140.

[18] 贺佑国,刘文革,李艳强.世界煤炭工业发展综论[J].中国煤炭,2021,47(1):126-135.

[19] 李首滨,李森,张守祥,等.综采工作面智能感知与智能控制关键技术与应用[J].煤炭科学技术,2021,49(4):28-39.

[20] WANG J H, HUANG Z H. The recent technological development of intelligent mining in China[J]. Engineering, 2017, 3(4): 439-444.

[21] 樊运策.中国厚煤层采煤方法的一次革命[C]//综采放顶煤技术理论与实践的创新发展:综放开采 30 周年科技论文集.北京:煤炭工业出版社,2012:1-7.

[22] 樊运策.法国倾斜煤层综采工作面的经验[J].煤炭科学技术,1982(8):50-51.

[23] 金智新,于海湧.特厚煤层综采放顶煤开采理论与实践[M].北京:煤炭工业出版社,2006.

[24] 孟宪锐,王鸿鹏,刘朝晖,等.我国厚煤层开采方法的选择原则与发展现状[J].煤炭科学技术,2009,37(1):39-44.

[25] 孟宪锐,李建民.现代放顶煤开采理论与实用技术[M].徐州:中国矿业大学出版社,2001.

[26] 于雷,闫少宏.特厚煤层综放开采顶板运动形式及矿压规律研究[J].煤炭科学技术,2015,43(8):40-44.

[27] 靳钟铭,牛彦华,魏锦平,等."两硬"条件下综放面支架围岩关系[J].岩石力学与工程学报,1998,17(5):514-520.

[28] 黄庆享,姬建虎,张沛,等.三软煤层放顶煤支架-围岩关系分析[J].矿山压力与顶板管理,2005(1):15-17.

[29] 林忠明,陈忠辉,谢俊文,等.大倾角综放开采液压支架稳定性分析与控制

措施[J].煤炭学报,2004,29(3):264-268.

[30] 康红普,徐刚,王彪谋,等.我国煤炭开采与岩层控制技术发展40 a及展望[J].采矿与岩层控制工程学报,2019,1(2):7-39.

[31] ZHANG J G,MIAO X X,HUANG Y L,et al.Fracture mechanics model of fully mechanized top coal caving of shallow coal seams and its application[J].International journal of mining science and technology,2014,24:349-352.

[32] 祝凌甫,闫少宏.大采高综放开采顶煤运移规律的数值模拟研究[J].煤矿开采,2011,16(1):11-13,40.

[33] 吕延森,张学亮,阮进林,等.保德煤矿智能综放开采关键技术及展望[J].煤炭科学技术,2022,50(增刊1):233-243.

[34] 丁震,赵永峰,尤文顺,等.国家能源集团煤矿智能化建设路径研究[J].中国煤炭,2020,46(10):35-39.

[35] 王国法,范京道,徐亚军,等.煤炭智能化开采关键技术创新进展与展望[J].工矿自动化,2018,44(2):5-12.

[36] 王国法.煤矿智能化最新技术进展与问题探讨[J].煤炭科学技术,2022,50(1):1-27.

[37] 王国法,赵国瑞,胡亚辉.5G技术在煤矿智能化中的应用展望[J].煤炭学报,2020,45(1):16-23.

[38] 马英.综放工作面自动化放顶煤系统研究[J].煤炭科学技术,2013,41(11):22-24,94.

[39] 马英.放顶煤液压支架与围岩智能耦合控制方法的研究[J].煤矿机电,2016(3):8-10.

[40] 刘清,孟峰,牛剑峰.放煤工作面支架姿态记忆控制方法研究[J].煤矿机械,2015,36(5):89-92.

[41] 牛剑峰.综采放顶煤工作面自动放煤控制系统研究[J].工矿自动化,2018,44(6):27-30.

[42] 崔志芳,牛剑峰.自动化放煤控制系统研究[J].工矿自动化,2018,44(12):39-42.

[43] 宋庆军,肖兴明,姜海燕,等.多传感器信息融合的放煤过程参数化研究[J].自动化仪表,2015,36(5):23-26.

[44] 宋庆军,肖兴明,张天顺,等.基于声波的放顶煤过程自动控制系统[J].计算

机工程与设计,2015,36(11):3123-3127.
[45] 王国法,庞义辉,马英.特厚煤层大采高综放自动化开采技术与装备[J].煤炭工程,2018,50(1):1-6.
[46] 李化敏,郭金刚,张旭和,等.智能放顶煤控制系统及方法:CN107091107A[P].2017-08-25.
[47] 郭金刚,李化敏,王祖洸,等.综采工作面智能化开采路径及关键技术[J].煤炭科学技术,2021,49(1):128-138.
[48] VAKILI A,HEBBLEWHITE B K.A new cavability assessment criterion for Longwall Top Coal Caving[J].International journal of rock mechanics and mining sciences,2010,47(8):1317-1329.
[49] ALEHOSSEIN H,POULSEN B A.Stress analysis of longwall top coal caving[J].International journal of rock mechanics and mining sciences,2010,47(1):30-41.
[50] BAI Q S,TU S H,WANG F T.Characterizing the top coal cavability with hard stone band(s):insights from laboratory physical modeling[J].Rock mechanics and rock engineering,2019,52(5):1505-1521.
[51] 张开智,刘义学,刘先贵,等.放顶煤顶板结构与支承压力分布规律的研究[J].山东矿业学院学报,1992,11(4):357-362.
[52] 张开智,刘义学.放顶煤工作面支承压力分布[J].矿山压力与顶板管理,1993(3/4):83-87.
[53] 张开智,姜福兴,李洪.放顶煤开采适用条件定量评价方法[J].山东矿业学院学报(自然科学版),1999,18(3):36-40.
[54] 李化敏,周英,翟新献.放顶煤开采顶煤变形与破碎特征[J].煤炭学报,2000,25(4):352-355.
[55] 靳钟铭,魏锦平,靳文学.放顶煤采场前支承压力分布特征[J].太原理工大学学报,2001,32(3):216-218.
[56] 靳钟铭,宋选民,赵阳升.放顶煤采煤法的数值分析[C]//岩土力学数值方法的工程应用:第二届全国岩石力学数值计算与模型实验研讨会论文集.[S.l.:s.n.],1990:397-403.
[57] 王庆康,宋振骐,张顶立.综采放顶煤工作面顶煤破碎机理探讨[J].矿山压力,1989(2):27-33.
[58] 张顶立,钱鸣高,翟明华,等.综放工作面覆岩结构型式及矿压显现[J].矿山

压力与顶板管理,1994(4):13-17,80.

[59] 陈忠辉,谢和平.综放采场支承压力分布的损伤力学分析[J].岩石力学与工程学报,2000,19(4):436-439.

[60] 谢和平,周宏伟,刘建锋,等.不同开采条件下采动力学行为研究[J].煤炭学报,2011,36(7):1067-1074.

[61] NAN H,ZHOU Y,XU T.Research on sublevel coal's failure and displacement of extremely thick seam's mining face[C]//3rd international symposium on modern mining and safety technology proceedings.[S.l.:s.n.],2008:79-82.

[62] NAN H.Proceedings of the 2nd International Symposium on Mine Safety Science and Engineering,September 21-23, 2013[C].Beijing:CRC Press-Taylor and Francis Group,2014:827-829.

[63] YASITLI N E,UNVER B.3D numerical modeling of longwall mining with top-coal caving[J]. International journal of rock mechanics and mining sciences,2005,42(2):219-235.

[64] BASARIR H,FERID OGE I,AYDIN O.Prediction of the stresses around main and tail gates during top coal caving by 3D numerical analysis[J]. International journal of rock mechanics and mining sciences,2015,76:88-97.

[65] 高明中.放顶煤开采顶煤移动与破坏规律的数值分析[J].淮南工业学院学报,2002,22(3):5-9.

[66] 曹胜根,刘长友.放顶煤开采围岩活动规律的数值分析[J].矿山压力与顶板管理,1992(4):36-39.

[67] YU B,ZHANG R,GAO M Z,et al.Numerical approach to the top coal caving process under different coal seam thicknesses[J].Thermal science,2015,19(4):1423-1428.

[68] WANG J C,WANG Z H,YANG S L.Stress analysis of longwall top-coal caving face adjacent to the gob[J]. International journal of mining, reclamation and environment,2020,34(7):476-497.

[69] 张顶立,王悦汉.含夹矸顶煤破碎特点分析[J].中国矿业大学学报,2000,29(2):160-163.

[70] 闫少宏,吴健.放顶煤开采顶煤运移实测与损伤特性分析[J].岩石力学与工程学报,1996,15(2):155-162.

[71] 宋选民.放顶煤开采顶煤裂隙分布与块度的相关研究[J].煤炭学报,1998,23(2):150-154.

[72] 靳钟铭,宋选民,薛亚东,等.顶煤压裂的实验研究[J].煤炭学报,1999,24(1):29-33.

[73] 魏锦平,李胜利,靳钟铭.综放采场顶煤压裂机理的实验研究[J].岩石力学与工程学报,2002,21(8):1178-1182.

[74] 赵伏军,李夕兵,胡柳青.巷道放顶煤法的顶煤破碎机理研究[J].岩石力学与工程学报,2002,21(增刊2):2309-2313.

[75] 康鑫,薛忠智,蒋威,等.综采放顶煤工作面顶煤破碎机理分析[J].煤炭工程,2017,49(8):107-109.

[76] 王家臣.厚煤层开采理论与技术[M].北京:冶金工业出版社,2009.

[77] 王卫军,侯朝炯.急倾斜煤层放顶煤顶煤破碎与放煤巷道变形机理分析[J].岩土工程学报,2001,23(5):623-626.

[78] 陈忠辉,谢和平,林忠明.综放开采顶煤冒放性的损伤力学分析[J].岩石力学与工程学报,2002,21(8):1136-1140.

[79] 陈忠辉,谢和平,王家臣.综放开采顶煤三维变形、破坏的数值分析[J].岩石力学与工程学报,2002,21(3):309-313.

[80] 吴健,于海湧.回采工作面放顶煤数学模型的建立[J].中国矿业大学学报,1989,18(4):63-70.

[81] 吴健.我国放顶煤开采的理论研究与实践[J].煤炭学报,1991,16(3):1-11.

[82] 李荣福.类椭球体放矿理论的理想方程[J].有色金属(矿山部分),1994(5):38-44.

[83] 李荣福.椭球体放矿理论的几个主要问题:类椭球体放矿理论建立的必要性[J].中国钼业,1994,18(5):39-43.

[84] 李荣福.类椭球体放矿理论的实际方程[J].有色金属(矿山部分),1994(6):36-42.

[85] 李荣福.类椭球体放矿理论的检验[J].有色金属(矿山部分),1995(1):37-42.

[86] 于斌,朱帝杰,陈忠辉.基于随机介质理论的综放开采顶煤放出规律[J].煤炭学报,2017,42(6):1366-1371.

[87] 陶干强,杨仕教,任凤玉.随机介质放矿理论散体流动参数试验[J].岩石力学与工程学报,2009,28(增刊2):3464-3470.

[88] ZHU D J,CHEN Z H,DU W S,et al.Caving mechanisms of loose top-coal in longwall top-coal caving mining based on stochastic medium theory[J]. Arabian journal of geosciences,2018,11(20):1-15.

[89] 朱忠华,王李管,涂小腾,等.基于随机介质理论自然崩落法矿岩流动特性[J].东北大学学报(自然科学版),2016,37(6):869-874.

[90] 王家臣,富强.低位综放开采顶煤放出的散体介质流理论与应用[J].煤炭学报,2002,27(4):337-341.

[91] 王家臣,李志刚,陈亚军,等.综放开采顶煤放出散体介质流理论的试验研究[J].煤炭学报,2004,29(3):260-263.

[92] 王家臣,杨建立,刘颢颢,等.顶煤放出散体介质流理论的现场观测研究[J].煤炭学报,2010,35(3):353-356.

[93] 王家臣,魏立科,张锦旺,等.综放开采顶煤放出规律三维数值模拟[J].煤炭学报,2013,38(11):1905-1911.

[94] 王家臣,张锦旺.综放开采顶煤放出规律的 BBR 研究[J].煤炭学报,2015,40(3):487-493.

[95] 张锦旺.综放开采散体顶煤三维放出规律模拟研究[D].北京:中国矿业大学(北京),2017.

[96] 王家臣,宋正阳,张锦旺,等.综放开采顶煤放出体理论计算模型[J].煤炭学报,2016,41(2):352-358.

[97] 王家臣,张锦旺,王兆会.放顶煤开采基础理论与应用[M].北京:科学出版社,2018:3-8.

[98] 张锦旺,王家臣,魏炜杰,等.块度级配对散体顶煤流动特性影响的试验研究[J].煤炭学报,2019,44(4):985-994.

[99] GHOSH A K,GONG Y X.Improving coal recovery from longwall top coal caving[J].Journal of mines,metals & fuels,2014,62(3):51-57,64.

[100] KHANAL M,ADHIKARY D,BALUSU R.Evaluation of mine scale longwall top coal caving parameters using continuum analysis[J]. Mining science and technology (China),2011,21(6):787-796.

[101] SIMSIR F,OZFIRAT M K.Determination of the most effective longwall equipment combination in longwall top coal caving (LTCC) method by simulation modelling[J]. International journal of rock mechanics and mining sciences,2008,45(6):1015-1023.

[102] ÖZFIRAT M K, ŞIMŞIR F. Determination of coal remaining in gob at GLI thick coal seam using physical modelling[EB/OL]. (2015-01-01)[2017-03-17]. https://oaji.net/articles/2015/2210-1437480699.pdf.

[103] KLISHIN S V, KLISHIN V I. Analysis of coal drawing from high coals in sublevel caving systems[C]//Proceedings of International Society for Rock Mechanics, October 29-31, 2009. [S.l.: s.n.], 2009: 651-656.

[104] KLISHIN V I, KLISHIN S V. Coal extraction from thick flat and steep beds[J]. Journal of mining science, 2010, 46(2): 149-159.

[105] KLISHIN V I, KLISHIN S V. Application of discrete element method to the analysis of free-flow outlet of coal from high coals at underground coal mining [C]//Proceedings of the International Conference on Applications of Computer and Information Sciences to Nature Research, May 5-7, 2010, Fredonia, New York. New York: ACM, 2010: 74-78.

[106] KLISHIN S V, KLISHIN V I, OPRUK G Y. Modeling coal discharge in mechanized steep and thick coal mining[J]. Journal of mining science, 2013, 49(6): 932-940.

[107] 樊运策.综放工作面冒落顶煤放出控制[J].煤炭学报,2001,26(6):606-610.

[108] 黄炳香,刘长友,牛宏伟,等.大采高综放开采顶煤放出的煤矸流场特征研究[J].采矿与安全工程学报,2008,25(4):415-419.

[109] 白庆升,屠世浩,王沉.顶煤成拱机理的数值模拟研究[J].采矿与安全工程学报,2014,31(2):208-213.

[110] 孙利辉,纪洪广,蔡振禹,等.大倾角厚煤层综放工作面放煤工艺及顶煤运动特征试验[J].采矿与安全工程学报,2016,33(2):208-213.

[111] LIU C, LI H M. Numerical simulation of realistic top coal caving intervals under different top coal thicknesses in longwall top coal caving working face [J]. Scientific reports, 2021, 11: 13254.

[112] 蒋金泉,曲华,谭云亮.综放顶煤放出规律与放煤步距的离散元仿真研究[J].岩石力学与工程学报,2004,23(18):3070-3075.

[113] 谢耀社,宋晓波,胡艳峰,等.缓倾斜厚煤层综放开采顶煤采出率数值模拟[J].煤炭科学技术,2008,36(6):19-22.

[114] 王家臣,张锦旺,陈祎.基于 BBR 体系的提高综放开采顶煤采出率工艺研究[J].矿业科学学报,2016,1(1):38-48.

[115] 刘闯,李化敏,周英,等.综放工作面多放煤口协同放煤方法[J].煤炭学报,2019,44(9):2632-2640.

[116] 杜龙飞,解兴智,赵铁林.多放煤口综放开采起始放煤顶煤时空场耦合分析[J].煤炭科学技术,2019,47(11):56-62.

[117] 王伸,黄贞宇,李东印,等.特厚煤层分组间隔放煤顶煤运移规律研究[J].煤炭科学技术,2021,49(9):17-24.

[118] 郑颖人,孔亮.岩土塑性力学[M].北京:中国建筑工业出版社,2010.

[119] 邱祥波,李术才,李树忱.三维地应力回归分析方法与工程应用[J].岩石力学与工程学报,2003,22(10):1613-1617.

[120] 朱焕春,陶振宇.不同岩石中地应力分布[J].地震学报,1994(1):49-63.

[121] 白庆升,屠世浩,袁永,等.基于采空区压实理论的采动响应反演[J].中国矿业大学学报,2013,42(3):355-361,369.

[122] ZHU D F, TU S H, MA H S, et al. Modeling and calculating for the compaction characteristics of waste rock masses[J].International journal for numerical and analytical methods in geomechanics,2019,43(1):257-271.

[123] ZHU D F, TU S H.Mechanisms of support failure induced by repeated mining under gobs created by two-seam room mining and prevention measures[J].Engineering failure analysis,2017,82:161-178.

[124] 陈景涛,冯夏庭.高地应力下岩石的真三轴试验研究[J].岩石力学与工程学报,2006,25(8):1537-1543.

[125] 荣浩宇,李桂臣,赵光明,等.不同应力路径下深部岩石真三轴卸荷特性试验[J].煤炭学报,2020,45(9):3140-3149.

[126] 张俊文,范文兵,宋治祥,等.真三轴不同应力路径下深部砂岩力学特性[J].中国矿业大学学报,2021,50(1):106-114.

[127] 苏国韶,蒋剑青,冯夏庭,等.岩爆弹射破坏过程的试验研究[J].岩石力学与工程学报,2016,35(10):1990-1999.

[128] ZHANG L M,CONG Y,MENG F Z,et al.Energy evolution analysis and failure criteria for rock under different stress paths [J]. Acta geotechnica,2021,16(2):569-580.

[129] 丛宇,王在泉,郑颖人,等.不同卸荷路径下大理岩破坏过程能量演化规律

[J].中南大学学报(自然科学版),2016,47(9):3140-3147.

[130] 郭海峰,宋大钊,何学秋,等.冲击倾向性煤不同损伤程度声发射分形特征研究[J].煤炭科学技术,2021,49(9):38-46.

[131] 李邵军,谢振坤,肖亚勋,等.国际深部地下实验室岩体原位力学响应研究综述[J].中南大学学报(自然科学版),2021,52(8):2491-2509.

[132] KONG B, ZHUANG Z D, ZHANG X Y, et al. A study on fractal characteristics of acoustic emission under multiple heating and loading damage conditions[J].Journal of applied geophysics,2022,197:104532.

[133] 张胜寒,杨礼宁,冉琦,等.高温作用后砂岩的声发射特性研究[J].工程地球物理学报,2022,19(3):322-327.

[134] 肖晓春,金晨,丁鑫,等.基于声发射时频特征的不同含水煤样冲击倾向试验研究[J].煤炭学报,2018,43(4):931-938.

[135] 郝以瑞,吕嘉锟,宁杉.常规压缩下砂岩的声发射与损伤演化[J].矿业研究与开发,2018,38(7):28-31.

[136] 谢和平.岩石、混凝土损伤力学[M].徐州:中国矿业大学出版社,1990.

[137] 葛修润,蒋宇,卢允德,等.周期荷载作用下岩石疲劳变形特性试验研究[J].岩石力学与工程学报,2003,22(10):1581-1585.

[138] 刘鸿文.材料力学-Ⅱ[M].4 版.北京:高等教育出版社,2004.

[139] 刘博,李海波,刘亚群.循环剪切荷载作用下岩石节理变形特性试验研究[J].岩土力学,2013,34(9):2475-2481.

[140] 斯塔格,晋基维茨.工程实用岩石力学[M].成都地质学院工程地质教研室,译.北京:地质出版社,1978.

[141] 邓华锋,胡玉,李建林,等.循环加卸载过程中砂岩能量耗散演化规律[J].岩石力学与工程学报,2016,35(增刊 1):2869-2875.

[142] 王庆康,张顶立.放顶煤工作面顶煤破碎效果分析[J].西安矿业学院学报,1989(2):14-21.

[143] KUCHTA M E. A revised form of the Bergmark-Roos equation for describing the gravity flow of broken rock [J]. Mineral resources engineering,2002,11(4):349-360.

[144] MELO F, VIVANCO F, FUENTES C, et al. On drawbody shapes: from Bergmark-Roos to kinematic models[J]. International journal of rock mechanics and mining sciences,2007,44(1):77-86.

[145] MELO F, VIVANCO F, FUENTES C, et al. Kinematic model for quasi static granular displacements in block caving: dilatancy effects on drawbody shapes[J]. International journal of rock mechanics and mining sciences, 2008, 45(2): 248-259.
[146] 陶干强，杨仕教，刘振东，等.基于 Bergmark-Roos 方程的松散矿岩放矿理论研究[J].煤炭学报，2010，35(5)：750-754.
[147] 刘闯.综放工作面多放煤口协同放煤方法及煤岩识别机理研究[D].焦作：河南理工大学，2018.
[148] 张树齐，赵聪.刮板输送机运行阻力的分析计算[J].矿业研究与开发，2008，28(4)：41-42，76.
[149] 于海勇，贾恩立，穆荣昌.放顶煤开采基础理论[M].北京：煤炭工业出版社，1995.
[150] 李荣福，郭进平.类椭球体放矿理论及放矿理论检验[M].北京：冶金工业出版社，2016.
[151] 李丹.FLAC 的原理、程序及其在高填路基变形与稳定分析中的应用[D].福州：福州大学，2006.
[152] 冯春，李世海，刘晓宇.一种有限元转化为颗粒离散元的方法及其应用研究[J].岩土力学，2015，36(4)：1027-1034.
[153] POTYONDY D O, CUNDALL P A. A bonded-particle model for rock[J]. International journal of rock mechanics and mining sciences, 2004, 41(8): 1329-1364.
[154] 富强，吴健，陈学华.综放开采松散顶煤落放规律的离散元模拟研究[J].辽宁工程技术大学学报(自然科学版)，1999，18(6)：570-573.
[155] 贺仲雄.模糊数学及其应用[M].天津：天津科学技术出版社，1983.
[156] 康天合，宋选民，弓培林，等.煤层条件对顶煤可放性的影响研究[J].岩土工程学报，1996，18(5)：22-29.
[157] 宋晓秋.模糊数学原理与方法[M].徐州：中国矿业大学出版社，1999.
[158] 曲民强，康天合，靳钟铭.顶煤冒放性的模糊数学分类研究[J].太原理工大学学报，1998，29(2)：174-177，183.
[159] ZHANG Q L, YUE J C, LIU C, et al. Study of automated top-coal caving in extra-thick coal seams using the continuum-discontinuum element method[J]. International journal of rock mechanics and mining sciences,

2019,122:104033.

[160] 王艳萍.刮板输送机-采煤机协同调速关键技术研究[D].徐州:中国矿业大学,2016.

[161] 孙君令.姿态数据驱动的液压支架运动状态监测技术研究[D].徐州:中国矿业大学,2019.

[162] 张国澎,陶海军,荆鹏辉,等.一种放顶煤工作面后部刮板运输机煤量自动控制方法:CN111252498B[P].2021-08-17.